国家职业技能等级认定培训教材
国家基本职业培训包教材资源

电 工

（中级）

本书编审人员

主　编　易贵平
参　编　赵　卿　张冬柏　邵　洁　张文英
主　审　王　建

中国人力资源和社会保障出版集团

中国劳动社会保障出版社　　中国人事出版社

图书在版编目（CIP）数据

电工：中级 / 人力资源社会保障部教材办公室组织编写. -- 北京：中国劳动社会保障出版社：中国人事出版社，2023

国家职业技能等级认定培训教材

ISBN 978-7-5167-5736-9

Ⅰ.①电… Ⅱ.①人… Ⅲ.①电工技术 - 职业技能 - 鉴定 - 教材 Ⅳ.①TM

中国国家版本馆 CIP 数据核字（2023）第 026511 号

中国劳动社会保障出版社
中国人事出版社 出版发行

（北京市惠新东街 1 号　邮政编码：100029）

*

北京市科星印刷有限责任公司印刷装订　新华书店经销
787 毫米 ×1092 毫米　16 开本　20 印张　357 千字
2023 年 5 月第 1 版　2025 年 4 月第 3 次印刷

定价：48.00 元

营销中心电话：400-606-6496
出版社网址：http://www.class.com.cn

版权专有　　　侵权必究

如有印装差错，请与本社联系调换：（010）81211666
我社将与版权执法机关配合，大力打击盗印、销售和使用盗版图书活动，敬请广大读者协助举报，经查实将给予举报者奖励。

举报电话：（010）64954652

前　　言

为加快建立劳动者终身职业技能培训制度，全面推行职业技能等级制度，推进技能人才评价制度改革，促进国家基本职业培训包制度与职业技能等级认定制度的有效衔接，进一步规范培训管理，提高培训质量，人力资源社会保障部教材办公室组织有关专家在《电工国家职业技能标准（2018年版）》（以下简称《标准》）和国家基本职业培训包（以下简称培训包）制定工作基础上，编写了电工国家职业技能等级认定培训教材（以下简称等级教材）。

电工等级教材紧贴《标准》和培训包要求编写，内容上突出职业能力优先的编写原则，结构上按照职业功能模块分级别编写。该等级教材共包括《电工（基础知识）》《电工（初级）》《电工（中级）》《电工（高级）》《电工（技师高级技师）》5本。《电工（基础知识）》是各级别电工均需掌握的基础知识，其他各级别教材内容分别包括各级别电工应掌握的理论知识和操作技能。

本书是电工等级教材中的一本，是职业技能等级认定推荐教材，也是职业技能等级认定题库开发的重要依据，已纳入国家基本职业培训包教材资源，适用于职业技能等级认定培训和中短期职业技能培训。

人力资源社会保障部教材办公室

Contents
目录 | 电工（中级）

继电控制电路装调维修

职业模块一

培训项目一　低压电器选用
　　培训单元1　中间继电器、时间继电器、计数器等电器元件的选用　　002
　　培训单元2　断路器、接触器、热继电器的选用　　011

培训项目二　继电器、接触器线路装调
　　培训单元1　三相交流异步电动机顺序控制电路安装与调试　　020
　　培训单元2　三相交流异步电动机位置控制电路安装与调试　　026
　　培训单元3　三相绕线式异步电动机启动控制电路安装与调试　　032
　　培训单元4　三相交流异步电动机能耗制动电路安装与调试　　038
　　培训单元5　三相交流异步电动机反接制动控制电路安装与调试　　044
　　培训单元6　三相交流异步电动机再生制动产生条件与控制原理　　047

培训项目三　临时供电、用电设备设施的安装与维护
　　培训单元1　临时用电总配电箱、分配电箱、开关箱及线路的安装与维护　　048
　　培训单元2　临时用电照明装置、隔离变压器的安装　　053

培训单元 3　卷扬机、搅拌机等电动建筑机械的安装、维护
　　　　　　与拆除　　　　　　　　　　　　　　　　057
培训单元 4　电焊机等移动式设备的安装、维护与拆除 063
培训单元 5　临时用电设备的接地装置及避雷针的安装与
　　　　　　维护　　　　　　　　　　　　　　　　066

培训项目四　机床电气控制电路调试、维修
培训单元 1　机床电气故障分析与检修　　　　　　　080
培训单元 2　CA6140 车床电气控制电路组成、控制原理
　　　　　　及故障排除　　　　　　　　　　　　　086
培训单元 3　M7130 平面磨床电气控制电路组成、控制原
　　　　　　理及故障排除　　　　　　　　　　　　091
培训单元 4　Z37 摇臂钻床电气控制电路组成、控制原理
　　　　　　及故障排除　　　　　　　　　　　　　099

电气设备（装置）装调维修

职业模块二

培训项目一　可编程控制器控制电路装调
培训单元 1　可编程控制器的认识及外围线路的接线　106
培训单元 2　编程软件 GX Works2 的使用　　　　　　118
培训单元 3　编制和模拟调试三菱可编程序控制器简单程序
　　　　　　　　　　　　　　　　　　　　　　　　126
培训单元 4　编程软件西门子 STEP7 的使用　　　　　142
培训单元 5　编制和模拟调试西门子可编程序控制器简单
　　　　　　程序　　　　　　　　　　　　　　　　158

培训项目二　常见电力电子装置维护
培训单元 1　软启动器的识别与接线　　　　　　　　164
培训单元 2　软启动器的故障检修　　　　　　　　　180
培训单元 3　充电桩的使用　　　　　　　　　　　　183
培训单元 4　充电桩电路的检修　　　　　　　　　　198

自动控制电路装调维修

职业模块三

培训项目一　传感器装调
- 培训单元1　光电开关的识别和装调　208
- 培训单元2　磁性开关的识别和装调　219
- 培训单元3　电感式接近开关的识别和装调　226
- 培训单元4　电容式接近开关的识别和装调　230

培训项目二　专用继电器装调
- 培训单元1　速度继电器装调　234
- 培训单元2　温度继电器装调　237
- 培训单元3　压力继电器装调　240

基本电子电路装调维修

职业模块四

培训项目一　仪器仪表的使用
- 培训单元1　直流单臂电桥的使用　244
- 培训单元2　直流双臂电桥的使用　248
- 培训单元3　信号发生器的使用　251
- 培训单元4　双踪示波器的使用　254

培训项目二　电器元件选用
- 培训单元1　78、79系列三端集成稳压电路的选用　263
- 培训单元2　晶闸管的选用　267

培训项目三　电子线路装调维修
- 培训单元1　78、79系列三端集成稳压电路的装调与排故　276
- 培训单元2　阻容耦合放大电路的装调与排故　278
- 培训单元3　单向晶闸管整流电路装调与排故　292

职业模块 一 继电控制电路装调维修

- 培训项目一　低压电器选用
- 培训项目二　继电器、接触器线路装调
- 培训项目三　临时供电、用电设备设施的安装与维护
- 培训项目四　机床电气控制电路调试、维修

培训项目一　低压电器选用

培训单元1　中间继电器、时间继电器、计数器等电器元件的选用

培训重点

1. 掌握中间继电器、时间继电器、计数器的选用知识。
2. 掌握按钮、行程开关及控制变压器等电器元件的选用知识。

知识要求

一、中间继电器

中间继电器是将一个输入信号变成一个或多个输出信号的继电器。中间继电器的输入信号为线圈的通电和断电,输出信号是触点的动作,不同动作状态的触点分别将信号传给几个元件或回路。

中间继电器的线圈装在铁芯上,铁芯上面有一个衔铁。铁芯两侧装有两排触点弹片,在非动作状态下可将衔铁向上托起,使衔铁与铁芯之间保持一定间隙。当间隙间的电磁力超过反作用力时,衔铁就被吸向铁芯,同时压动触点弹片,使常闭触点断开、常开触点闭合,实现信号的传递。几种常用中间继电器如图 1-1 所示,中间继电器在电气原理图中的图形符号及文字符号如图 1-2 所示。

1. 中间继电器的类型

中间继电器用于继电保护与自动控制系统,以增加触点的数量及容量,在控制电路中传递中间信号。

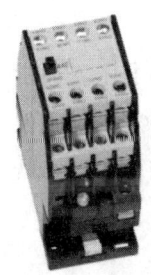   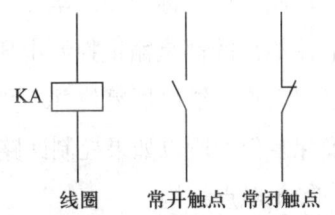

图 1-1　几种常用中间继电器　　　　图 1-2　中间继电器的图形符号及文字符号

中间继电器按照控制电源的不同可分为交流控制和直流控制两种，交流控制电压范围为 AC6～240 V，直流控制电压范围为 DC6～110 V；按照不同触点数量和类型可分为 2 常开 /2 常闭、4 常开 /4 常闭、6 常开 /2 常闭及 8 常开等。

2. 中间继电器的技术参数

常用的中间继电器品牌种类繁多，可根据技术参数按实际需要加以选用。以欧姆龙 MYJ 系列中间继电器为例，其技术参数见表 1-1。

表 1-1　欧姆龙 MYJ 系列中间继电器的技术参数

项目	双极		四极	
	阻性负载（cos φ=1）	感性负载（cos φ=0.4，L/R=7 ms）	阻性负载（cos φ=1）	感性负载（cos φ=0.4，L/R=7 ms）
额定负载	5 A，AC220 V 5 A，DC24 V	2 A，AC220 V 2 A，DC24 V	3 A，AC220 V 3 A，DC24 V	0.8 A，AC220 V 1.5 A，DC24 V
负载电流	5 A		3 A	
最大开关电压	AC250 V，DC125 V		AC250 V，DC125 V	
最大开关电流	5 A		3 A	
最大开关容量	1 100 VA 120 W	440 VA 48 W	660 VA 72 W	176 VA 36 W
最小容许负载	1 mA，DC5 V		1 mA，DC1 V	
接点材质	银		银 + 镀金	

注：φ——电压与电流之间的相位差；
　　L——电感；
　　R——电阻。

3. 中间继电器的选用方法

选用中间继电器时需考虑以下因素。

（1）控制电压

控制电压也称为线圈电压，选用中间继电器必须清楚实际使用的控制电压。通常继电器给出的都是额定控制电压，但是一般情况下在额定电压的70%~80%可以确保继电器动作；继电器复位并不是没有电压才复位，一般情况下低于额定电压的15%就可确保复位。所以如果控制回路有漏电压，需要考虑其影响。

（2）触点结构

中间继电器常见的触点结构是单刀双掷结构，即1常开1常闭组成一组。在选用中间继电器时必须明确需要用到的常开、常闭触点个数。

（3）电压和电流

在选用中间继电器时必须给出明确的负载电压和负载电流才能准确地选型。

（4）安装方式

中间继电器一般不直接配底座，因此选好中间继电器后还需要确认底座型号。

二、时间继电器

继电器的感测元件得到动作信号后，其执行元件（触点）要延迟一段时间才动作的继电器称为时间继电器。时间继电器的种类很多，常用的有空气阻尼式、晶体管式、电磁式、电动式等。下面主要介绍空气阻尼式和晶体管时间继电器。

1. 空气阻尼式时间继电器

空气阻尼式时间继电器是利用气室中的空气通过小孔节流的原理来获得延时动作的，根据触点延时特点可分为通电延时动作与断电延时复位两种。常用的空气阻尼式时间继电器为JS7-A系列。

JS7-A系列时间继电器主要由以下几部分组成。

1）电磁机构。由线圈、铁芯和衔铁组成。

2）触点系统。由两对瞬动触点（1常开1常闭）和两对延时触点（1常开1常闭）组成，瞬动触点和延时触点分别是两个微动开关。

3）气室。气室为一空腔，内装一成型的橡皮薄膜，可随空气体积的增减而移动，气室顶部的调节螺钉可调节延时时间。

4）传动机构。由推板、活塞杆、杠杆及各种类型的弹簧组成。

5）基座。由金属钢板制成，用以固定电磁机构和气室。

JS7-A系列时间继电器的动作原理如下：当线圈通电后，铁芯产生吸力，衔铁克服反作用弹簧的阻力被吸合，推板立即随衔铁动作，并压合微动开关（也称瞬动开关），常闭触点瞬时断开，常开触点瞬时闭合，原被衔铁压缩的宝塔形弹簧力图使活塞杆快速恢复原位。但是由于气室内套和橡皮薄膜贴合，气室容积增大产生负压，空气只能通过直径很小的锥形气孔进入而推动活塞移动，所以活塞杆只能在依靠宝塔形弹簧克服气室内阻力的情况下，带动杠杆缓慢移动；移动速度的快慢由进气口的节流程度而定，可通过调节螺钉和螺栓加以调整。经过一定时间后，活塞杆到达上部极限位置，通过杠杆压动延时开关，常闭触点断开，常开触点闭合，从而起到通电延时的作用。

当线圈断电时，衔铁在反力弹簧的作用下，通过活塞杆将活塞推向下端。这时橡皮薄膜下方气室内的空气都通过橡皮膜，由于弱弹簧和活塞的局部形成了单向阀，空气很迅速地从橡皮膜上方的气室缝隙中排掉，使得瞬动开关和延时开关的各触点瞬时复位。

通电延时与断电延时两种时间继电器的组成元件是通用的，从结构上说，只要改变电磁机构的安装方向，便可获得两种不同的延时方式。当衔铁位于铁芯和延时机构之间时为通电延时型，如图1-3所示，而当铁芯位于衔铁和延时机构之间时为断电延时型，如图1-4所示。

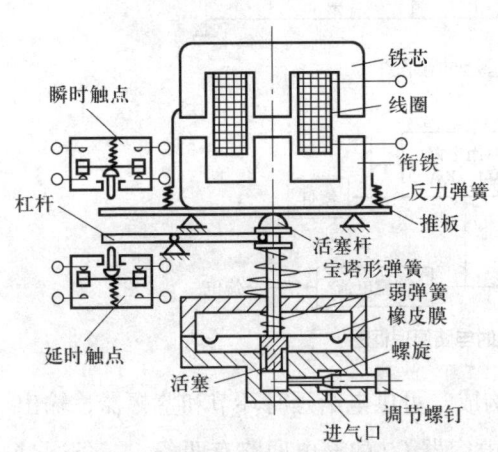

图1-3 通电延时型时间继电器动作原理

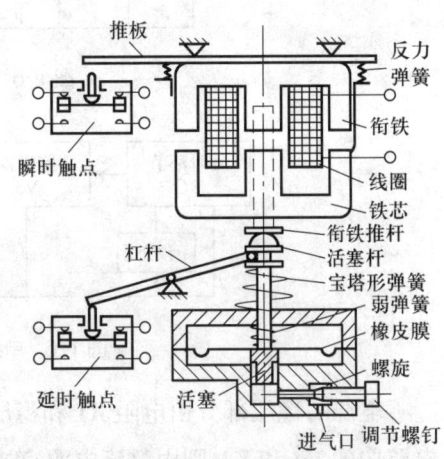

图1-4 断电延时型时间继电器动作原理

空气阻尼式时间继电器的优点是延时范围较大（0.4~180 s），且不受电压和频率波动的影响；可以做成通电及断电两种延时型式；结构较简单、寿命长、价格低廉。其缺点是延时误差大（±10%~20%）；无调节刻度指示，难以精确地整定延时值；延时值易受安装方向及周围环境温度、尘埃的影响。因此，在对延时精度要求较高的场合，不宜采用这种时间继电器。

2. 晶体管时间继电器

晶体管时间继电器又称为半导体时间继电器或电子式时间继电器，是自动控制系统中的重要元件。

晶体管时间继电器种类很多，按构成原理可分为阻容式和数字式两类；按延时的方式可分为通电延时型、断电延时型及带瞬动触点的通电延时型。下面以具有代表性的 JS20 系列为例，介绍晶体管时间继电器的结构和电路。

单结晶体管延时电路图如图 1-5 所示，全部电路由延时环节、鉴幅器、输出电路、电源和指示灯电路五部分组成，其原理框图如图 1-6 所示。

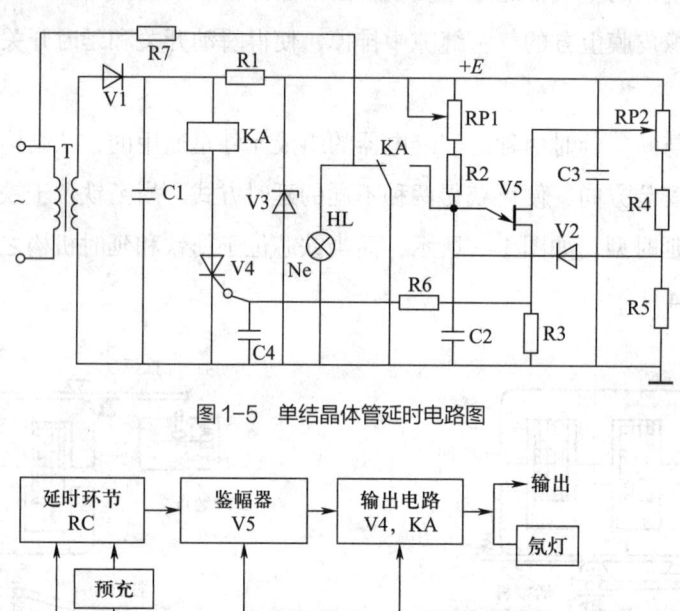

图 1-5 单结晶体管延时电路图

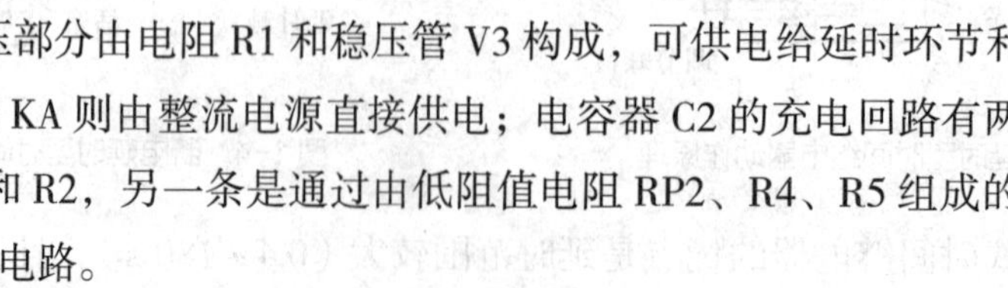

图 1-6 单结晶体管延时电路原理框图

电源的稳压部分由电阻 R1 和稳压管 V3 构成，可供电给延时环节和鉴幅器，输出电路中的 V4 和 KA 则由整流电源直接供电；电容器 C2 的充电回路有两条，一条通过充电电阻 RP1 和 R2，另一条是通过由低阻值电阻 RP2、R4、R5 组成的分压器经二极管 V2 的预充电电路。

电路的工作原理如下：接通电源后，经二极管 V1 整流、电容器 C1 滤波以及稳压管 V3 稳压的直流电压，即通过 RP2、R4、V2 向电容器 C2 以极小的时间常数快速充电；电容器 C2 上的电压在 R5 分压的基础上经 RP1 继续充电，电压按指数规律逐渐升高。当此电压大于单结晶体管的峰点电压 U_P 时，单结晶体管导通，输出电压脉冲触发小型晶闸管 V4；V4 导通后使继电器 KA 吸合，KA 的触点接通或分断外电路，其另一对常开触点将 C2 短路，使之迅速放电；同时氖指示灯泡 HL 启辉。当切断电源时，继电器 KA 释放，电路恢复原始状态，等待下次动作。只要调节 RP1 和 RP2 便可调节延时时间。

时间继电器在电气原理图中的图形符号及文字符号如图 1-7 所示。

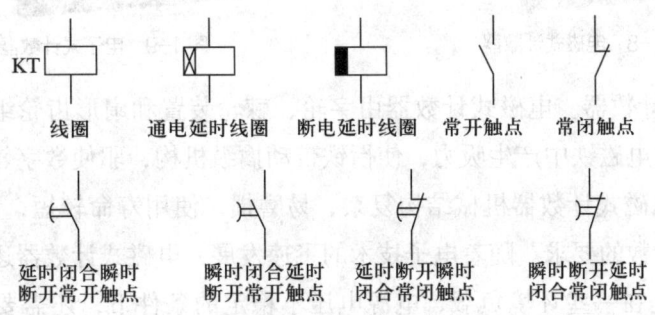

图 1-7　时间继电器的图形符号及文字符号

晶体管时间继电器具有机械结构简单、延时范围广、精度高、返回时间短、消耗功率小、耐冲击、调节方便和寿命长等优点，所以发展很快，被广泛推广和应用。

3. 时间继电器的选用方法

（1）根据系统的延时范围选用适当的系列和类型。

（2）根据控制电路的功能特点选用相应的延时方式。

（3）根据控制电压选择吸引线圈的电压等级。

（4）在下列情况下可选用晶体管时间继电器。

1）当电磁式、电动式或空气阻尼式时间继电器不能满足电路控制要求时。

2）当控制电路要求延时精度较高时。

3）当控制回路相互协调需要无触点输出时。

三、计数器

计数器是用来记录电脉冲信号次数，以实现测量、计数和控制功能的电器元件，广泛应用于印刷、纺织、印染、针织、电缆、电信、冶金、食品、军工、轻工、石油、化工、交通、矿山等行业及领域。

1. 计数器的类型

（1）按结构原理分，计数器有电磁式和电子式两种，如图 1-8 和图 1-9 所示。

图1-8 电磁式计数器　　　　　　　图1-9 电子式计数器

1）电磁式计数器。电磁式计数器由字轮、棘轮装置和扇形齿轮组成。电信号输入计数器后，在电磁铁中产生吸力，使衔铁带动擒纵机构，驱使数字轮转动以进行十进制的计数。电磁式计数器机械结构复杂、易磨损，使用寿命较短，计数频率较低，无法满足高速计数的要求。随着电子技术的飞速发展，电磁式计数器逐渐被电子式计数器取代，但是在一些环境负载、电源电压不稳定的条件下，还需要使用电磁式计数器。

2）电子式计数器。电子式计数器是由电子计数回路和LED（或LCD）显示单元组成的计数器，具有结构简单、计数频率高、使用寿命长等优点。同时，随着电子技术的不断发展，单片机技术被广泛应用，电子式计数器向着智能化方向发展。智能化电子式计数器不仅具有计数功能，还具有预置数值、可逆计数、批量/总数分别计数、频率测量、周期测量等功能。

（2）按计数范围分，计数的位数有4位（0~9 999）、5位（0~99 999）、6位（0~999 999）和7位（0~9 999 999）等。

（3）按显示方式分，有字轮显示、LED显示和LCD液晶显示。

（4）按计数频率分，有低速和高速，一般低速为10次/s，高速可达1 000次/s。

（5）按计数方式分，有加法计数器、减法计数器和可逆计数器。加法计数器在收到计数信号后数值加1；减法计数器在收到计数信号后数值减1；可逆计数器具有2个计数输入端，数值可增可减。

（6）按性能分，有普通型和智能型。

2. 计数器的计数输入方式

计数器的计数端一般有三种输入方式，一是无电压输入，二是直流电压输入，三是交流电压输入。

（1）无电压输入方式

无电压输入方式的计数器接线方式如图1-10所示，计数端不需要外加电源，只需用开关或晶体管（见图1-10虚线框中的器件）将计数输入端短接便可实现计数功能。

（2）直流电压输入方式

直流电压输入方式的计数器可接受直流 4~30 V 的计数电压，接线方式如图 1-11 所示。有的计数器内部提供直流电源，计数输入端可直接连接传感器的输出端，使计数器的计数应用更加灵活，其接线方式如图 1-12 所示。

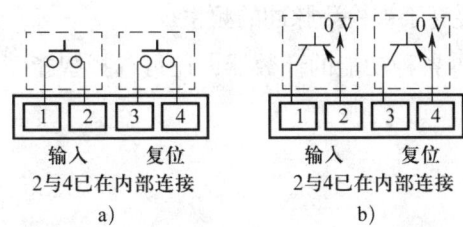

图 1-10　无电压输入方式的计数器接线方式　　　　图 1-11　直流电压输入方式的计数器接线方式
a）外接开关作计数输入　b）外接晶体管作计数输入

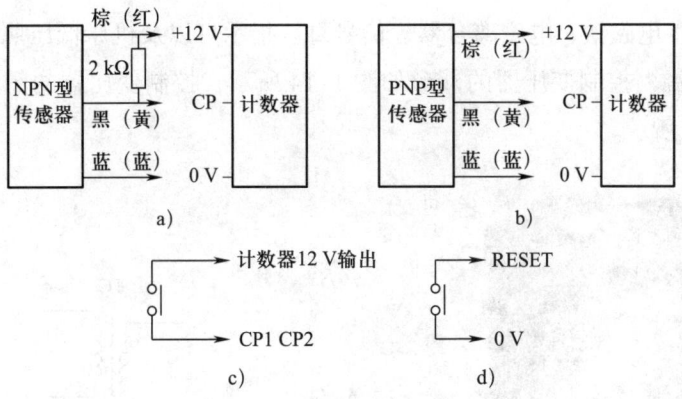

图 1-12　带内部电源的计数器接线方式
a）与 NPN 型传感器连接　b）与 PNP 型传感器连接　c）用无源触点作计数信号　d）复位信号触点输入

（3）交流电压输入方式

交流电压输入方式的计数器可接受交流 24~240 V 的计数电压，接线方式如图 1-13 所示。需要注意的是，该计数器的复位端只可输入接点信号，不可输入电压信号，否则会使计数器烧毁甚至导致内部锂电池爆炸。

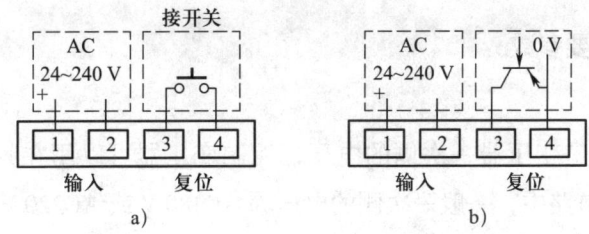

图 1-13　交流电压输入方式的计数器接线方式
a）由无源触点提供复位信号　b）由晶体管提供复位信号

3. 计数器的选用方法

（1）根据实际应用的计数范围来选择计数器的位数。

（2）判断应用计数器的电路中使用哪种类型的电压，根据该电压的类型和范围来选择计数器。

（3）确保所选用的计数器的脉冲输入频率要高于被检测脉冲的频率。

（4）根据设计要求选择加法、减法、可逆等各种功能的计数器，还可选择智能型计数器扩展计数的功能。

四、控制变压器

控制变压器是一种主要在机床上使用的变压器，其作用是为机床电气设备，即接触器、继电器、电磁铁、电磁离合器、信号灯、指示灯以及机床低压照明等设备的控制电路提供电源。控制变压器的外形如图1-14所示，控制变压器的图形符号及文字符号如图1-15所示。

图1-14 控制变压器的外形

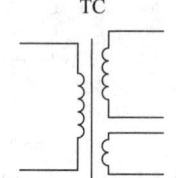

图1-15 控制变压器的图形符号及文字符号

控制变压器主要由铁芯和绕组组成，其中绕组由一次绕组和二次绕组组成，两侧绕组电压之比等于两侧绕组匝数之比，两侧绕组电流之比与两侧绕组匝数成反比。控制变压器能降压也能升压。

1. 控制变压器的主要参数

（1）输入电压

输入电压指的是变压器一次侧的电压，控制变压器可以用在频率为50~60 Hz、电压500 V以下的电路中，一般一次侧的电压为AC380 V或AC220 V。

（2）输出电压

输出电压指的是变压器二次侧的电压，可以根据要求定制，一般二次侧电压有

AC220 V、AC110 V、AC48 V、AC36 V、AC24 V、AC12 V 和 AC6 V 等多种等级。

（3）额定容量

额定容量指的是二次侧的输出能力，单位为 VA，额定容量越大，带负载的能力越强，同时变压器的体积也就越大。常用的 BK-500VA 控制变压器，其额定容量为 500 VA，在忽略变压器损耗的情况下，若输出电压是 36 V，那么输出电流

$$I=500/36\approx 13.89（A）$$

由于变压器二次侧允许多种等级的电压输出，用户可以为每个等级的电压分配容量，以满足控制电路的需求。

2. 控制变压器的选用方法

（1）考虑电压等级，根据输入电源的电压等级，确定控制变压器一次侧的额定电压控制要求，控制变压器的二次侧要依据需要选择相应的电压等级。

（2）根据负载的大小选择合适的功率，变压器的输出功率应该大于等于所带设备的功率之和。

培训单元 2　断路器、接触器、热继电器的选用

培训重点

掌握低压断路器、接触器、热继电器等电器元件的选用知识。

知识要求

一、断路器

低压断路器又称自动空气开关，集控制和多种保护功能于一体，是低压配电网络和电气传动系统中非常重要的一种器件，除了能完成接通和分断电路外，还能对电路或电气设备发生的短路、严重过载及欠电压等故障进行保护，同时也可以用于不频繁地启动、停止的小功率电动机。

低压断路器具有操作安全、使用方便、工作可靠、安装简单、动作值可调、分断能力强、兼顾多种保护功能、动作后不需要更换元件等特点,所以在工业供配电和住宅供配电等方面被广泛应用。

目前我国电气传动和自动控制线路中常用的低压断路器为塑料外壳式,如 DZ47 系列（见图 1-16）、DZ5 系列（见图 1-17）、DZ10 系列等。其中,DZ47 系列为小型断路器,结构紧凑、安装方便,其额定电流为 1~61 A；DZ5 系列为小电流断路器,其额定电流为 10~50 A；DZ10 系列为大电流断路器,其额定电流等级有 100 A、250 A 和 600 A 三种。低压断路器在电气原理图中的图形符号及文字符号如图 1-18 所示。

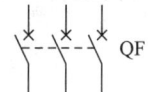

图 1-16　DZ47 系列断路器　　图 1-17　DZ5 系列断路器　　图 1-18　低压断路器的图形符号及文字符号

1. 低压断路器的类型

低压断路器的分类方法有以下几种。

（1）按极数可分为单极、两极、三极和四极。

（2）按保护形式可分为电磁脱扣器式、热脱扣器式、欠电压脱扣器式、复式脱扣器式和无脱扣器式。

（3）按分断时间可分为一般分断式和快速分断式（先于脱扣机构动作,脱扣时间在 0.02 s 以内）。

（4）按结构形式可分为塑壳式和框架式。

塑壳式断路器又称为装置式断路器,具有绝缘塑料外壳,内装触点系统、灭弧室及脱扣器等,可手动或电动（对大容量断路器而言）合闸。塑壳式断路器有较高的分断能力和动稳定性,还有较完善的选择性保护功能,广泛用于配电线路。目前常用的有 DZ15、DZ20、DZX19 和 C65N 等系列产品,其中 C65N 系列断路器具有体积小、分断能力强、限流性能好、操作轻便、型号规格齐全的优点,可以方便地在单极结构基础上组合成二极、三极、四极断路器,广泛用于 60 A 及以下的民用照明支干线及支路中（住宅用户的进线开关及商场照明支路开关）。

框架式断路器一般容量较大，具有较强的短路分断能力和较高的动稳定性，适用于交流 50 Hz、额定电压 380 V 的配电网络中作为配电干线的主保护。框架式断路器主要由触点系统、操作机构、过电流脱扣器、分励脱扣器及欠压脱扣器、附件及框架等部分组成，全部组件绝缘后装于框架结构底座中。目前我国常用的有 DW15、ME、AE、AH 等系列的框架式断路器，其中，DW15 系列断路器由我国自行研制生产，全系列具有 1 000 A、1 500 A、2 500 A 和 4 000 A 等型号；ME、AE、AH 等系列断路器是利用引进技术生产的，规格型号较为齐全（如 ME 系列的电流等级为从 630 A 到 5 000 A 共 13 个等级），额定分断能力较 DW15 更强，常用于低压配电干线的主保护。

（5）按用途可分为导线保护用断路器、配电用断路器、电动机保护用断路器和漏电保护用断路器。

1）导线保护用断路器主要用于照明线路保护和家用电器保护，额定电流在 6~125 A 范围内。

2）配电用断路器在低压配电系统中作过载、短路、欠电压保护之用，也可用作电路的不频繁操作，额定电流一般为 200~4 000 A。

3）电动机保护用断路器在不频繁操作场合下，用于控制和保护电动机，额定电流一般为 6~63 A。

4）漏电保护用断路器主要用于防止漏电，保护人身安全，额定电流多在 63 A 以下。

（6）按性能可分为普通式和限流式。其中，限流式断路器一般具有特殊结构的触点系统，当短路电流通过时，触点会在电动力作用下分开而提前呈现电弧，利用电弧电阻来快速限制短路电流的增长。限流式断路器比普通断路器有更大的开断能力，并能快速限制短路电流对被保护线路的电动力和热效应的作用。

2. 低压断路器的附件

低压断路器可以配合多种附件使用，常见的附件有辅助开关、报警开关、欠电压脱扣器、分励脱扣器和电动操作机构等。低压断路器的附件功能众多，购买时考虑各个附件的特定功能即可，无须全套购买。

3. 低压断路器的选用

低压断路器应用的场合不同，所需要的功能也不同。低压断路器的使用分为三种情况，即配线电路、电动机电路和家用照明电路，三种情况下断路器的保护性质和保护特点是不同的，因此使用者首先要根据使用情况来确定低压断路器的类型。

低压断路器中具有过载长延时动作、短路短延时动作和短路瞬时动作功能的是选择型低压断路器,而不具备以上功能的是非选择型低压断路器。配线电路应使用选择型低压断路器,而电动机电路和家用照明电路使用非选择型低压断路器。

低压断路器的短路分断能力是选择低压断路器的最主要因素。低压断路器的短路分断能力指其极限短路分断能力,在选择断路器时要保证产品的短路分断能力在线路预期短路电流之上,也就是在电路短路时,低压断路器能顺利切断电路。

4. 低压断路器的电压、电流等参数的选择

（1）低压断路器的额定电压大于或等于线路的额定电压。

（2）低压断路器的额定电流大于或等于线路的计算负载电流。

（3）热脱扣器的整定电流等于所控制负载的额定电流。

（4）电磁脱扣器的瞬时脱扣整定电流大于负载电路正常工作时的峰值电流。

对单台电动机来说,瞬时脱扣整定电流 I_Z 的计算式为

$$I_Z \geqslant KI_{st}$$

式中　K——安全系数,可取 1.5~1.7;

　　　I_{st}——电动机的启动电流,A。

对多台电动机来说,瞬时脱扣整定电流 I_Z 的计算式为

$$I_Z \geqslant K(I_{st}max + \Sigma I_N)$$

式中　K——安全系数,可取 1.5~1.7;

　　　$I_{st}max$——容量最大的一台电动机的启动电流,A;

　　　ΣI_N——其余电动机额定电流的总和,A。

（5）欠电压脱扣器的额定电压等于线路的额定电压。

（6）分励脱扣器额定电压等于控制电源电压。

二、接触器

接触器是用来频繁地接通或断开交、直流主电路及大容量控制电路的自动控制电器。接触器在电气传动和自动控制系统中,主要控制对象是电动机,也可用于控制设备、电焊机、电容器组等其他负载。接触器能遥控通断电路,还具有欠电压、零电压保护,操作频率高,工作可靠,性能稳定,使用寿命长,维护方便等优点。常用交流接触器的外形如图1-19所示,接触器在电气原理图中的图形符号和文字符号如图1-20所示。

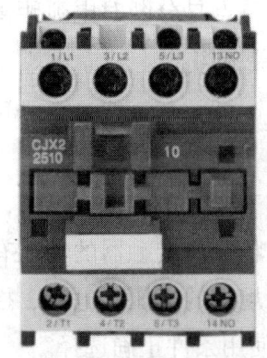

图1-19 交流接触器的外形

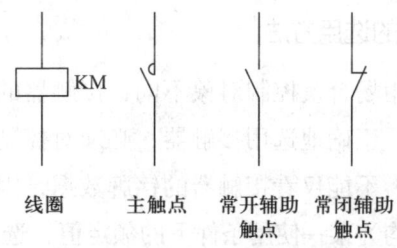

图1-20 接触器的图形符号和文字符号

1. 接触器的类型

按主触点通过电流的种类，接触器可分为交流接触器和直流接触器两种。

（1）交流接触器

交流接触器是电气控制线路中很重要的电器，用于远距离频繁地接通或分断交流电路。交流接触器的种类很多，按照一般的分类方法，大致有以下几种。

1）按主触点极数分可分为单极、双极、三极、四极和五极接触器。单极接触器主要用于单相负荷，如照明、焊机等，在电动机能耗制动中也可采用；双极接触器用于绕线转子异步电动机的转子回路，启动时短接各级启动电阻器；三极接触器用于三相负荷，在电动机的控制及其他场合使用最为广泛；四极接触器主要用于三相四线制的照明线路，也可用来控制双回路电动机负载；五极接触器用来组成自耦补偿启动器或控制双笼型异步电动机，以变换绕组接法。

2）按灭弧介质分可分为空气式接触器、真空式接触器等。空气式接触器依靠空气绝缘，用于一般负载；真空式接触器采用真空绝缘，常用在煤矿、石油、化工企业及电压为 660 V 和 1 140 V 等一些特殊的场合。

3）按有无触点分可分为有触点接触器和无触点接触器。常见的接触器多为有触点接触器，无触点接触器属于电子技术应用的产物，一般采用晶闸管作为回路的通断元件。由于晶闸管导通时所需的触发电压很小，而且回路通断时无火花产生，因而可用于高操作频率的设备和易燃、易爆、无噪声的场合。

（2）直流接触器

直流接触器用于接通、分断直流负载，其控制线圈可以有交、直流两种操作电源。直流接触器的动作原理与交流接触器相似，但分断感性负载时，由于存储的磁场能量被瞬时释放，断点处会产生高能电弧，因此要求直流接触器具有较好的灭弧性能。中 /

大容量直流接触器常采用单断点平面布置整体结构，其特点是分断时电弧距离长，灭弧罩内含灭弧栅；小容量直流接触器采用双断点立体布置结构。

2. 接触器的选用方法

因使用场合及控制对象不同，接触器的操作条件与工作繁重程度也不同，为了尽可能经济、正确地选用接触器，必须对控制对象的工作状况及接触器的性能有比较全面的了解，不能仅看接触器的铭牌数据，因为铭牌上所规定的电压、电流、控制功率等参数，均为某一使用条件下的额定值，选用时应根据使用条件正确选择。

（1）接触器类型的选择

先根据接触器所控制的电动机及负载电流类别来选择相应的接触器类型，即交流负载使用交流接触器，直流负载使用直流接触器。如果控制系统中主要是交流电动机，直流电动机或直流负载的容量比较小时，也可全部使用交流接触器进行控制，但是触点的额定电流应适当选择大一些。

（2）接触器主触点的额定电压选择

通常接触器主触点的额定电压应大于或等于负载电路的额定电压。

（3）接触器主触点的额定电流选择

接触器控制电阻性负载（如电热设备）时，主触点的额定电流应等于负载的工作电流；接触器控制电动机时，主触点的额定电流应大于或稍大于电动机的额定电流。

如接触器使用在频繁启动、制动和频繁正反转的场合，应按增大一倍以上电流容量去选择接触器。

（4）接触器吸引线圈的电压选择

交流吸引线圈电压规格有：36 V、110 V、127 V、220 V、380 V；直流吸引线圈电压规格有：24 V、48 V、110 V、220 V、440 V。一般交流负载用交流吸引线圈的接触器，直流负载用直流吸引线圈的接触器，但若交流负载频繁动作，可采用直流吸引线圈的接触器。若从人身和设备安全角度考虑，接触器吸引线圈电压可选择低一些；但当控制线路简单、线圈功率较小时，为了节省变压器，则可选用 220 V 或 380 V。

（5）接触器触点数量及触点类型的选择

通常接触器的触点数量应满足控制支路数的要求；触点的类型应满足控制线路的功能要求。

三、热继电器

热继电器是利用电流的热效应来推动动作机构使触点系统闭合或分断的保护电器，

主要用于电动机的过载保护、缺相保护、电流不平衡运行的保护及其他电气设备发热状态的控制。热继电器的结构形式有多种，其中双金属片式应用最多。

双金属片式热继电器由加热元件、主双金属片、动作机构、触点系统、电流整定装置、复位机构和温度补偿元件等组成。其加热方式有三种，即直接加热式、间接加热式和复合加热式，其中间接加热式应用最普遍。

常用热继电器的外形如图1-21所示，热继电器的图形符号和文字符号如图1-22所示。

图1-21 常用热继电器的外形

1. 热继电器的技术参数

热继电器主要用于电动机的过载保护，因此在选用时，必须了解被保护对象的工作环境、启动情况、负载性质、工作制以及电动机允许的过载能力，与此同时还应了解热继电器的一些基本特性和特殊要求。

图1-22 热继电器的图形符号和文字符号

（1）安秒特性

安秒特性即电流-时间特性，表示热继电器的动作时间与通过电流之间的关系特性，也称动作特性或保护特性。JR20系列热继电器安秒特性曲线如图1-23所示。

热继电器所保护的电动机，在正常工作中常会出现短时过载，只要过载电流导致的温升不超过（或短时接近）电动机绕组绝缘的允许温升都是可以的，但不能使电动机在接近允许温升的条件下长期过载工作，特别是超过允许温升的过载会使电动机的绝缘迅速老化或损伤，从而缩短电动机的寿命。保护应遵循的原则是：应使热继电器的安秒特性位于电动机的过载特性之下，并尽可能地接近甚至重合，以充分发挥电动机的能力，同时使电动机在短时过载和启动瞬间［$(5\sim6)I_N$，I_N为电动机的额定动作电流，下同］不受影响。热继电器与电动机特性匹配如图1-24所示。

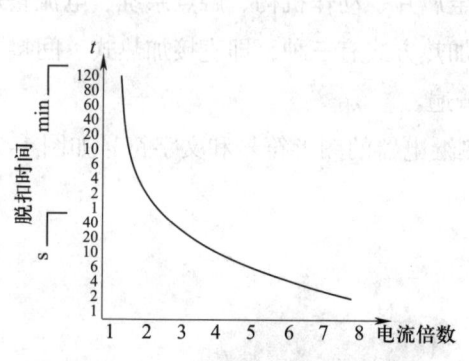

图1-23 JR20系列热继电器安秒特性曲线

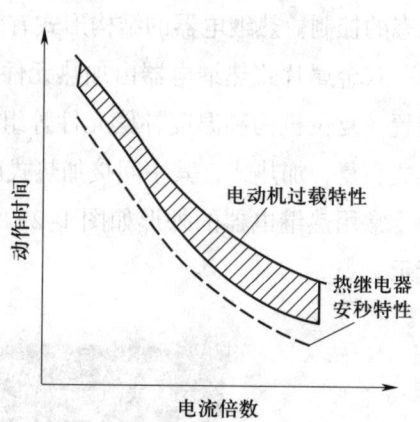

图1-24 热继电器保护电动机特性匹配

（2）热稳定性

热稳定性即耐受过载的能力。热继电器热元件的热稳定性要求是：对额定电流为100 A及以下的热元件，通10倍额定电流作为最大整定电流；对额定电流为100 A以上的热元件，通8倍额定电流作为最大整定电流；热继电器应能可靠动作5次。

（3）控制触点寿命

热继电器常开、常闭触点的长期工作电流为3 A，并能控制视在功率为510 VA的交流接触器线圈1 000次以上。

（4）复位时间

自动复位时间不大于5 min，手动复位时间不大于2 min。

（5）电流调节范围

电流调节范围为额定电流的66%～100%，最大为50%～100%。

2. 热继电器的选用方法

（1）电动机为长期运行或间断长期运行时热继电器的选用。

1）根据电动机的启动时间，选取6 I_N 以下具有相应可返回时间的热继电器。一般取可返回时间为0.5～0.7倍的继电器动作时间。

2）一般情况下，按电动机的额定电流选取，使热继电器的整定值为（0.95～1.05）I_N，或选取整定电流范围的中间值作为电动机的额定工作电流。使用时，应先将热继电器的电流整定旋钮调到该额定值，否则将不能起到保护作用。

3）用热继电器作缺相保护时的选用。对于星形连接电动机，一相断线后，流过热继电器的电流与流过电动机未缺相绕组的电流增加比例是一致的。在选用正确、调整合理的情况下,使用一般不带缺相保护的两相或三相热继电器也能反应一相断线后的过载,并对缺相运行起保护作用。

对于三角形联结电动机,一相断线后,流过热继电器的电流与流过电动机未断相绕组的电流增加比例是不同的,其中增加比例最大的一相要比其余串联的两相绕组电流大一倍。这种情况应选用带有缺相保护装置的热继电器。

4)三相结构或两相结构热继电器的选用。在一般的故障情况下,两相结构热继电器和三相结构热继电器具有相同的保护效果,但两相结构热继电器的制造成本低,调试也较简单,所以应优先选用两相结构热继电器。但在电网的相电压均衡性较差、三相负载不平衡、多台电动机的功率差别比较显著、工作环境恶劣或较少有人照管等情况下,不宜选用两相结构热继电器。

(2)电动机为周期、短时工作制时热继电器的选用。

当电动机运行于周期、短时工作状态时,由于连续启动过程的热积累,在多次启动后热继电器会产生动作,致使电动机无法重新启动。因此,热继电器用于保护周期、短时工作制的电动机时,有一定范围的适应性,即只有在电动机启动电流为6倍的额定工作电流、启动时间小于5 s、电动机满载工作、通电持续率为60%且每小时允许操作次数不超过40次时,才可使用热继电器进行保护。此时热继电器的整定值应为(1.15~1.5)I_N。

(3)频繁正反转及频繁启动的电动机不宜采用热继电器来保护,可选用埋入电动机绕组的温度继电器或热敏电阻器来保护。

技能要求

根据需要选用低压断路器、接触器、热继电器等电器元件

一、操作要求

根据所学知识正确选用电器元件。

二、操作准备

各种低压电器元件。

三、操作步骤

1. 辨识常见低压电器元件。

2. 正确使用万用表对各电器元件进行检测,判断电器元件好坏。

3. 根据要求正确选择低压电器元件。

四、注意事项

1. 选用低压电器元件时注意电器元件的额定电压。

2. 选用低压电器元件时注意电器元件的额定电流。
3. 选用低压电器元件时注意电器元件的工作频率。

培训项目二　继电器、接触器线路装调

培训单元1　三相交流异步电动机顺序控制电路安装与调试

培训重点

1. 熟悉三相交流异步电动机顺序控制电路原理。
2. 掌握三相交流异步电动机顺序控制电路安装与调试方法。

知识要求

一、电动机顺序控制线路

在装有多台电动机的生产机械上，各电动机所起的作用是不相同的，有时需按一定的顺序启动，才能保证操作过程的合理性和工作的安全可靠。要求一台电动机启动后另一台电动机才能启动的控制方式，叫作电动机的顺序控制。常见的顺序控制线路有主电路实现顺序控制和控制电路实现顺序控制两种。

二、主电路实现顺序控制的电路原理

如图1-25所示为2台电动机以主电路实现顺序控制的电路原理图，图中电动机M1和M2分别通过接触器KM1和KM2控制，其中KM2的主触点接在KM1的主触点的下面，这样在KM1没有闭合的情况下，即使KM2主触点闭合，电动机M2也不会

运行，所以只有在 KM1 闭合，电动机 M1 启动运转后，电动机 M2 才有可能接通电源运转，保证了 2 台电动机的运行顺序。

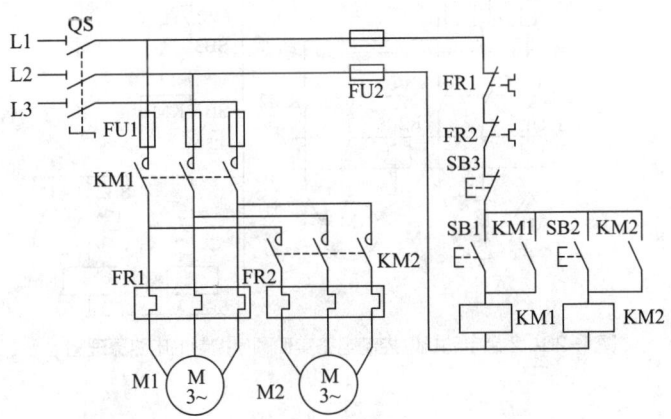

图 1-25　2 台电动机以主电路实现顺序控制的电路原理图

主电路实现顺序控制的工作原理如下。

先合上电源开关 QS，按下 SB1→KM1 线圈得电→KM1 自锁触点闭合自锁、KM1 主触点闭合→电动机 M1 启动并连续运转。

按下 SB2→KM2 线圈得电→KM2 自锁触点闭合自锁、KM2 主触点闭合→电动机 M2 启动并连续运转。

按下停止按钮 SB3→控制电路失电→KM1、KM2 主触点分断→电动机 M1、M2 失电停转。

三、控制电路实现顺序控制的电路原理

如图 1-26 所示为 2 台电动机以控制电路实现顺序控制的电路原理图，图中电动机 M1 和 M2 分别通过接触器 KM1 和 KM2 控制，KM2 线圈的控制回路上串联了 KM1 的自锁辅助触点，所以只有在 KM1 线圈得电、电动机 M1 启动后，电动机 M2 才有可能接通电源运转，从而保证了 2 台电动机的运行顺序。

控制电路实现顺序控制的工作原理如下。

合上电源开关 QS，按下 SB1→KM1 线圈得电→KM1 自锁触点闭合自锁、KM1 主触点闭合→电动机 M1 启动并连续运转；再按下 SB2→KM2 线圈得电→KM2 自锁触点闭合自锁、KM2 主触点闭合→电动机 M2 启动并连续运转。

按下停止按钮 SB3→控制电路失电→KM1、KM2 主触点分断→电动机 M1、M2 失电停转。

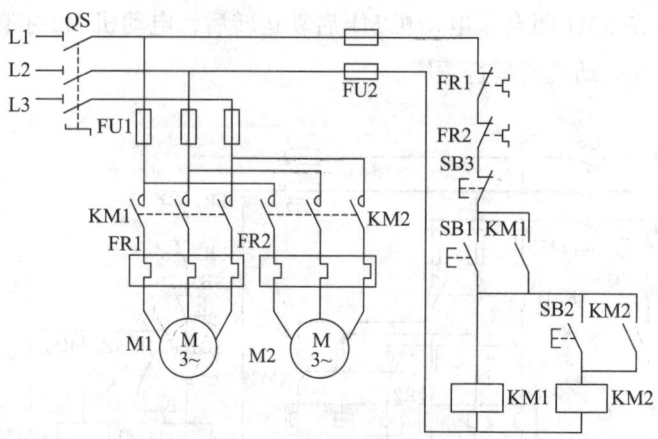

图 1-26 2 台电动机以控制电路实现顺序控制的电路原理图

技能要求

3 台三相交流异步电动机顺序启动调试

一、操作要求

1. 根据所学三相交流异步电动机顺序启动控制线路的知识，确定控制方案为主电路实现电动机顺序控制，设计、绘制电气控制电路原理图。

2. 根据原理图及所控制电动机的功率选择电器元件，列出电器元件清单，见表 1-2。

3. 根据原理图绘制电器元件布置图，如图 1-27 所示；在原理图上标上线号，如图 1-28 所示。

表 1-2 3 台电动机顺序启动控制线路电器元件清单

序号	符号	器件名称	型号规格	数量	单位
1	QS	组合开关	HZ10-25/3	1	只
2	FU1、FU2	熔断器	RT18	5	只
3		熔体	RT14, ϕ10×38, 2 A	5	只
4	KM1～KM3	三相交流接触器	CJX1-9/22, 380 V	3	只
5	FR	三相热继电器	JR36-20/3D, 1.5～2.4 A	3	只
6	M	三相异步电动机	JW-5024	3	台
7	SB1、SB2、SB3、SB4	按钮	LA42P-01, 380 V/G×3; LA42P-10, 380 V/R×1	4	只
8		接线端子	WJT8-2.5	若干	只

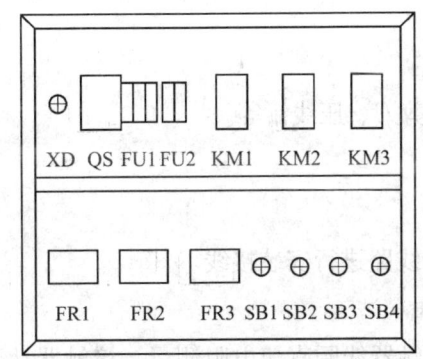

图1-27 3台电动机顺序启动控制线路电器元件布置图

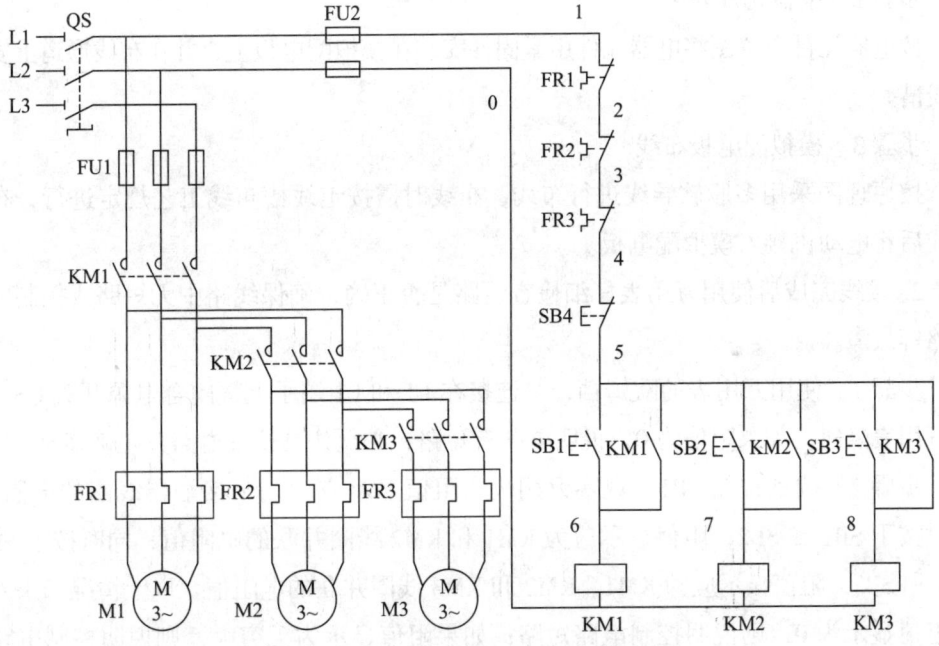

图1-28 3台电动机顺序启动控制电路原理图

4. 在控制板上安装走线槽和所有电器元件。

5. 根据原理图完成线路接线。

6. 检验控制板内部布线的正确性。

7. 对接线完成的控制线路进行通电调试。

二、操作准备

1. 电器元件清单

2. 连接导线及接线附件

包括黄色、绿色、红色3种颜色、截面积为 0.75 mm^2 的连接导线若干；冷轧端子若干；白色套管若干。

3. 电工常用工具

十字旋具、剥线钳、剪刀、压线钳等。

4. 万用表

三、操作步骤

1. 根据原理图对控制线路进行安装接线。

步骤1　电器元件测量

使用万用表，进行接触器线圈直流电阻测量，接触器动合、动断触点测量，按钮动合、动断触点测量，电动机三相绕组测量。

步骤2　电器元件安装

按电器元件布置图将电器元件用紧固件安装在模拟配电板上，并在布线通道上安装走线槽。

步骤3　模拟配电板布线

按原理图采用多股软导线进行布线，布线时需按走线槽布线工艺规定进行，布线完成后将电动机接入模拟配电板。

2. 接线完成后使用万用表仔细检查线路是否正确，确保线路中无短路或控制电路开路等故障。

步骤1　使用万用表的欧姆挡，并连接在L1和L2端子上，闭合电源开关QS，观察万用表阻值，如果阻值为0，说明电路有短路，必须认真检查电路并正确连接。

步骤2　按下按钮SB1，观察万用表，阻值显示应为一个接触器线圈的电阻值；同时按下SB1和SB2，阻值显示应为KM1和KM2线圈并联的电阻值；同时按下SB1、SB2和SB3，阻值显示应为KM1、KM2和KM3线圈并联的电阻值。以上情况如果万用表阻值显示为0，则说明控制电路短路；如果阻值显示为无穷大，则说明控制电路开路，应认真检查控制电路并正确连接。

步骤3　断开熔断器FU2，用万用表欧姆挡，将两表笔分别接于0、1号线，用螺钉旋具依次按下接触器KM1、KM2和KM3，使其动合触点闭合，观察万用表，阻值显示应为一个接触器线圈的直流电阻值。如果阻值显示为无穷大，则说明自锁回路开路，应检查自锁回路并正确连接；如果阻值显示为0，则说明控制电路短路或自锁触点接错。

四、注意事项

1. 准备工作的注意事项

（1）选用的电器元件可参阅有关手册和教材。

（2）检验电器元件质量应在不通电的情况下进行。

2. 安装的注意事项

（1）安装时必须做到安装牢固、排列整齐、匀称、合理、便于走线及更换元件。

（2）紧固元件时要施力均匀，紧固程度适当，以防损坏元件。

3. 接线的注意事项

（1）导线与接线端子连接时，要求接触良好，不压绝缘层、不反圈及不露铜过长。

（2）一个电器元件接线端子上的连接导线不得超过两根。

（3）板面导线经走线槽敷设，走线槽内的导线要尽可能避免交叉，装线量不超过其容量的70%，以便装配和维修。

（4）走线槽外导线需平直，各节点必须紧密，接电源、电动机及按钮的导线必须通过接线柱引出。

（5）各电器元件与走线槽之间的外露导线要尽可能做到横平竖直，变换走向时要垂直；在同一元件位置一致的端子和相同型号电器元件中位置一致的端子上引出或引入的导线，要敷设在同一平面上，并应做到高低一致或前后一致，不得交叉。

（6）各电器元件接线端子上引出或引入的导线，除间距很小和元件机械强度很差（如时间继电器JS7-A型同一只微动开关的同一侧常开与常闭触点的连接导线）允许直接架空敷设外，其他导线连接必须经过走线槽。

（7）各电器元件接线端子引出导线的走向以元件的水平中心线为界限，水平中心线以上接线端子引出的导线，必须进入元件上面的走线槽；水平中心线以下接线端子引出的导线，必须进入元件下面的走线槽。任何导线都不允许从水平方向进入走线槽内。

（8）所有导线与接线端子的连接必须牢靠，不得松动。在任何情况下，接线端子都必须与导线截面积和材料性质相适应。

（9）所有导线的截面积在大于或等于 0.5 mm^2 时，必须采用软线。考虑机械强度，对所用导线的最小截面积作如下规定：在控制箱外为 1 mm^2，在控制箱内为 0.75 mm^2；控制箱内电流很小的电路，如电子逻辑电路、低电平（信号）电路，可用 0.2 mm^2，并且可以采用硬线，但是必须使用在不能移动且无振动的场合。

（10）控制板外部配线时，必须以确保安全为条件，为导线提供适当的机械保护，如对电动机或可调整部件上电气设备的配线，可以采用多芯橡皮线或塑料护套软线。

（11）布线时，严禁损伤线芯和导线绝缘。

4. 调试的注意事项

（1）检验控制板内部布线的正确性时，出于安全性考虑，一般不允许在通电情况下进行检验。

（2）通电运行前应根据电动机的功率整定热继电器的参数，3个热继电器中任何一个出现过热跳闸时都会使3台电动机同时停止运行。

培训单元2　三相交流异步电动机位置控制电路安装与调试

培训重点

1. 熟悉三相交流异步电动机位置控制电路原理。
2. 掌握三相交流异步电动机位置控制电路安装与调试方法。

知识要求

一、自动停止位置控制电路原理

在生产过程中，常遇到一些生产机械运动部件的行程或位置要受到限制，或在一定范围内自动往返运转等情况，如在万能铣床、镗床、桥式起重机及各种自动或半自动控制机床设备中就经常遇到这种控制要求。实现这种控制要求所依靠的主要电器是行程开关（又称限位开关）。

如图1-29所示为电动机自动停止位置控制的电气原理图，由接触器KM的主触点来控制电动机的启动与停止，在控制回路中设置行程开关SQ1，当电动机带动运动部件碰到SQ1位置时，其常闭触点断开，接触器KM的线圈失压后主触点断开，电动机停止运转。

自动停止位置控制电路的工作原理如下。

先合上电源开关QS，按下SB1→KM线圈得电→KM自锁触点闭合自锁、KM主触点

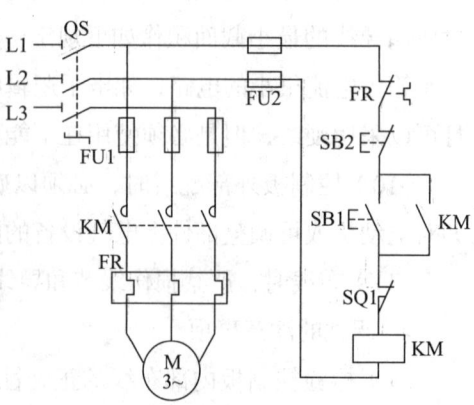

图1-29　电动机自动停止位置控制的电气原理图

闭合→电动机 M 启动并连续运转。

当电动机带动运动部件到 SQ1 位置时，其常闭触点断开→控制电路失电→KM 主触点分断→电动机 M 失电停转。

电动机运转时按下停止按钮 SB2→控制电路失电→KM 主触点分断→电动机 M 失电停转。

二、自动往返位置控制电路原理

由行程开关控制的工作台自动往返运动示意图如图 1-30 所示。

为了使电动机的正、反转控制与工作台的左、右运动相配合，在控制线路中设置了 SQ1、SQ2、SQ3、SQ4 四个行程开关，并把它们安装在工作台需限位的地方。工作台自动往返行程控制电路原理图如图 1-31 所示。

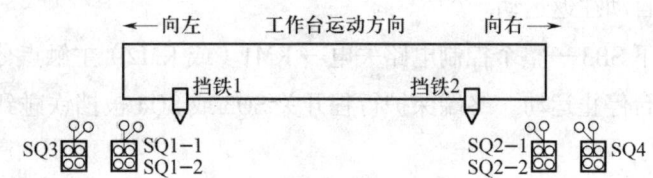

图 1-30 工作台自动往返运动示意图

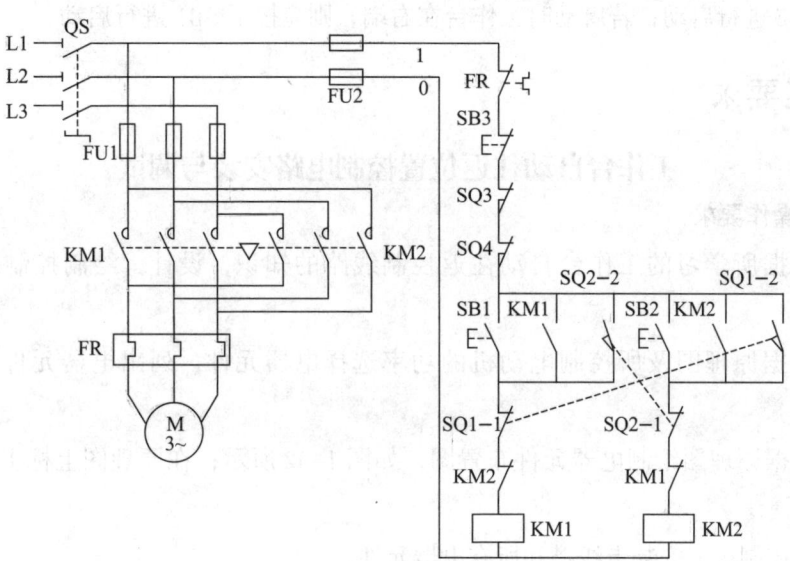

图 1-31 工作台自动往返控制电路原理图

其中 SQ1、SQ2 被用来自动换接电动机正、反转控制电路，实现工作台的自动往返控制；SQ3、SQ4 被用来作终端保护，以防止 SQ1、SQ2 失灵时，工作台越过限定位置而造成事故。在工作台边的 T 形槽中装有两块挡铁，挡铁 1 只能和 SQ1、SQ3 相碰撞，挡铁 2 只能和 SQ2、SQ4 相碰撞。当工作台运动到限定位置时，挡铁碰撞行程开关，使其触点动作，自动换接电动机正、反转控制电路，通过机械传动机构使工作台自动往返运动。

自动往返位置控制电路的工作原理如下。

先合上电源开关 QS，按下 SB1→KM1 线圈得电→KM1 主触点闭合→电动机 M 正转→工作台左移→至左限定位置，挡铁 1 碰到 SQ1→SQ1-1 先分断→KM1 线圈失电→KM1 主触点分断→电动机停止正转，工作台停止左移；SQ1-2 后闭合→KM2 线圈得电→KM2 主触点闭合→电动机 M 反转→工作台右移（SQ1 触点复位）→到达右限定位置，挡铁 2 碰到 SQ2→SQ2-1 先分断→KM2 线圈失电→KM2 主触点分断→电动机停止反转→工作台停止右移；SQ2-2 后闭合→KM1 线圈得电→KM1 主触点闭合→电动机 M 又正转→工作台又左移（SQ2 触点复位）→……以后重复上述过程，工作台就在限定的行程内自动往返运动。

停止时，按下 SB3→整个控制电路失电→KM1（或 KM2）主触点分断→电动机 M 失电停转→工作台停止运动。终端保护行程开关 SQ3 或 SQ4 被挡铁碰到时与按 SB3 作用相同。

这里 SB1、SB2 分别作为正转启动按钮和反转启动按钮，若启动时工作台在左端，应按下 SB2 进行启动；若启动时工作台在右端，则应按下 SB1 进行启动。

技能要求

工作台自动往返位置控制电路安装与调试

一、操作要求

1. 根据所学习的工作台自动往返控制线路的知识，设计、绘制控制线路原理图。

2. 根据原理图及所控制电动机的功率选择电器元件，列出电器元件清单，见表 1-3。

3. 根据原理图绘制电器元件布置图，如图 1-32 所示；在原理图上标上线号，如图 1-33 所示。

4. 在控制板上安装走线槽和所有电器元件。

5. 根据原理图完成线路接线。

6. 检验控制板内部布线的正确性。

7. 对接线完成的控制线路进行通电调试。

表 1-3 自动往返位置控制电路电器元件清单

序号	符号	器件名称	型号规格	数量	单位
1	QS	组合开关	HZ10-25/3	1	只
2	FU1、FU2	熔断器	RT18	5	只
3		熔体	RT14，ϕ10×38，2 A	5	只
4	KM1、KM2	三相交流接触器	CJX1-9/22，380 V	2	只
5	FR	三相热继电器	JR36-20/3D，1.5～2.4 A	1	只
6	M1	三相异步电动机	JW-5024	1	台
7	SB1、SB2、SB3	按钮	LA42P-01，380 V/G×2；LA42P-10，380 V/R×1	3	只
8		接线端子	WJT8-2.5	80	只

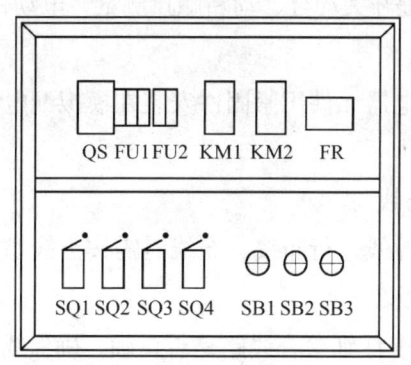

图 1-32 自动往返位置控制线路电器元件布置图

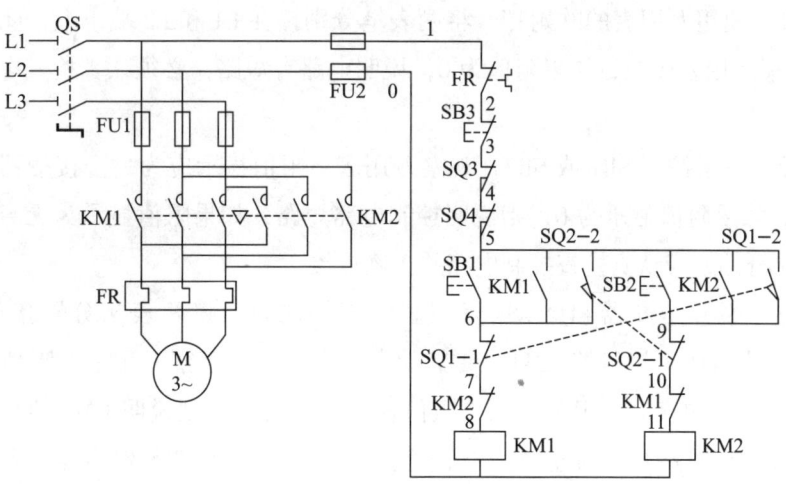

图 1-33 自动往返位置控制电路原理图

二、操作准备

1. 电器元件清单

2. 连接导线及接线附件

包括黄色、绿色、红色、黑色，截面积为 0.75 mm² 的连接导线若干；冷轧端子若干；白色套管若干。

3. 电工常用工具

十字旋具、剥线钳、剪刀、压线钳等。

4. 万用表

三、操作步骤

1. 根据原理图对控制线路进行安装、接线。

步骤1　电器元件测量

使用万用表，进行接触器线圈直流电阻测量，接触器动合、动断触点测量，按钮动合、动断触点测量，行程开关动合、动断触点测量，电动机三相绕组测量。

步骤2　电器元件安装

按电器元件布置图将电器元件用紧固件安装在模拟配电板上，并在布线通道上安装走线槽。

步骤3　模拟配电板布线

按原理图采用多股软导线进行布线，布线时需按走线槽布线工艺规定进行，完成后将电动机接入模拟配电板。

2. 接线完成后用万用表仔细检查线路是否正确，确保线路中无短路或控制电路开路等故障。

步骤1　使用万用表的欧姆挡，将两表笔分别接在 L1 和 L2 端子上，闭合电源开关 QS，观察万用表读数，如果阻值为 0，说明电路有短路，必须认真检查电路并正确连接。

步骤2　按下按钮 SB1 或 SB2，观察万用表，阻值显示应为一个接触器线圈的直流电阻值。如果阻值显示为 0，则说明控制电路短路；如果阻值显示为无穷大，则说明控制电路开路，应认真检查控制电路并正确连接。

步骤3　断开熔断器 FU2，用万用表欧姆挡测量，将两表笔分别接于 0、1 号线，用螺钉旋具按下接触器 KM1，使其动合触点闭合，观察万用表，阻值显示应为一个接触器线圈的直流电阻值。如果阻值显示为无穷大，则说明 KM1 的自锁回路开路，应检查自锁回路并正确连接；如果阻值显示为 0，则说明控制电路短路或自锁触点接错；如果阻值显示为一个接触器线圈直流电阻值的一半，则说明 KM1 的互锁触点接错。

步骤 4　用螺钉旋具按下接触器 KM2，结果同步骤 3。

步骤 5　将行程开关 SQ1 的操作头按下，观察万用表，阻值显示应为一个接触器线圈的电阻值。如果阻值显示为无穷大，则说明 KM2 的控制电路开路；如果阻值显示为 0，则说明 KM2 控制电路短路；如果阻值显示为一个接触器线圈直流电阻值的一半，则说明 SQ1 的常闭触点未断开或该电路接线有误。

步骤 6　将行程开关 SQ2 操作头按下，结果同步骤 5。

3. 调节热继电器的设定值，使其符合电动机启动的要求。

4. 在确保接线正确和参数整定值正确的情况下接通电源，进行调试。

步骤 1　合上电源开关 QS，按下按钮 SB1，KM1 线圈得电，KM1 主触点闭合，电动机 M1 得电正转，工作台左移。

步骤 2　工作台的挡铁碰到 SQ1 后，KM1 线圈失电，工作台停止运动，然后 KM2 线圈得电，电动机开始反转，工作台右移。

步骤 3　工作台的挡铁碰到 SQ2 后，KM2 线圈失电，工作台停止运动，然后 KM1 线圈得电，电动机开始正转，工作台左移，如此往复。

步骤 4　按下按钮 SB3，工作台停止运动。

5. 短接 SQ1-1 常闭触点，观察工作台运行情况。

步骤 1　合上电源开关 QS，按下按钮 SB1，KM1 线圈得电，接触器主触点闭合，电动机 M1 得电正转，工作台左移。

步骤 2　工作台的挡铁碰到 SQ1 后，由于常闭触点 SQ1-1 被短接，KM1 线圈不会失电，导致电动机 M1 继续左移，直到挡块碰到 SQ3，控制回路断电，KM1 线圈失电，工作台停止运动。

四、注意事项

1. 参见本模块培训项目二培训单元 1 "技能要求"的注意事项。

2. 注意正、反转接触器 KM1 和 KM2 的主触点接线的电源相序。

3. 该电路中有 2 个启动按钮，即 SB1 和 SB2。工作台在左端时需要启动，如果按下 SB1，由于 SQ1 被压下，常闭触点 SQ1-1 分断，所以 KM1 的线圈不会得电，其主触点不闭合，电动机不会运转，无法启动工作台，这种情况下，SB2 为启动按钮；反之，工作台在右端时需要启动，则 SB1 为启动按钮。

培训单元 3　三相绕线式异步电动机启动控制电路安装与调试

培训重点

1. 了解三相绕线式异步电动机转子串电阻启动控制电路原理。
2. 掌握三相绕线式异步电动机转子串电阻启动控制电路安装与调试方法。

知识要求

一、三相绕线式异步电动机的启动电路

在实际生产中对要求启动转矩较大且能平滑调速的场合，常常采用三相绕线式异步电动机，其优点是可以通过集电环在转子绕组中串接电阻来改善电动机的机械特性，从而达到减小启动电流、增大启动转矩、平滑调速的目的。

启动时，在转子回路中接入星形连接、分级切换的三相启动变阻器，并使电阻值处于最大位置，以减小启动电流，获得较大启动转矩，随着电动机转速逐渐升高，变阻器的电阻逐级短接。启动完毕，转子绕组被直接短接，电动机便在额定状态下运行。

二、转子串电阻启动控制电路原理

转子绕组串接电阻启动自动控制电路有两种，一种是使用时间继电器按照设定时间逐个切除串在转子绕组中的外加电阻；另一种是使用电流继电器按照继电器不同的线圈释放电流逐个切除串在转子绕组中的外加电阻。

1. 时间继电器自动控制电路

如图 1-34 所示是用三个时间继电器 KT1、KT2、KT3 和三个接触器 KM1、KM2、KM3 相互配合来依次自动切除转子绕组中三级电阻的电路原理图。

其工作原理如下：合上电源开关 QS，提供主电路和控制电路电源→按下 SB1→KM 线圈得电→KM 主触点闭合→电动机 M 串接全部 3 组电阻启动；KM 常开触点闭合→KT1 线圈得电→经 KT1 设定时间，KT1 常开触点闭合→KM1 线圈得电→KM1 主触点闭合，切除第一级电阻 R1，电动机 M 串接 2 级电阻继续启动；KM1 常开辅助触点闭合→KT2 线圈得电→经 KT2 设定时间，KT2 常开触点闭合→KM2 线圈得电→KM2 主触点闭合，切除第二级电阻 R2，电动机 M 串接 1 级电阻继续启动；KM2 常开辅助触点闭合→KT3 线圈得电→经 KT3 设定时间，KT3 常开触点闭合→KM3 线圈得电→KM3 主触点闭合，切除第三级电阻 R3，电动机 M 不串接外接电阻，达到稳定转速后进入正常运转状态；KM3 常开辅助触点闭合自锁，KM3 常闭辅助触点分断使 KT1、KM1、KT2、KM2、KT3 依次断电释放，触点复位。

停止时，按下 SB2 即可。

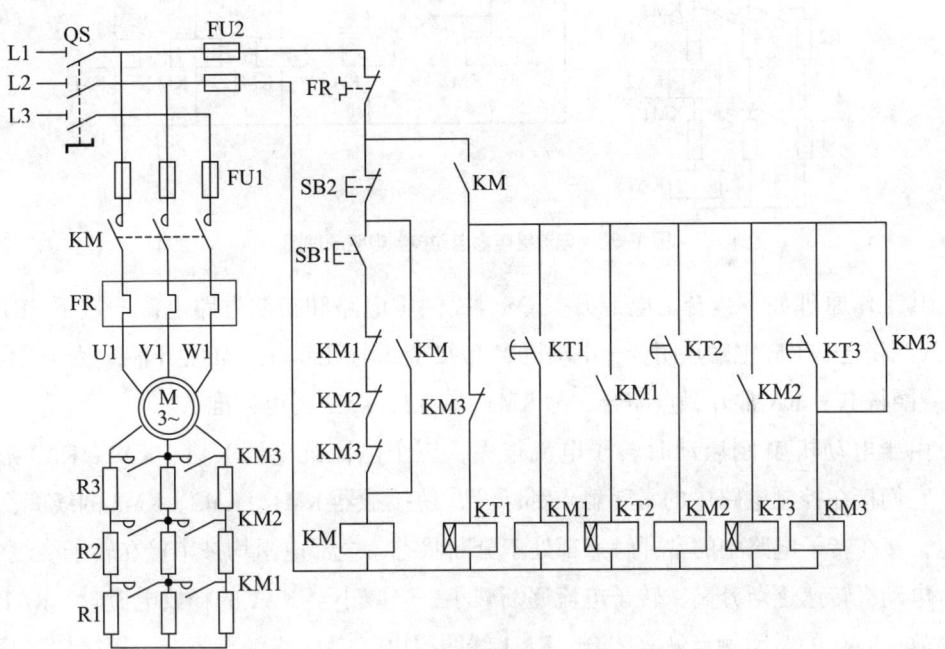

图 1-34　时间继电器自动控制电路原理图

2. 电流继电器自动控制电路

如图 1-35 所示为用三个电流继电器 KA1、KA2 和 KA3 根据电动机转子电流变化，控制接触器 KM1、KM2 和 KM3 依次得电动作，来逐级切除外加电阻的电路原理图。三个电流继电器 KA1、KA2、KA3 的线圈串接在转子电路中，它们的吸合电流相同，但释放电流不同，KA1 的释放电流最大，KA2 次之，KA3 最小。

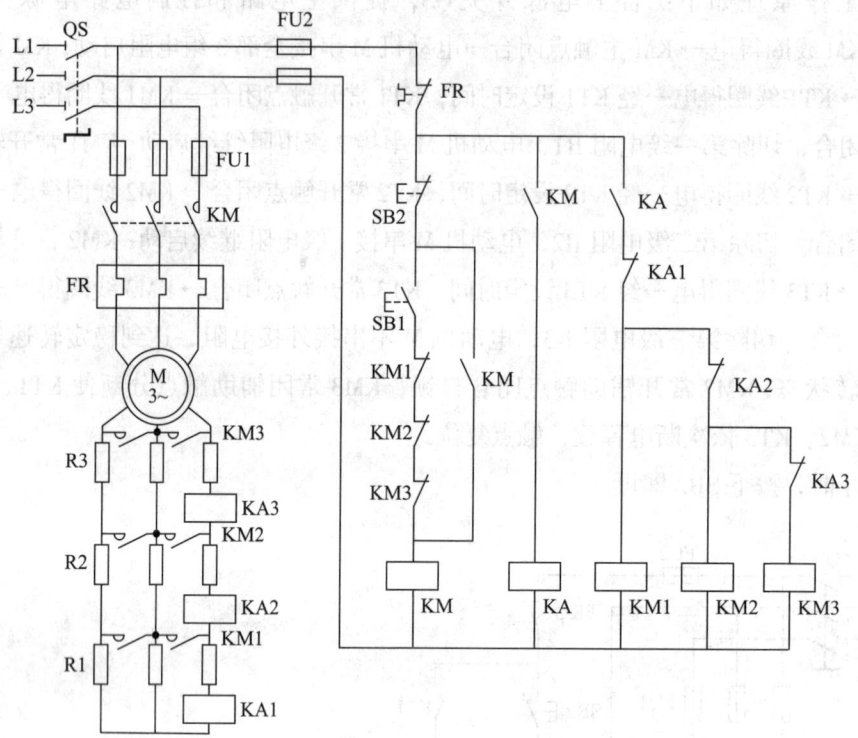

图1-35 电流继电器自动控制电路原理图

其工作原理如下：合上电源开关 QS，提供主电路和控制电路电源→按下 SB1→KM 线圈得电→KM 主触点闭合→电动机 M 串接全部电阻启动；KM 常开辅助触点闭合→KA 线圈得电→KA 常开触点闭合，为 KM1、KM2、KM3 得电做准备。

由于电动机 M 刚启动时转子电流很大，三个电流继电器 KA1、KA2、KA3 都吸合，它们接在控制电路中的常闭触点都断开，使接触器 KM1、KM2、KM3 的线圈都不得电，接在转子电路中的常开触点都处于分断状态，全部电阻均被串接在转子绕组中。随着电动机转速逐渐升高，转子电流逐渐减小，当减小至 KA1 的释放电流时，KA1 首先释放，KA1 的常闭触点恢复闭合，KM1 线圈得电，KM1 主触点闭合，短接切除第一级电阻 R1；R1 被切除后，转子电流重新增大，但随着电动机转速继续升高，转子电流又会减小，当减小至 KA2 的释放电流时，KA2 释放，KA2 的常闭触点恢复闭合，KM2 线圈得电，KM2 主触点闭合，短接切除第二级电阻 R2；如此继续下去，直到全部电阻被切除，电动机启动完毕，进入正常运转状态。

中间继电器 KA 的作用是保证电动机在转子电路中接入全部电阻的情况下开始启动。因为电动机开始启动时，启动电流由零增大到最大值需要一定的时间，有可能出现 KA1、KA2、KA3 还未动作，KM1、KM2、KM3 就吸合而把电阻 R1、R2、R3 短接的情况（相当于电动机直接启动）。采用 KA 后，无论 KA1、KA2、KA3 有无动作，开始启动时可由 KA 的常开触点切断 KM1、KM2、KM3 线圈的通电回路，保证启动时串入全部电阻。

技能要求

三相绕线式异步电动机转子串电阻启动控制电路安装与调试

一、操作要求

1. 根据所学三相绕线式异步电动机转子串电阻启动控制线路的知识，分析控制电路的工作原理（见图 1-34）。
2. 根据原理图及所控制电动机的功率选择电器元件，并列出电器元件清单，见表 1-4。
3. 根据原理图绘制电器元件布置图，如图 1-36 所示；在原理图上标上线号，如图 1-37 所示。
4. 在控制板上安装走线槽和所有电器元件。
5. 根据原理图完成线路接线。
6. 检验控制板内部布线的正确性。
7. 对接线完成的控制线路进行通电调试。

表 1-4　三相绕线式异步电动机转子串电阻启动控制线路电器元件清单

序号	符号	器件名称	型号规格	数量	单位
1	QS	组合开关 三相断路器	HZ10-25/3	1	只
2	FU1、FU2	熔断器	RT18	5	只
3		熔体	RT14, $\phi 10 \times 38$, 2 A	5	只
4	KM, KM1～KM3	三相接触器	CJX1-9/22, 380 V	4	只
5	FR	三相热继电器	JR36-20/3D, 1.5～2.4 A	1	只
6	M	三相绕线式 异步电动机	YZ8 112M-6, 1.5 kW	1	台
7	KT1～KT3	时间继电器	通电延时：JS7-2-A, 380 V	3	只
8	SB1、SB2	按钮	LA42P-01, 380 V/G; LA42P-10, 380 V/R	2	只
9	R1～R3	电阻器	5 Ω/1 kW	9	只
10		接线端子	WJT8-2.5	若干	只

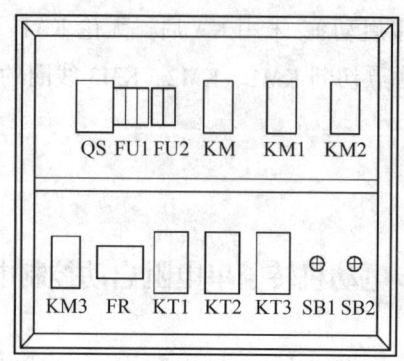

图 1-36 转子串电阻启动控制线路电器元件布置图

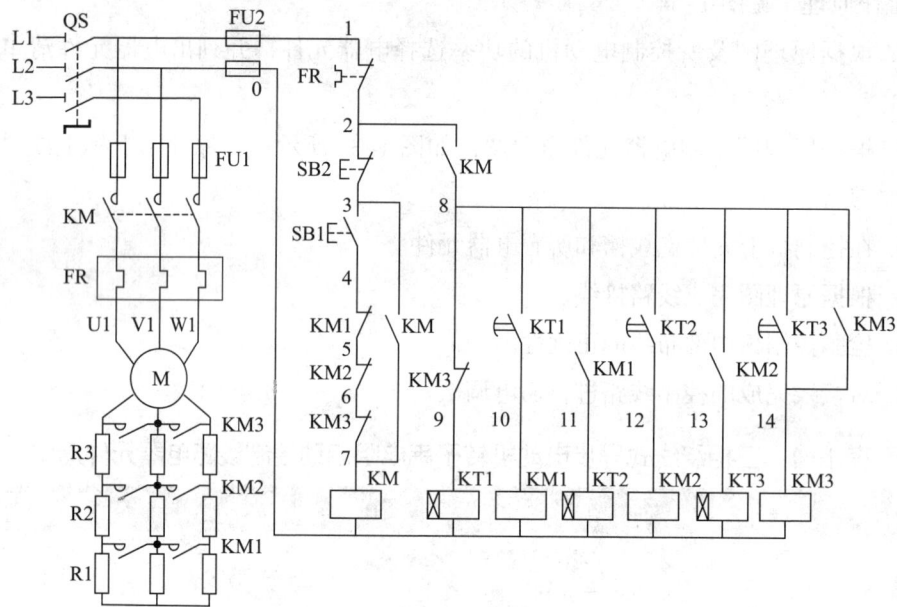

图 1-37 串电阻启动控制电路原理图

二、操作准备

1. 电器元件清单

2. 连接导线及接线附件

包括黄色、绿色、红色三种颜色，截面积为 0.75 mm² 的连接导线若干；冷轧端子若干；白色套管若干。

3. 电工常用工具

十字旋具、剥线钳、剪刀、压线钳等。

4. 万用表

三、操作步骤

1. 根据原理图对控制线路进行安装、接线。

步骤 1　电器元件测量

使用万用表,进行接触器线圈直流电阻测量,动合触点、动断触点测量,时间继电器线圈测量,延时触点测量,按钮动合、动断触点测量,电动机三相绕组测量。

步骤 2　电器元件安装

按电器元件布置图将电器元件用紧固件安装在模拟配电板上,并在布线通道上安装走线槽。

步骤 3　模拟配电板布线

按原理图采用多股软导线进行布线,布线时需按走线槽布线工艺规定进行,布线完成后将电动机接入模拟配电板。

2. 接线完成后使用万用表仔细检查线路是否正确,确保线路中无短路或控制电路开路等故障。

步骤 1　使用万用表的欧姆挡,表笔接在 L1 和 L2 端子上,闭合电源开关 QS,观察万用表阻值,如果阻值为 0,说明电路有短路,必须认真检查电路并正确连接。

步骤 2　按下按钮 SB1,观察万用表,阻值显示应为一个接触器线圈的直流电阻值。如果阻值显示为 0,则说明控制电路短路;如果阻值显示为无穷大,则说明控制电路开路,应认真检查控制电路并正确连接。

步骤 3　断开熔断器 FU2,用万用表的欧姆挡测量,将两表笔分别接于 0、1 号线,用螺钉旋具先按下 KM,再依次按下接触器 KM1、KM2 和 KM3,KT1、KT2 和 KT3,使其动合触点闭合,观察万用表读数,如果阻值显示为无穷大,则说明自锁回路开路,应检查自锁回路并正确连接;如果阻值显示为 0,则说明控制电路短路或自锁触点接错。

3. 调节时间继电器和热继电器的设定值,使其符合电动机启动的要求。

(1) 热继电器的电流设定值应为实际所配置电动机的额定电流值。

(2) 时间继电器的延时时间要按照电动机启动时各段速度实际提升所需时间进行调整。电动机是在轻载(接近于空载)状态下启动,转速上升较快,因此可暂按 KT1 延时 2~3 s、KT2 和 KT3 延时 1~2 s 设定。

4. 在确保接线正确和参数整定值正确的情况下接通电源,进行调试。

步骤 1　合上电源开关 QS,按下按钮 SB1,KM 线圈得电,KM 主触点闭合,电动机串接所有电阻启动。

步骤 2　电动机启动的同时 KT1 线圈得电,经过设定时间后延时触点闭合,KM1 线圈得电,KM1 主触点闭合,切除第一级电阻 R1。

步骤 3　经过 KT2、KT3 的设定时间后,分别切除二级电阻 R2 和三级电阻 R3,电动机启动完成,在额定状态下运行。

步骤 4 按下 SB2，电动机停止运行。

5. 观察电动机启动情况，对时间继电器的设定时间进行调整。

在使用时间继电器逐段切除启动电阻时，若时间继电器的设定时间过短，会提早切除电阻，引起启动电流过大的现象，如果是在重载状态下启动，甚至有可能发生切换后的电磁转矩小于负载转矩而不能启动的情况；若时间继电器的设定时间过长，则不能保证平均启动转矩大于负载转矩，造成启动时间延长。因此，如果在电动机启动过程中，发现因转子电流过大而引起断路器跳闸、熔断器熔体熔断或切换时启动转矩小于负载转矩造成电动机不能顺利启动等现象时，应将时间继电器的设定时间适当延长；如果发现电动机启动过程不连贯、有等待现象时则可适当缩短设定时间（注意：电动机空载时，上述现象不一定能观察得到，时间继电器的设定时间可不作调整）。

四、注意事项

1. 参见本模块培训项目二培训单元 1"技能要求"的注意事项。

2. 由于空气阻尼式时间继电器的定时精度不高，需要在不断调试中得到准确的设定时间。

3. 接触器 KM1、KM2 和 KM3 的常闭辅助触点与启动按钮 SB1 串接的作用是保证电动机只有在转子绕组中接入全部外加电阻的条件下才能启动。如果接触器 KM1、KM2、KM3 中任何一个触点因熔焊或机械故障而没有释放，启动电阻就没有被全部接入转子绕组中，造成启动电流超过规定值。而把 KM1、KM2 和 KM3 的常闭触点与 SB1 串接在一起，就可避免这种现象，因为三个接触器中只要有一个触点没有恢复闭合，电动机就不可能接通电源直接启动。

培训单元 4 三相交流异步电动机能耗制动电路安装与调试

培训重点

1. 熟悉三相交流异步电动机能耗制动电路原理。
2. 掌握三相交流异步电动机能耗制动控制电路安装与调试方法。

知识要求

电动机在正常运行中，为了迅速停车，不仅要断开三相交流电源，还需在定子绕组中接入直流电源，形成恒定磁场；转子由于惯性继续旋转切割磁场，即在转子中形成了感应电动势和感应电流，此感应电流产生的电磁转矩方向与电动机的旋转方向相反，从而起到制动作用，最终使电动机停止。这种制动方式称为能耗制动。能耗制动时，产生制动力矩的大小与定子绕组中直流电流的大小、电动机的转速及转子电路中的电阻有关。

能耗制动具有制动准确、平稳，且能量消耗较小等优点；缺点是需附加直流电源装置，低速时制动力矩小。因此能耗制动一般用于要求制动平稳、准确的场合，如磨床等精度较高的机床制动。

一、电动机正、反向启动及无变压器半波整流能耗制动

如图 1-38 所示为电动机双重联锁正、反向启动及能耗制动控制电路。这种控制电路采用单只二极管半波整流器作为直流电源，所用附加设备较少，线路简单，成本低，常用于对制动要求不高的 10 kW 以下小容量电动机。

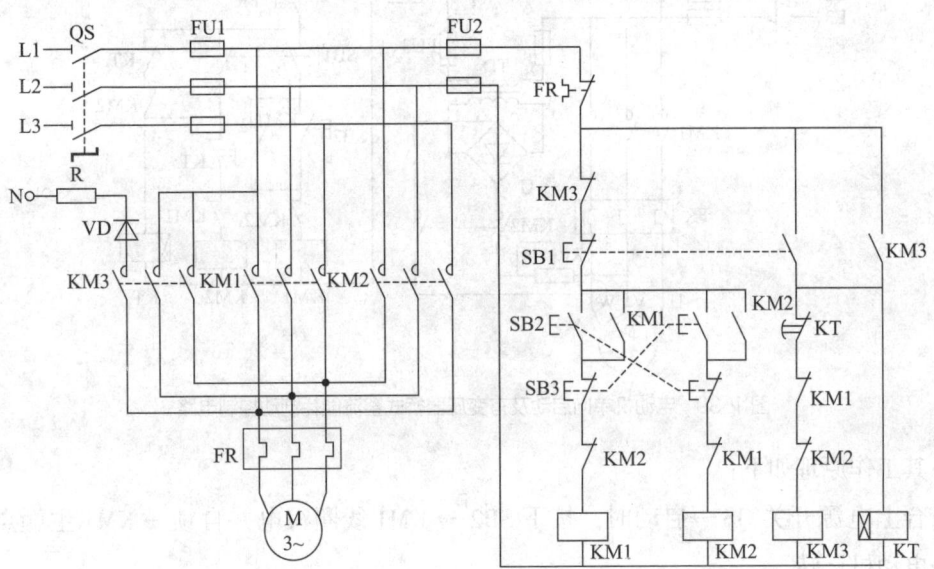

图 1-38 电动机双重联锁正、反向启动及能耗制动控制电路

其工作原理如下：

合上电源开关 QS→正向启动运转时，按下 SB2→KM1 线圈得电→电动机 M 启动

正向运转；反向启动运转时，按下 SB3→KM2 线圈得电→电动机 M 启动反向运转。

正向运转能耗制动时，按下 SB1→KM1 线圈失电，KM3 线圈得电→KM3 主触点闭合→电动机 M 接入直流电源，能耗制动开始→KT 线圈得电→KT 常闭触点延时后分断→KM3 线圈失电→KM3 主触点分断→切断直流电源，电动机 M 停转，能耗制动结束。

反向运转能耗制动时，按下 SB1→KM2 线圈失电，KM3 线圈得电→KM3 主触点闭合→电动机 M 接入直流电源，能耗制动开始→KT 线圈得电→KT 常闭触点延时后分断→KM3 线圈失电→KM3 主触点分断→切断直流电源，电动机 M 停转，能耗制动结束。

二、电动机单向启动及有变压器桥式整流能耗制动

如图 1-39 所示为电动机单向启动及有变压器桥式整流能耗制动控制电路。控制电路中的直流电源由整流变压器经单相桥式整流器供给，可变电阻 RP 用来调节直流电流的大小，从而调节制动强度。这种控制电路通常用于 10 kW 以上的较大容量电动机。

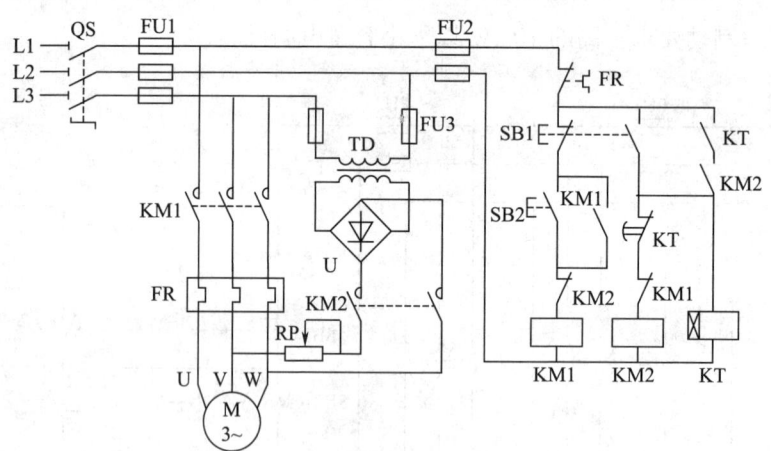

图 1-39　电动机单向启动及有变压器桥式整流能耗制动控制电路

其工作原理如下：

合上电源开关 QS→启动时，按下 SB2→KM1 线圈得电并自锁→KM1 主触点吸合→电动机运转。

能耗制动时，按下 SB1→按钮的常闭触点分断→KM1 线圈失电→KM1 主触点分断→电动机主电路失电，按钮常开触点闭合→时间继电器 KT 线圈得电→KM1 常闭辅助触点闭合→KM2 线圈得电→KM2 主触点闭合→定子绕组接入桥式整流电路提供

的直流电源，能耗制动开始→KT 的延时常闭触点经设定时间后分断→KM2 线圈失电→KM2 主触点和辅助触点分断→KT 线圈失电→能耗制动结束。

技能要求

三相交流异步电动机正、反转带变压器桥式整流能耗制动控制电路安装与调试

一、操作要求

1. 根据所学有变压器桥式整流能耗制动控制电路与电动机正、反转控制电路的知识，设计、绘制控制电路原理图。

2. 根据原理图及所控制电动机的功率选择电器元件，并列出电器元件清单，见表 1-5。

3. 根据原理图绘制电器元件布置图，如图 1-40 所示；在原理图上标上线号，如图 1-41 所示。

4. 在控制板上安装走线槽和所有电器元件。

5. 根据原理图完成线路接线。

表 1-5　带桥式整流的正、反转能耗制动电路电器元件清单

序号	符号	器件名称	型号规格	数量	单位
1	QS	组合开关	HZ10-25/3	1	只
2	FU1～FU4	熔断器	RT18	8	只
3		熔体	RT14，ϕ10×38，2 A	8	只
4	KM1～KM3	三相接触器	CJX1-9/22，380 V	3	只
5	FR	三相热继电器	JR36-20/3D，1.5～2.4 A	1	只
6	M	三相异步电动机	JW-5024	1	台
7	KT	时间继电器	JS7-2-A，380 V	1	只
8	SB1～SB3	按钮	LA42P-11，380 V/G；LA42P-22，380 V/R	3	只
9	TC	变压器	BK-25 VA，380 V/6.3 V，12 V，24 V，36 V	1	只
10	VD	整流桥	KBPC10-10	1	只
11		接线端子	WJT8-2.5	若干	只

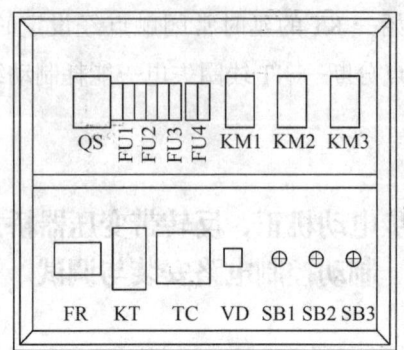

图 1-40 电动机正、反转带变压器桥式整流能耗制动控制线路电器元件布置图

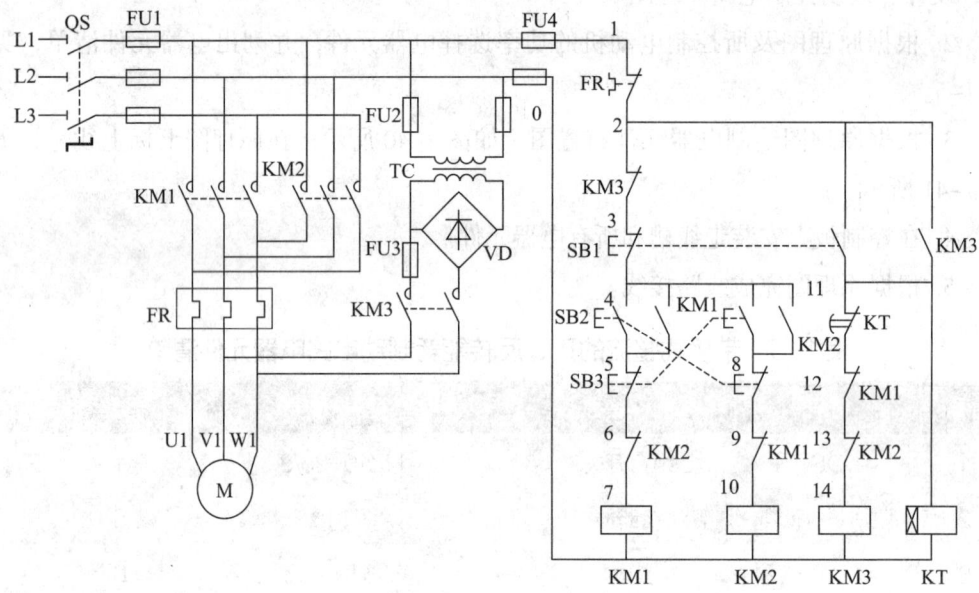

图 1-41 电动机正、反转带变压器桥式整流能耗制动电路原理图

6. 检验控制板内部布线的正确性。
7. 对接线完成的控制线路进行通电调试。

二、操作准备

1. 电器元件清单
2. 连接导线及接线附件

包括黄色、绿色、红色、黑色四种颜色，截面积为 0.75 mm² 的连接导线若干；冷轧端子若干；白色套管若干。

3. 电工常用工具

十字旋具、剥线钳、剪刀、压线钳等。

4. 万用表

三、操作步骤

1. 根据原理图对控制线路进行安装、接线。

步骤1 电器元件测量

使用万用表，进行接触器线圈直流电阻测量，动合、动断触点测量，时间继电器线圈测量，延时触点测量，按钮动合、动断触点测量，整流桥性能测量，电动机三相绕组测量。

步骤2 电器元件安装

按电器元件布置图将电器元件用紧固件安装在模拟配电板上，并在布线通道上安装走线槽。

步骤3 模拟配电板布线

按原理图采用多股软导线进行布线，布线时需按走线槽布线工艺规定进行，布线完成后将电动机接入模拟配电板。

2. 接线完成后使用万用表仔细检查线路是否正确，确保线路中无短路或控制电路开路等故障。

步骤1 使用万用表的欧姆挡，并连接在 L1 和 L2 端子上，断开熔断器 FU2，闭合电源开关 QS，观察万用表显示的阻值，如果阻值为0，说明电路有短路，必须认真检查电路并正确连接。

步骤2 按下按钮 SB2 或 SB3，观察万用表，阻值显示应为一个接触器线圈的直流电阻值。如果阻值显示为0，则说明控制电路短路；如果阻值显示为无穷大，则说明控制电路开路，应认真检查控制电路并正确连接；如果阻值显示为一个接触器线圈电阻值的一半，则说明 SB2 和 SB3 的互锁触点接线有误，需进一步检查。

步骤3 断开熔断器 FU4，用万用表的欧姆挡测量，将两表笔分别接于0、1号线，用螺钉旋具依次按下接触器 KM1、KM2 和 KM3，使其动合触点闭合，观察万用表读数，阻值显示应为一个接触器线圈的直流电阻值。如果阻值显示为无穷大，则说明自锁回路开路，应检查自锁回路；如果阻值显示为0，则说明控制电路短路或自锁触点接错。

步骤4 断开熔断器 FU4，用万用表的欧姆挡测量，将两表笔分别接于0、1号线，用螺钉旋具同时按下接触器 KM1 和 KM2，使其动合触点闭合，观察万用表读数，阻值应为无穷大，说明联锁回路正常。

步骤5 断开熔断器 FU4，将 SB1 按到底，同时用螺钉旋具按下接触器 KM1 或 KM2，用万用表的欧姆挡测量，将两表笔分别接于0、1号线，观察万用表读数，阻值显示应为一个时间继电器线圈的电阻值。

3. 调节时间继电器和热继电器的设定值,使其符合电动机启动的要求。

(1)热继电器的电流设定值应为实际所配置电动机的额定电流值。

(2)时间继电器 KT 在本电路中的作用是控制能耗制动实施的时间,其延时时间应按照电动机从按下停止按钮开始能耗制动到停转为止所需的实际时间来设定。若设定时间太短,不能实现准确制动;若设定时间太长,电动机已经停转,而电路仍在向定子绕组通入直流电流,虽然不会影响电动机停车,但时间长了会引起电动机过热。由于电动机所驱动的负载大小不同,故所需的停车时间是不同的,且不容易精确测定,因此在实际设定时,时间继电器的延时时间应略大于电动机停转所需的时间,一般设定为 3~4 s 即可。

4. 在确保接线正确和参数整定值正确的情况下接通电源,进行调试。

步骤 1　合上电源开关 QS,按下按钮 SB2,KM1 线圈得电,接触器主触点闭合,电动机正向运转。

步骤 2　将按钮 SB1 按到底,KM1 线圈失电,接触器主触点分断,电动机主电路失电;KM3 线圈得电,KM3 主触点闭合,电动机接入直流电源进行能耗制动。

步骤 3　KM3 线圈得电的同时时间继电器 KT 线圈得电,经设定的延时时间后,KT 的常闭触点延时分断,KM3 线圈失电,主触点分断,切断直流电源,KT 线圈失电,能耗制动结束。

步骤 4　按下按钮 SB3,使电动机反向运转,再按下 SB1 进行能耗制动。

四、注意事项

参见本模块培训项目二培训单元 1 "技能要求"的注意事项。

培训单元 5　三相交流异步电动机反接制动控制电路安装与调试

培训重点

1. 熟悉三相交流异步电动机反接制动控制原理。
2. 掌握三相交流异步电动机反接制动控制电路安装与调试方法。

知识要求

三相交流异步电动机反接制动控制原理

反接制动是将正在运行的电动机电源相序突然反接,使旋转磁场的旋转方向同转子实际的旋转方向相反,此时的电磁转矩起到制动的作用。反接制动的实质是欲使电动机反转而制动,因此当电动机的转速接近零时,应立即切断反接制动电源,否则电动机会反转。实际控制中采用速度继电器来自动切除制动电源。

反接制动具有制动力强、制动迅速、控制电路简单、设备投资少等优点,但制动准确性差,制动过程冲击强烈,易损坏传动部件,因此一般用于 10 kW 以下小容量的电动机,适用于要求制动迅速、系统惯性大、不经常启动与制动的设备,如铣床、镗床、中型车床等主轴的制动控制。

反接制动控制电路如图 1-42 所示,其主电路和正、反转电路相同。由于反接制动时转子与旋转磁场的相对转速较高(约为启动时的 2 倍),致使定子、转子中的电流会很大(约为额定值的 10 倍),因此反接制动电路增加了限流电阻 R。KM1 为运转接触器,KM2 为反接制动接触器,KS 为速度继电器,其与电动机联轴,当电动机的转速上升到约 120 r/min 的动作值时,KS 常开触点闭合,为制动做好准备。

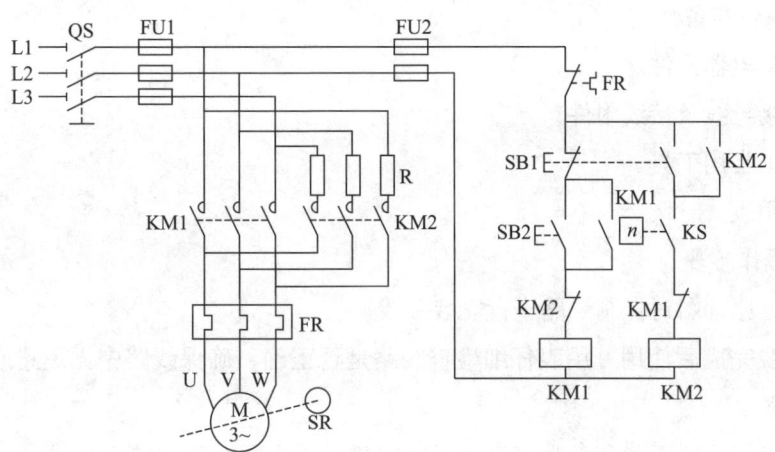

图 1-42 三相交流异步电动机反接制动控制电路原理图

其工作原理如下:

合上电源开关 QS,按下启动按钮 SB2→KM1 线圈得电→KM1 主触点闭合,KM1 自锁触点闭合自锁,KM1 联锁触点分断对 KM2 联锁→电动机 M 启动运转→至电动转速上升到一定值（120 r/min 左右）时，KS 常开触点闭合，为制动作准备。

反接制动时，按下复合按钮 SB1→SB1 常闭触点先分断，SB1 常开触点后闭合→KM1 线圈失电→KM1 主触点分断，电动机 M 暂时失电，KM1 自锁触点分断解除自锁，KM1 联锁触点闭合→KM2 线圈得电→KM2 主触点闭合，KM2 自锁触点闭合自锁，KM2 联锁触点分断对 KM1 联锁→电动机 M 串接 R 反接制动→至电动机转速下降到一定值（100 r/min 左右）时，SR 常开触点分断→KM2 线圈失电→KM2 主触点分断，KM2 联锁触点闭合解除联锁→电动机 M 脱离电源停转，制动结束。

技能要求

三相交流异步电动机反接制动控制电路安装与调试

一、操作要求

1. 根据所学正反转控制、反接制动控制等知识，设计、绘制控制电路原理图。
2. 根据原理图及所控制电动机的功率选择电器元件，并列出电器元件清单。
3. 根据原理图绘制电器元件布置图。
4. 在控制板上安装走线槽和所有电器元件。
5. 根据原理图完成线路接线。
6. 检验控制板内部布线的正确性。
7. 对接线完成的控制线路进行通电调试。

二、操作准备

1. 准备电器元件。
2. 连接导线及接线附件。
3. 电工常用工具。
4. 万用表。

三、操作步骤

1. 根据原理图对控制线路进行安装接线。
2. 接线完成后使用万用表仔细检查线路是否正确，确保线路中无短路或控制电路开路等故障。
3. 在确保接线正确和参数整定值正确的情况下接通电源，进行调试。

四、注意事项

参见本模块培训项目二培训单元 1 "技能要求"的注意事项。

培训单元 6　三相交流异步电动机再生制动产生条件与控制原理

培训重点

1. 了解三相交流异步电动机再生制动产生条件。
2. 熟悉三相交流异步电动机再生制动控制原理。

知识要求

一、三相交流异步电动机再生制动产生条件

由三相交流异步电动机的工作原理可知，在正常情况下，定子绕组中通入对称三相交流电流，会产生旋转磁场。旋转磁场的转速与电源频率成正比，与定子绕组磁极对数成反比。旋转磁场切割转子绕组，在转子绕组中产生感应电动势和感应电流，感应电流与旋转磁场作用产生电磁力矩，驱动转子沿着旋转磁场的方向转动，转速低于旋转磁场的转速。此时，电动机处于电动状态，电磁力矩为驱动力矩驱动电动机转子转动；如果在外力作用下，转子转速高于旋转磁场的转速，则由于磁场切割方向发生变化，从而感应电动势、感应电流的方向发生变化，导致电磁力矩的方向与旋转磁场的方向相反，变成阻碍转子转动的制动力矩。因此，三相交流异步电动机再生制动产生的条件是转子转速高于旋转磁场的转速。

例如在吊车下放重物时重物会带动转子的转速超过旋转磁场的转速；或者双速电动机从高速切换到低速时，旋转磁场的转速由高变低，而转子由于惯性还保持高速，也会使转子转速高于旋转磁场转速。

二、三相交流异步电动机再生制动控制原理

再生制动的原理如图 1-43 所示，当三相交流异步电动机的转子转速高于旋转磁

场的转速时，转子切割磁场的方向就发生了变化，产生的感应电动势和感应电流的方向也会发生变化，进而使得产生的电磁力矩的方向发生变化，与转子的旋转方向相反，变成阻碍转子转动的制动力矩。同时，由于不产生驱动力矩，输入的电流不做功，反而由于外力作用，电动机还向电源输出电能（能量守恒），因此称为再生发电制动。

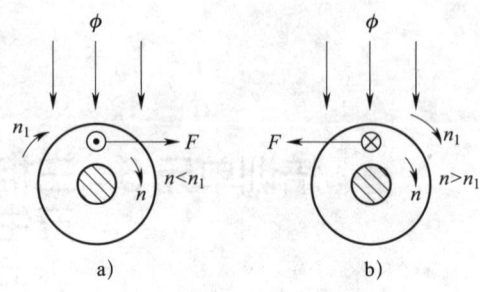

图1-43 再生制动原理
a) 电动状态 b) 制动状态

再生制动不需要单独的控制电路，只要转子的转速超过电动机旋转磁场的转速，就会自动转换至再生制动状态。将这一原理运用到电动汽车上可实现能量回收，节约电能；在起重机下放重物时也可防止下放速度过快。

由于再生发电制动只要电动机的转速超过其旋转磁场的转速且转向相同，电动机就会自动进入再生发电制动状态，所以再生制动不局限于某一个具体的电路，因此本部分不设具体的技能要求内容。

培训项目三　临时供电、用电设备设施的安装与维护

培训单元1　临时用电总配电箱、分配电箱、开关箱及线路的安装与维护

培训重点

1. 掌握临时用电安全规范。
2. 掌握临时用电总配电箱、分配电箱、开关箱的安装规范。
3. 掌握临时用电线路的安装与维护。

知识要求

一、临时用电安全规范

施工现场临时用电的特点是用电设备移动频繁,电气设备及供电线路工作环境差、负荷变化大。施工人员往往认为临时用电是临时性的,常常将一些已破旧的导线及陈旧的电气设备从一个工地移到另一个工地反复使用,还存在侥幸心理,明知设备容量不够还继续使用,设备安装不规范,电线电缆乱接乱拉,甚至无证操作,导致施工现场触电和电气火灾等电气事故经常发生,给人们的生命和财产带来巨大损失。

施工现场临时用电的安全可靠性是保证高速度、高质量施工的重要条件。为了保障施工现场的用电安全,防止触电和电气火灾发生,必须对施工用电线路和设备加强管理。临时用电安全技术措施包括两个方面的内容:一是安全用电在技术上所采取的措施;二是为了保证安全用电和供电的可靠性,在组织上所采取的各种措施,包括建立制度、组织管理等。

施工现场临时用电是工程监理和安监部门十分重视的内容,现在施工现场临时用电必须符合 GB 50194—2014《建设工程施工现场供电安全规范》的要求,且施工现场临时用电设备在 5 台以上或设备总容量在 50 kW 及以上者,应编制用电组织规范。

安全用电组织管理规定如下。

(1)建立临时用电施工组织设计和安全用电技术措施的编制、审批制度,并建立相应技术档案。

(2)建立技术交底制度。向专业电工、各类用电人员介绍临时用电施工组织设计和安全用电技术措施的总体意图、技术内容和注意事项,并在技术交底文字资料上履行交底人和被交底人的签字手续,注明交底日期。

(3)建立安全检测制度。从临时用电工程竣工开始,定期对其进行检测,主要内容有接地电阻值、电气设备绝缘电阻值、漏电保护器动作参数等,以监测临时用电工程是否安全可靠,并做好检测记录。

(4)建立电气维修制度。做好日常和定期维修工作,及时发现并消除隐患;建立维修记录档案,记录维修时间、地点、内容、技术措施、处理结果、维修人员、验收人员等。

(5)建立工程拆除制度。建筑工程竣工后,临时用电工程的拆除应有统一的组织和指挥,规定拆除时间、人员、程序、方法、注意事项和防护措施等。

(6)建立安全用电责任制。对临时用电工程各部位的操作、监护、维修分片、分块、分级落实到人,并辅以必要的奖惩措施。

(7)建立安全教育和培训制度。定期对专业电工和各类用电人员进行用电安全教育和培训,凡上岗人员必须持有劳动部门核发的上岗证书,严禁无证上岗。

二、临时用电总配电箱、分配电箱、开关箱的安装与维护

施工现场的配电箱是电源与用电设备之间的中枢环节,开关箱是配电系统的末端,是用电设备的直接控制装置。配电箱与开关箱之间的设置及运用直接影响着施工现场的用电安全。

1. 配电箱与开关箱的安装规范

根据 JGJ 46—2005《施工现场临时用电安全技术规范》,配电箱与开关箱的设置原则是"三级配电,二级保护",即配电箱与开关箱设置三个层次向用电设备输送电力,而每一台用电设备均有专用的开关箱,开关箱内设有隔离开关与漏电保护器。总配电箱内也设有隔离开关与漏电保护器,使每台用电设备至少有两种漏电保护装置。

(1)配电箱安装要求

1)在总配电箱下设分配电箱,分配电箱以下设开关箱,开关箱以下为电气设备,从而形成三级配电。要求照明配电与动力配电分别设置,自成独立系统,避免因为动力停电影响照明。

2)采用剩余电流动作的保护措施,除在末级开关箱内加装剩余电流动作保护器外,还需在上一级分配电箱或总配电箱中再加装一级剩余电流动作保护器,从而形成两级保护。

(2)开关箱安装要求

1)每台用电设备应有专用的开关箱,严禁将两台用电设备的电气控制装置装在一个开关箱内,防止发生误操作事故。

2)必须实行"一机一闸"制,严禁使用同一个开关电器直接控制两台及两台以上用电设备(含插座),防止误操作等事故。

3)开关箱中必须装设剩余电流动作保护器,即"一漏一箱"。因为每台用电设备都需要加装剩余电流动作保护器,所以不能用一个剩余电流动作保护器保护两台或多台用电设备,否则容易发生误动作,影响保护效果。同时,要避免直接用剩余电流动作保护器兼作电器控制开关的情况,剩余电流动作保护器频繁动作将影响灵敏度,甚

至损坏而失去保护功能（不包括剩余电流动作保护器与自动空气断路器组装在一起的电气装置）。

2. 配电箱、开关箱的安装位置

（1）总配电箱应装设在靠近电源的地区；分配电箱应装设在用电设备或者负荷较集中的地区，与开关箱距离不允许大于30 m。开关箱与其控制的固定式用电设备的水平距离最好保持在3 m以内。

（2）配电箱、开关箱应装设在干燥、通风及常温的场所，周围应有足够2人同时工作的空间；应装设端正、牢固，移动式配电箱应在坚固的支架上装设开关箱；固定式配电箱、开关箱的中心点与地面的垂直距离宜为1.4~1.6 m；应在坚固、稳定的支架上装设移动式分配电箱、开关箱，其中心点与地面的垂直距离宜为0.8~1.6 m。

（3）严禁使用木质电箱和金属外壳木质地板，配电箱内的电器应先在金属或非木质的绝缘电器安装板上安装，然后整体紧固在配电箱体内，采用橡皮绝缘电缆在箱内连接。

（4）所有配电箱均应标明名称和用途，并作出分路标识。

（5）所有配电箱门都应配锁，应由专人负责配电箱和开关箱；施工现场停止作业1 h以上时，动力开关箱需断电上锁。

3. 施工现场变配电装置的检查要求

（1）配电室

1）配电室建筑及尺寸应符合规范要求。配电屏的周围通道宽度应符合规定要求。

2）成列配电屏两端要连接保护零线。

3）配电屏应装设电能表，分路装电流和电压表；装设短路、过载保护以及剩余电流动作保护装置。

4）要求配电屏配电线路编号，标明用途。维修时，应悬挂停电标示牌，并要求停送电由专人负责。

（2）总配电箱

1）总配电箱应装设总电流表、总电压表、总电能表及其他仪表。

2）总配电箱应装设总隔离开关及分路隔离开关、总熔断器和分路熔断器（或总自动空气断路器和分路自动空气断路器）、剩余电流动作保护器。若剩余电流动作保护器同时具备过负荷和短路保护功能，则可不装分路熔断器或分路自动空气断路器。自动空气断路器额定值和动作整定值应同分路断路器的额定值和动作整定值相适应。

3）配电箱、开关箱内的开关电器应按其规定的位置紧固在电器安装板上，不应有歪斜和松动；箱内的电器必须可靠完好，不准使用破损和不合格的电器。为方便维修和检查，剩余电流动作保护器要求装设在电源隔离开关的负荷侧，各种开关电器的额定值需要与其控制用电设备的额定值相适应，熔断器的熔体更换时，不可使用不符合原规格的熔体代替。

4）配电箱与开关箱应采用铁板或者优质绝缘材料制作，铁板的厚度应大于 1.5 mm，当箱体宽度超过 500 mm 时应做双开门。配电箱及开关箱的金属外壳构件应经过防腐、防锈处理，可承受正常使用条件下可能遇到的潮湿的影响。

5）由于木质电箱易受腐蚀或受潮而导致绝缘性能下降，而且机械强度差，不耐冲击，使用寿命短，因此不宜采用木质材料制作配电箱与开关箱。

6）配电箱内的电器应首先安装在金属或非木质的绝缘电器安装板上，然后整体紧固在配电箱箱体内，安装板与配电箱体应作电气连接，并且电气设备之间、设备与板四周的距离应符合有关工艺标准的要求。

7）配电箱、开关箱内的工作零线应通过接线端子板连接，并应与保护零线接线端子板分设。

8）配电箱、开关箱内的连接线应采用绝缘导线，导线的型号及截面积应严格执行临时用电图纸的标示截面积。各种仪表之间的连接线应使用截面积不小于 2.5 mm^2 的绝缘铜芯导线，导线接头不得松动，不得有外露带电部分。

9）各种箱体的金属构架、金属箱体、金属电器安装板以及箱内电器的正常不带电的金属底座、外壳等，必须做保护接零；保护零线应经过接线端子板连接。

10）配电箱后面的排线需排列整齐，绑扎成束，并用卡钉固定在盘板上；盘后引出及引入的导线应留出适当裕量，以便检修。

11）导线剥削处不应伤线芯或线芯过长，导线压头应牢固可靠；多股导线不应盘圈压接，应加装压线端子（有压线孔者除外）。如必须穿孔用顶丝压接时，多股导线应涮锡后再压接，不得减少导线股数。

技能要求

建筑工地搅拌站临时用电线路安装与维护

一、操作要求

1. 运用所学临时用电知识，根据设备用电要求设计并绘制临时用电工程图。

2. 根据临时用电工程图及所控制电动机的功率选择电器元件，并列出电器元件清单。

3. 在模拟工地现场按照临时用电工程图对总配电箱、分配电箱、开关箱进行规范安装并正确接线。

4. 检验配电箱、开关箱及线路安装的规范性。

5. 对接线完成的临时用电线路进行通电调试。

二、操作准备

1. 准备电器元件。

2. 连接导线及接线附件。

3. 电工常用工具，包括十字旋具、剥线钳、压线钳等。

4. 万用表。

三、操作步骤

1. 根据临时用电工程图安装总配电箱、分配电箱、开关箱。

2. 将临时电源箱安装在固定位置。从上级配电箱中将电源线引出，依据现场环境进行固定，与其他线路交叉时保持一定的高度。

3. 完成总配电箱、分配电箱、开关箱的线路连接。

4. 接线完成后使用万用表仔细检查线路是否正确，确保线路中无短路或开路等故障。

5. 在确保接线正确的情况下接通电源，进行通电测试。

四、注意事项

1. 临时用电线路一定要安装漏电保护器。

2. 安装时要注意与其他线路的交叉。

3. 配电箱、开关箱及线路安装要符合临时用电规范的要求。

4. 配电箱、开关箱必须安装箱门并配锁，专人负责，定期检修。

5. 配电箱、开关箱的外形应具备防雨、防尘结构。

培训单元2　临时用电照明装置、隔离变压器的安装

培训重点

1. 掌握隔离变压器的分类。

2. 掌握临时用电照明装置、隔离变压器的安装方法。

知识要求

一、隔离变压器的分类

隔离变压器是Ⅲ类电气设备的组成部分，也是电气安全防护的重要技术措施。隔离变压器用作单独向电气设备供电的电源，其特征是"隔离"，即变压器的一次绕组与二次绕组之间只依靠电磁感应来传递能量，两者之间没有电的连接而只有磁的连接。因此，在中性点接地的电网中，采用隔离变压器给电气设备供电时，其电源电路就变成中性点不接地与大地隔离而不形成故障电路的回路，防止触及带电体的人或动物遭受电击。

隔离变压器除输入绕组与输出绕组在电气上隔离外，其输出绕组的输出交流电压限制在 50 V 以下，在故障情况下可将流经人体的电流限制在允许的范围内，保护人身安全。

1. 按电击防护分类

（1）Ⅰ类变压器。

（2）Ⅱ类变压器。

凡额定输出不超过 630 VA 的变压器都应设计成Ⅱ类变压器。

2. 按电源的类别分类

（1）单相变压器。

（2）三相变压器。

3. 按使用、安装方式分类

（1）便携式变压器。

（2）固定式变压器。

便携式变压器应设计成耐短路型或无危害型。

隔离变压器输入、输出电压一般设计成 1∶1，用于Ⅰ类电气设备。安全隔离变压器输入电压通过输出绕组降压，用于Ⅱ类电气设备。

二、临时用电照明装置的安装

1. 临时照明装置安装要求

（1）工地照明可由附近低压配电干线供电，接地线应从干线的电杆上分出支路，先进入主配电箱，再分给照明线路。若工地面积较大，照明灯具数量较多，则应设分电箱。

（2）配电箱内的低压控制电器和保护电器应配齐，并设防雨防尘装置。

（3）各支路的负荷电流不应超过 15 A（较大工地可适当放宽到 30 A），照明灯具和插座不得超过 30 个，以防一处短路而造成大面积停电。

（4）工作场地采用分路控制，但应使用双极开关，灯具离地高度不小于 2.5 m。

（5）露天灯采用防水灯头，灯头与干线连接的接点应错开 50 mm 以上。

（6）聚光灯、碘钨灯等高热灯具与易燃物的净距离一般不小于 400 mm，灯头与易燃物的净距离一般不小于 300 mm。

2. 临时照明装置的安装

临时照明灯具的安装方法与白炽灯的安装方法大体相同，但在安装时，一定要根据安装场合的要求，按临时灯具安装规范进行施工。

3. 特殊场所照明装置的安装

凡潮湿、高温、可燃、易燃、易爆场所，或有导电尘埃的空间和地面以及具有化工腐蚀性气体的环境等，均称为特殊场所。

（1）特别潮湿房屋内照明装置的安装

1）采用绝缘子敷设导线时，应使用橡皮绝缘导线，导线相互间距离应在 60 mm 以上，导线与建筑物间距离应在 30 mm 以上。

2）采用电线管施工时，应使用厚电线管，穿口及电线管连接处应采取防潮措施。

3）开关、插座及熔断器等电器，不应装设在室内，如必须装在潮湿场所，应采取防潮措施。

4）灯具应选用带有防水灯口的敞开式灯具。

（2）多尘房屋内照明装置的安装

1）采用绝缘子敷设导线时，应使用橡皮绝缘导线，导线相互间距离应在 60 mm

以上，导线与建筑物间距离应在 30 mm 以上。

2）电线管敷设时，应在管口缠上胶布。

3）开关、熔断器等电气设备应采取防尘措施。

4）灯具应采用封闭式灯具，灯头采用不带开关的灯头。

（3）易燃易爆场所照明装置的安装

1）配线方式一般采用钢管明敷设或暗敷设。

2）选用防爆灯和防爆开关，且灯具的接线盒接线后应密封。密封方法是用细棉绳在导线外面缠绕，绕到与电线管内部接近时为止，管口处要填充沥青混合物密封填料。

3）为了防止静电产生火花，所有非导电的金属部分都要可靠接地，且只能用专用接地线。

4）禁止使用电钻、电焊机及各种开启式开关和熔断器等易产生电弧和火花的电器及设备。

技能要求

隔离变压器的安装

一、操作要求

1. 按要求完成隔离变压器的线路连接。

2. 在确保接线正确的情况下接通电源，进行通电测试。

3. 用试电笔、万用表进行相关测试。

二、操作准备

1. 准备照明装置、隔离变压器及其安装附件。

2. 连接导线及接线附件。

3. 电工常用工具。

4. 万用表。

三、操作步骤

1. 隔离变压器为双绕组 1∶1 的变压器，将变压器的输入绕组接移动电源，输出绕组接用电设备。观察用电设备是否能正常工作。

2. 接线完成后，用试电笔测试变压器输入绕组、输出绕组的两个接线柱能否使试电笔发光。

3. 用万用表测量变压器的输入端、输出端是否有电压。

四、注意事项

1. 进行隔离变压器的连接时要按规范操作。

2. 正确使用试电笔、万用表。

3. 接线完成后使用万用表仔细检查线路是否正确，确保线路无故障。

培训单元 3　卷扬机、搅拌机等电动建筑机械的安装、维护与拆除

培训重点

1. 掌握低压电器及电动机的防护形式、标志方法以及防护等级。
2. 掌握卷扬机、搅拌机等电动建筑机械的安装、维护与拆除规范。

知识要求

一、低压电器及电动机的防护形式、标志方法以及防护等级

1. 低压电器及电动机的防护形式

　　低压电器及电动机的外壳防护形式有两种，第一种防护是防止人体触及带电零部件以及防止外界固体异物进入电器外壳内部；第二种防护是防止外界液体进入电器内部。

2. 标志方法

　　低压电器和电动机外壳防护等级的标志由字母"IP"及紧接两个数字组成，写作 IPXX，其中第一位数字表示第一种防护形式的各个等级，第二位数字则表示第二种防护形式的各个等级。

3. 低压电器及电动机的外壳和铭牌上标注的防护等级

　　低压电器、电动机等电气设备防护能力的高低可用电气设备防护等级来衡量。防

护等级由两个数字组成，数字越大，防护等级越高。两个标示数字所表示的防护等级见表1-6。

表1-6 两个标示数字及防护程度

	数字	防护程度
第一个标示数字	0	无防护，对外界的人或物无特殊防护
	1	≥50 mm：能防止直径大于50 mm的固体异物进入壳内；能防止人体的某一大面积部分（如手）偶然或意外地触及壳内带电或运动部分，但不能防止有意识地接近这些部分
	2	≥12 mm：能防止直径大于12 mm、长度不大于80 mm的固体异物进入壳内；能防止手指触及壳内带电或运动部分
	3	≥2.5 mm：能防止直径大于2.5 mm的固体异物进入壳内；能防止厚度（或直径）大于2.5 mm的工具、金属线等触及壳内带电或运动部分
	4	≥1.0 mm：能防止直径大于1 mm的固体异物进入壳内；能防止厚度（或直径）大于1 mm的工具、金属线等触及壳内带电或运动部分
	5	防尘：不能完全防止尘埃进入，但尘埃进入量不会达到妨碍产品正常运行的程度；完全防止触及壳内带电或运动部分
	6	尘密：完全防止灰尘进入壳内
第二个标示数字	0	无防护
	1	防垂直滴水
	2	防15°滴水
	3	防淋水
	4	防溅水
	5	防喷水
	6	防猛烈喷水
	7	防短时间浸水
	8	防连续进水
	9	防高温/高压喷水

二、卷扬机、搅拌机的安装、维护及拆除

1. 卷扬机的安装

（1）将卷扬机主机安装在平整坚实、视线良好的位置上，远离危险作业区。

（2）固定卷扬机的锚桩应牢固可靠，不得以树木、电杆代替锚桩。

（3）当钢丝绳在卷筒中间位置时，架体底部的导向滑轮应与卷筒轴垂直，否则应设置辅助导向滑轮，并用地锚、钢丝绳拴牢。

（4）提升钢丝绳运行中应架起，使其不接触地面或被水浸泡。必须穿越主要干道时，应挖沟槽并加保护措施。

（5）离开架体安装的卷扬机，卷筒与导向滑轮中心对正，从卷筒到第一个导向滑轮的距离是：带槽卷筒应大于卷筒宽度的15倍，无槽卷筒应大于20倍，以防止卷筒运转时钢丝绳相互错叠和导向轮翼缘与钢丝绳磨损。

2. 卷扬机使用及维护

（1）卷扬机使用前必须将各紧固螺钉检查一次，同时打开齿轮箱油盖加适量的机械齿轮润滑油，先开空车，待油料遍及各轴承及齿轮后方可正式开车使用。润滑油每2～3月更换一次，并及时补给。

（2）每次吊装重物时必须选取低距试吊，检查刹车有无过紧或过松现象，如有应及时调整刹车杠杆的螺母；不允许起吊后重物长时间停悬于空中。

（3）电源接通前，必须先检查接地是否良好，以防发生触电事故，工作完成后必须切断主电源。

（4）在使用过程中，如因油类物质污染了刹车盘而降低了刹车效果，可以撒些干燥粉（如干石灰粉等），即能恢复刹车效果。

（5）经常检查紧固件，以防有松动现象而影响使用安全。

（6）机器开动时不能进行清理或加油，不能在机器前面或重物下站人；注意机器运转性能，经常保持各传动件的良好润滑。

（7）钢丝绳卷绕在卷筒上的安全圈数不少于3圈。

（8）卷扬机绝对禁止超过额定拉力使用。

（9）卷扬机只能作吊装货物之用，不能作输运人员之用。

3. 卷扬机的拆除

（1）拆除作业前检查的内容

1）提升机与建筑物及脚手架的连接情况。

2）提升机架体有无其他牵拉物。

3）临时附墙架、缆风绳及地锚的设置情况。

4）地梁和基础的连接情况。

（2）架体安装与拆除的安全要求

1）安装架体时，应先将地梁与基础连接牢固。每安装两个标准节（一般不大于4 m），应采取临时支撑或用临时缆风绳固定，并进行初校正，在确认稳定后方可继续作业。

2）架体各节点的螺栓必须紧固；螺栓应符合孔径要求，严禁扩孔或开孔，不得漏装或以钢丝等代替。

3）装拆人员在作业时，必须戴安全帽，系安全带，穿防滑鞋；不准以抛掷方式传递工具、器材；拧螺钉时，不准双手操作，只能一手扳扳手，一手紧握架体杆件。

4）在进行拆除架体作业时，架体孔内必须铺满能满足使用及安全要求的脚踏板，板两端应超出支承位外边沿 100 mm 以上，以保证操作的安全。

5）拆除作业中，严禁从高处向下抛掷物件。

6）拆除作业宜在白天进行，因故中断作业时，应采取临时稳固措施。

4. 搅拌机的安装

（1）用装载机将 4 根机架运至安装位置。用绳套拴牢机架，绳套另一端用卸扣连接在装载机铲斗的悬吊点上；人员离开起吊位置，铲车起吊，平稳后将其运送到指定位置。

（2）安装上走台及栏杆。用 25 t 吊车将搅拌机主机吊运至需安装的位置；用 2 根绳套分别挂在主机的四个悬吊点上，将绳中挂在吊车钩头上；吊车起吊，使绳略张紧；安装人员离开主机，继续起吊，将主机起吊至离开地面，旋转吊臂，将主机安放在需要的位置。

（3）将每根机架抬至主机下方的四个安装位置旁，将机架与主机连接的其中一个螺栓孔对正后用 8 号铁丝连接紧固。

（4）吊车继续起吊，将主机及机架同时悬吊起来，起吊至机架悬空略离开地面。

（5）由 4 名安装人员扶住 4 根机架，使机架及主机不再摆动；1 名安装人员将梯子靠在主机上，2名安装人员通过梯子爬到主机上，系牢保险带后，用尖锥对正螺栓孔，穿上1条螺栓；带平螺母后，用手钳将连接铁丝剪断，用尖锥继续对正其余3条螺栓孔，并穿上螺栓，紧固所有螺栓后进行下一机架的连接工作。对于从主机平台上无法安装的螺栓，安装人员可踏在梯子上安装。

（6）4根机架全部完成螺栓紧固后，人员撤离搅拌机主机，扶住机架，吊车缓慢降落，根据中心线将机架平稳落至指定位置的预埋件上，此时吊车悬吊绳不能松弛，仍需处于张紧状态，以免主机倾倒。

（7）安装人员用2台电焊机同时对四根机架与预埋件连接处进行焊接。

（8）焊接完毕，拆除主机上的悬吊绳。

（9）将搅拌机的上料斗、下料斗、上料架等组件用装载机运送至主机旁并安装。

（10）对接下轨道并支撑。用铲车将下轨道悬吊至靠近安装位置，安装人员用平头螺栓将轨道与连接板固定并紧固。安装时要注意，轨道要保持在同一水平面上，不得歪斜或错位，确保滚轮运行畅通。

（11）安装爬梯。用铲车将爬梯悬吊至安装位置，对正后同上走台焊接在一起。

（12）安装配套使用的配料机。用铲车将配料机各自悬吊至安装位置，放在预埋件上，抄平后焊接。

5. 搅拌机的维护

（1）搅拌机使用前必须将各紧固螺钉检查一次，同时打开齿轮箱油盖加适量的机械齿轮润滑油，先开空车，待油料遍及各轴承及齿轮时，方可正式开车使用。润滑油每2~3月更换一次，并及时补给。

（2）每次使用前检查刹车有无过紧或过松现象。

（3）电源接通前，必须先检查接地是否良好，以防发生触电事故，工作完成后必须切断主电源。

（4）在使用过程中，如因油类物质污染了刹车盘而降低了刹车效果，可以撒些干燥粉（如干石灰粉等），即能恢复刹车效果。

（5）经常检查紧固件，以防有松动现象而影响使用安全。

（6）机器开动时不能进行清理或加油，不能在机器前面或重物下站人；注意机器运转性能，经常保持各传动件的良好润滑。

6. 搅拌机的拆除

（1）拆除配料机。将绳套对称挂在配料机的悬吊点上，用气割割除支腿与预埋件的连接，用铲车起吊后放到指定位置。

（2）拆除主机上的防护棚。用棚两端的房梁上略张紧钢丝绳，工作人员上到搅拌平台上，用气割割除四根支撑腿与平台的连接，用吊车悬吊至指定位置。

（3）拆除爬梯。用绳套拴牢爬梯，悬吊并略张紧绳，用气割割除爬梯与平台的连接。

（4）拆除主机。工作人员通过梯子爬到搅拌平台上，用2根绳套分别挂在主机的四个悬吊点上，将绳中挂在吊车钩头上；吊车起吊，使绳略张紧；工作人员用气割割除机架与主机连接处的螺栓、下轨道之间的连接螺栓；离开主机，继续起吊，将主机起吊至离开地面，旋转吊臂，将主机安放在需要位置。

（5）拆除下轨道及上料斗。铲车悬吊后，拆除连接螺栓，将上料斗及下轨道放到指定位置。

技能要求

建筑卷扬机、搅拌机的安装与拆除

一、操作要求

1. 在模拟工地现场，根据工地要求对建筑卷扬机、搅拌机进行安装。
2. 按照临时用电规范对建筑卷扬机、搅拌机正确接线。
3. 对接线完成的建筑卷扬机、搅拌机进行通电调试。
4. 拆除建筑卷扬机、搅拌机的临时用电接线。
5. 拆除建筑卷扬机、搅拌机的固定装置。

二、操作准备

1. 建筑卷扬机、搅拌机及其安装附件。
2. 连接导线及接线附件。
3. 电工常用工具。
4. 万用表、兆欧表。

三、操作步骤

1. 利用运输装置将建筑卷扬机、搅拌机移动到安装位置并安装固定。
2. 完成建筑卷扬机、搅拌机的临时工作线路连接。
3. 接线完成后使用万用表、兆欧表仔细检查线路是否正确，确保线路中无短路、接地或开路等故障。
4. 在确保接线正确的情况下接通电源，进行通电测试。
5. 完成建筑卷扬机、搅拌机的临时工作线路的拆除。

6. 完成建筑卷扬机、搅拌机固定装置的拆除,并利用运输装置将建筑卷扬机、搅拌机移动到指定位置。

四、注意事项

1. 所有安装人员必须熟悉操作规范,并做好传达签字工作。

2. 高空作业时,工作人员应佩戴好保险带,确保牢固后方可工作,施工场地风力大于6级时应停止作业。

3. 所有安装人员必须正确佩戴安全帽及劳动保护用品,高空作业时使用的工具必须留有保险带。

4. 安装时应设专人指挥,所有安装人员一律听从指挥,做到信号一致,口令明确。

5. 搅拌机安装完毕后,应对搅拌机上的杂物进行清扫,并清点工具及剩余材料,清理现场。

6. 安装后应检查各连接螺栓是否牢固,特别是运动部件的连接,如有松动应立即紧固。

7. 注意检查电源相序,正确区分设备正反转。

培训单元4　电焊机等移动式设备的安装、维护与拆除

培训重点

掌握电焊机等移动式设备的安装、维护及拆除规范。

知识要求

一、电焊机的安装

电焊机是利用正负两极在瞬间短路时产生的高温电弧来熔融电焊条上的焊料和被焊材料,使二者结合的设备。电焊机的安装规范如下:

1. 每台电焊机应有专用的开关箱并由一机一闸控制,接线及接地工作应由电工完成。

2. 应采用自动开关控制,不能使用手动开关(如胶盖闸刀开关)。由于电焊机一般容量比较大,而手动开关的灭弧能力差,接通和断开电源速度慢,容易发生弧光和相间短路故障,所以动力线路大于 5.5 kW 时,应使用自动开关控制。

3. 交流电焊机除在开关箱内装设一次侧漏电保护器外,还应在二次侧装设触电保护器。

4. 交流电焊机一次侧电源线必须绝缘良好,不得随地拖拉,长度应不大于 5 m,进线处必须设置防护罩。若必须加长时,架设高度应在 2.5 m 以上,并固定牢靠。同时要求线路与电焊机接线柱连接牢固,其上部应有防护罩,防止意外损伤及触电。

二、电焊机的维护

1. 检查电气开关是否安全可靠、符合规范要求,检查接地是否良好,检查金属外壳的防护装置与焊台外接线路是否固定。

2. 检查进出接线端螺母是否紧固,对有印刷线路放大板的焊机接插件应确保接触良好。

3. 检查电源及电缆线是否完好并分开放置。

4. 检查电流调节装置是否齐全、位置是否正确、工具附件是否齐全可靠,粗调螺杆、螺母松紧应适度。

5. 检查焊钳绝缘与夹持性能是否良好。

6. 检查电线是否受潮、是否与气体焊割设备的胶管交错混杂在一起,是否有易燃易爆物品在危险距离范围内。

7. 检查焊机底部是否清洁无杂物,应杜绝金属颗粒的存在。

三、电焊机拆除规范与要求

1. 断开电源,拆下外壳,然后将一、二次侧接线端子做好标记后拆下来。

2. 对调节机构、手柄、螺杆、齿轮和弹簧等进行拆卸(记住其位置);检查这些元件的损坏程度,损坏严重者应重换新件。

3. 对于绕组出现的短路或接地等局部故障,通常可采用玻璃丝带、黄蜡绸或云母垫片等对"患"处进行包扎；对于一次绕组内层的短路故障，则可重绕线圈。

4. 检查各连接点，生锈部位应进行除锈并拧紧。

5. 对各零部件上的锈蚀进行清理，并在外壳上涂防锈漆。

技能要求

电焊机的安装、维护与拆除

一、操作要求

1. 在模拟工地现场，根据工地要求将电焊机移到指定位置。
2. 按照临时用电规范对电焊机正确接线。
3. 对接线完成的电焊机进行通电调试。
4. 拆除电焊机的临时用电接线。
5. 将电焊机移到指定位置。

二、操作准备

1. 电焊机及其移动装置。
2. 连接导线及接线附件。
3. 电工常用工具。
4. 万用表。

三、操作步骤

1. 利用电焊机移动装置将电焊机移到合适位置。
2. 按照临时用电规范对电焊机正确接线。
3. 接线完成后使用万用表仔细检查线路是否正确，确保线路中无短路或开路等故障。
4. 在确保接线正确的情况下接通电源，进行通电测试。
5. 完成电焊机临时工作线路的拆除。
6. 利用移动装置将电焊机运送到指定位置。

四、注意事项

1. 电焊机工作现场需严格执行防火措施。
2. 正确选择电焊机电源线规格。

培训单元 5　临时用电设备的接地装置及避雷针的安装与维护

培训重点

1. 掌握临时用电设备工作接地、保护接地（接零）等接地装置的安装规范。
2. 掌握建筑物防雷设计规范及避雷针的安装方法。

知识要求

一、临时用电设备工作接地、保护接地（接零）等接地装置的安装规范

1. 电气装置的下列金属部分均应接地或与 PEN 线（兼有保护接地 PE 线和接中性点 N 线功能的导体）相接。

（1）电机、变压器、电器、手携式或移动式用电器具等设备的金属底座和外壳。

（2）电气设备的传动装置。

（3）室内外配电装置的金属或钢筋混凝土构架以及靠近带电部分的金属遮栏和金属门。

（4）配电、控制、保护用的屏（柜、箱）及操作台等的金属框架和底座。

（5）交、直流电力电缆的接线盒，终端头和膨胀器的金属外壳，电缆的金属护层，可触及的电缆金属保护管和穿线的钢管。

（6）电缆桥架、支架和井架。

（7）装有避雷线的电力线路杆塔。

（8）装在配电线路杆下的电力设备。

（9）在非沥青地面的居民区内，无避雷线的小接地电流架空电力线路的金属杆塔和钢筋混凝土杆塔。

（10）电除尘器的构架。

（11）封闭母线的外壳及其他裸露的金属部分。

（12）六氟化硫封闭式组合电器和箱式变电站的金属箱体。

（13）电热设备的金属外壳。

（14）控制电缆的金属护层。

2. 电气装置的下列金属部分可不接地或不与 PEN 线相接。

（1）在有木质、沥青等不良导电地面的干燥房间内，交流额定电压为 380 V 及以下或直流额定电压为 440 V 及以下的电气设备的外壳。但需注意，当有可能同时触及上述电气设备外壳和已接地的其他物体时，则仍应接地或与 PEN 线相接。

（2）在干燥场所，交流额定电压为 127 V 及以下或直流额定电压为 110 V 及以下的电气设备的外壳。

（3）安装在配电屏、控制屏和配电装置上的电气测量仪表、继电器和其他低压电器的外壳，以及发生绝缘损坏时，在支撑物上不会引起危险电压的绝缘子的金属底座等。

（4）安装在已接地金属构架上的设备，如穿墙套管等。

（5）额定电压为 220 V 及以下的蓄电池室内的金属支架。

（6）从发电厂、变电所和工业、企业区域内引出的铁路轨道。

（7）与已接地的机床、机座之间有可靠电气接触的电动机和电器的外壳。

3. 需要接地的直流设备的接地装置应符合下列要求。

（1）能与大地构成闭合回路且经常流过电流的接地线应沿绝缘垫板敷设，不得与金属管道、建筑物和设备的构件有金属连接。

（2）在土壤中含有在电解时能产生腐蚀性物质的地方，不宜敷设接地装置，必要时可采取外引式接地装置或改良土壤的措施。

（3）直流电力回路专用的中性线和直流两线制正极的接地体、接地线不得与自然接地体有金属连接；当无绝缘隔离装置时，相互间的距离不应小于 1 m。

（4）三线制直流回路的中性线宜直接接地。

（5）接地线不得作其他用途。

二、接地装置的选择

选择接地装置时应注意以下要求。

1. 各种接地装置利用直接埋入地中或水中的自然接地极，可利用下列自然接地极。

（1）埋设在地下的金属管道，但不包括输送可燃或有爆炸物质的管道。

(2)金属井管。

(3)与大地有可靠连接的建筑物的金属结构。

(4)水工构筑物及其他坐落于水或潮湿土壤环境的构筑物的金属管、桩、基础层钢筋网。

2. 交流电气设备的接地线可利用下列接地极接地。

(1)建筑物的金属结构,梁、柱。

(2)生产用的起重机的轨道、走廊、平台、起重机与升降机的构架、运输皮带的钢梁、电除尘器的构架等金属结构。

3. 发电厂、变电站等接地装置除应利用自然接地极外,还应敷设以水平人工接地极为主的接地网,并应设置将自然接地极和人工接地极分开的测量井。对于3~10 kV的变电站和配电所,当采用建筑物基础中的钢筋网作为接地极且接地电阻满足规定值时,可不另设人工接地。

4. 接地装置材料选择应符合下列规定。

(1)除临时接地装置外,接地装置采用钢材时均应热镀锌,水平敷设的应采用热镀锌的圆钢和扁钢,垂直敷设的应采用热镀锌的角钢、钢管或圆钢。

(2)当采用扁铜带、铜绞线、铜棒、铜覆钢(圆线、绞线)、锌覆钢等材料作为接地装置时,其选择应符合设计要求。

(3)不应采用铝导体作为接地极或接地线。

5. 接地装置的人工接地极,导体截面应符合热稳定、均压、机械强度及耐腐蚀的要求,水平接地极的截面不应小于连接至该接地装置接地线截面的75%,且钢接地极和接地线的最小规格不应小于表1-7和表1-8所列规格,电力线路杆塔的接地极引出线的截面积不应小于50 mm^2。

表1-7 钢接地极和接地线的最小规格

种类、规格及单位		地上	地下
圆钢直径(mm)		8	8/10
扁钢	截面积(mm^2)	48	48
	厚度(mm)	4	4
角钢厚度(mm)		2.5	4
钢管管壁厚度(mm)		2.5	3.5/2.5

注:①地下部分圆钢的直径,其分子、分母数据分别对应于架空线路和发电厂、变电站的接地网;
②地下部分钢管的壁厚,其分子、分母数据分别对应于埋于土壤和埋于室内混凝土地坪中。

表1-8 低压电气设备地面上外露的钢接地线的最小截面积

种类、规格及单位	地上	地下
铜棒直径（mm）	8	水平接地极 8
		垂直接地极 15
铜排截面积（mm²）/厚度（mm）	50/2	50/2
铜管管壁厚度（mm）	2	3
铜绞线截面积（mm²）	50	50
铜覆圆钢直径（mm）	8	10
铜覆钢绞线直径（mm）	8	10
铜覆扁钢截面积（mm²）/厚度（mm）	48/4	48/4

注：①裸铜绞线不宜作为小型接地装置的接地极用，当作为接地网的接地极时，截面积应满足设计要求；
②铜绞线单股直径不应小于1.7 mm；
③铜覆钢规格为钢材的尺寸，其铜层厚度不应小于0.25 mm。

6. 接地极用热镀锌钢及锌覆钢的锌层厚度应满足设计的要求。

7. 低压电气设备地面上外露的连接至接地极或保护线（PE）的接地线最小截面积应符合表1-9的规定。

表1-9 低压电气设备地面上外露的铜接地线的最小截面积

名称	最小截面积（mm²）
明敷的裸导体	4
绝缘导体	1.5
电缆的接地芯或与相线包在同一保护外壳内的多芯导线的接地芯	1

8. 严禁利用金属软管、管道保温层的金属外皮或金属网、低压照明网络的导线铅皮以及电缆金属护层作为接地线。

9. 金属软管两端应采用自固接头或软管接头，且金属软管段应与钢管段有良好的电气连接。

三、接地装置的敷设

1. 接地网的埋设深度与间距应符合设计要求。当无具体规定时，接地极顶面埋设深度不宜小于0.8 m，水平接地极的间距不宜小于5 m，垂直接地极的间距不宜小于其长度的2倍。

2. 接地网的敷设应符合下列规定。

（1）接地网的外缘应闭合，外缘各角应做成圆弧形，圆弧的半径不宜小于临近均压带间距的一半。

（2）接地网内应敷设水平均压带，可按等间距或不等间距布置。

（3）35 kV 及以上发电厂、变电站接地网边缘有人出入的走道处，应铺设碎石、沥青路面或在地下装设两条与接地网相连的均压带。

3. 接地线应采取防止发生机械损伤和化学腐蚀的措施。接地线在与公路、铁路或管道等交叉及其他可能使接地线遭受损伤处，均应用钢管或角钢等加以保护；接地线在穿过已有建（构）筑物处，应加装钢管或其他坚固的保护套，有化学腐蚀的部位还应采取防腐措施；接地线在穿过新建构筑物处，可绕过基础或在其下方穿过，不应断开或浇筑在混凝土中。

4. 接地装置由多个分接地装置部分组成时，应按设计要求设置便于分开的断接卡；自然接地板与人工接地极连接处、进出线构架接地线等应设置断接卡，断接卡应有保护措施。扩建接地网时，新、旧接地网的连接应通过接地井多点连接。

5. 接地装置的回填土应符合下列要求。

（1）回填土内不应夹有石块和建筑垃圾等，外取的土壤不应有较强的腐蚀性；在回填土时应分层夯实，室外接地沟回填宜有 100～300 mm 高度的防沉层。

（2）在山区石质地段或电阻率较高的土质区段的土沟中敷设接地极，回填不应少于 100 mm 厚的净土垫层，并应用净土分层夯实回填。

6. 明敷接地线的安装应符合下列要求。

（1）接地线的安装位置应合理，便于检查，不应妨碍设备检修和运行巡视。

（2）接地线的连接应可靠，不应因加工造成接地线截面减小、强度减弱或锈蚀等问题。

（3）接地线支撑件间的距离，在水平直线部分宜为 0.5～1.5 m，垂直部分宜为 1.5～3 m，转弯部分宜为 0.3～0.5 m。

（4）接地线应水平或垂直敷设，或可与建筑物倾斜结构平行敷设；在直线段上，不应有高低起伏及弯曲等现象。

（5）接地线沿建筑物墙壁水平敷设时，离地面距离宜为 250～300 mm；接地线与建筑物墙壁间的间隙宜为 10～15 mm。

（6）在接地线跨越建筑物伸缩缝、沉降缝处时，应设置补偿器。补偿器可用接地线本身弯成弧状代替。

7. 明敷接地线，在导体的全长度或区间段及每个连接部位附近的表面，应涂以

15～100 mm 宽度相等的绿色和黄色相间的条纹标识。当使用胶带时，应使用双色胶带。中性线宜涂淡蓝色标识。

8. 在接地线引向建筑物的入口处和在检修用临时接地点处，均应刷白色底漆并标以黑色标识，其符号为"⏚"。同一接地板不应出现两种不同的标识。

9. 电气装置的接地必须单独与接地母线或接地网相连接，严禁在一条接地线中串接两个及两个以上需要接地的电气装置。

10. 发电厂、变电站电气装置的接地线应符合下列规定。

（1）下列部位应采用专门敷设的接地线接地。

1）旋转电机机座或外壳，出线柜、中性点柜的金属底座和外壳，封闭母线的外壳。

2）配电装置的金属外壳。

3）110 kV 及以上钢筋混凝土构件支座上电气装置的金属外壳。

4）直接接地的变压器中性点。

5）变压器、发电机和高压并联电抗器中性点所接自动跟踪补偿消弧装置提供感性电流的部分、接地电抗器、电阻器或变压器的接地端子。

6）气体绝缘金属封闭开关设备的接地母线、接地端子。

7）避雷器、避雷针、避雷线的接地端子。

（2）当电气装置不采用专门敷设的接地线接地时，应符合下列规定。

1）电气装置的接地线宜利用金属构件、普通钢筋混凝土构件的钢筋、穿线的钢管等。

2）操作、测量和信号用低压电气装置的接地线可利用永久性金属管道，但不应利用可燃液体、可燃或爆炸性气体的金属管道。

3）用本款第1）项和第2）项所列材料作接地线时，应保证其全长为完好的电气通路，当利用串联的金属构件作为接地线时，金属构件之间应用截面积不小于 100 mm^2 的钢材焊接。

（3）110 kV 及以上电压等级且运行要求直接接地的中性点均应有两根接地线与接地网的不同接地点相连接，其每根规格应满足设计要求。

（4）变压器的铁芯、夹件与接地网应可靠连接，并应便于运行监测接地线中环流。

（5）110 kV 及以上电压等级的重要电气设备及设备构架宜设两根接地线，且每一根均应满足设计要求，连接引线的架设应便于定期进行检查测试。

（6）成列安装盘、柜的基础型钢和成列开关柜的接地母线，应有明显且不少于两点的可靠接地。

（7）电气设备的机构箱、汇控柜（箱）、接线盒、端子箱等，以及电缆金属保护管（槽盒），均应接地明显、可靠。

11. 避雷器、放电间隙应用最短的接地线与接地网连接。

12. 干式空心电抗器采用金属围栏时，金属围栏应设置明显断开点，不应通过接地线构成闭合回路。

13. 高频感应电热装置的屏蔽网、滤波器、电源装置的金属屏蔽外壳，高频回路中外露导体和电气设备的所有屏蔽部分及与其连接的金属管道均应接地，并宜与接地网连接。与高频滤波器相连的射频电缆应全程伴随 100 mm² 以上的铜质接地线。

四、建筑物防雷设计规范与防雷等级

1. 建筑物防雷等级

按防雷要求，建筑物根据其重要性、使用性质、发生雷电事故的可能性和后果，可分为三类。

（1）第一类防雷建筑物

制造、使用、贮存炸药、火药、起爆药、火工品等大量爆炸物质，因电火花而引起爆炸会造成巨大破坏和人身伤亡的建筑物。

（2）第二类防雷建筑物

制造、使用、贮存爆炸物质，且电火花不易引起爆炸或不致造成巨大破坏和人身伤亡的建筑物。

（3）第三类防雷建筑物

其他容易遭受雷击的建筑物。

2. 防雷设计规范

（1）装有防雷装置的建筑物，在防雷装置与其他设施和建筑物内人员无法隔离的情况下，应采取等电位连接。

（2）应装设独立的避雷针或架空避雷线，使被保护的建筑物、放散管等突出屋面的物体均处于接闪器的保护范围内。架空避雷网的网格尺寸不应大于 5 m×5 m 或 6 m×4 m。

（3）排放爆炸危险气体、蒸气或粉尘的放散管、呼吸阀、排风管等，当其排放物达不到爆炸浓度、长期点火燃烧、一排放就点火燃烧，及发生事故时排放物才达到爆炸浓度的通风管、安全阀，接闪器的保护范围应保护到管帽，无管帽时应保护到管口。

（4）独立避雷针的杆塔、架空避雷线的端部和架空避雷网的各支柱处应至少设一根引下线。

3. 防雷设计

（1）防雷装置

防雷装置是接闪器、避雷器、引下线和接地装置等的总和。如图 1-44 和图 1-45 所示为不同防雷装置的示意图。

要保护建筑物等不受雷击损害，应有防御直击雷、感应雷和雷电侵入波的不同措施和防雷设备。

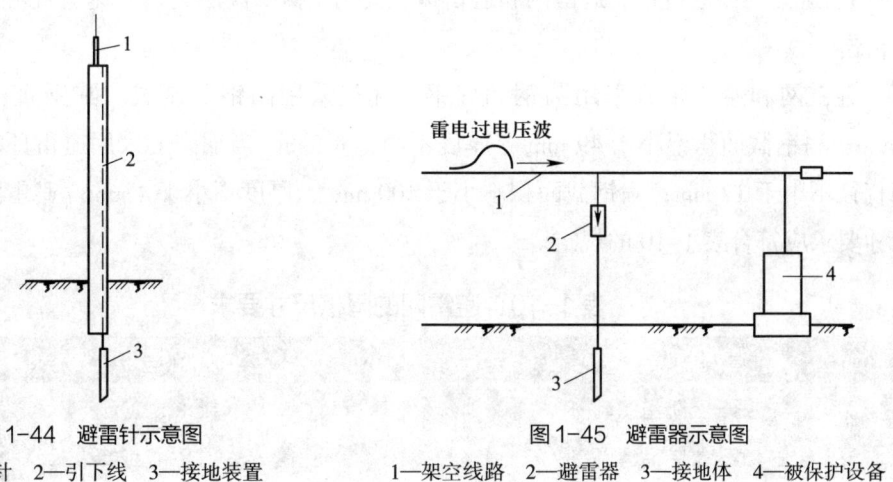

图 1-44　避雷针示意图　　　　　　　　　图 1-45　避雷器示意图
1—避雷针　2—引下线　3—接地装置　　　1—架空线路　2—避雷器　3—接地体　4—被保护设备

直击雷的防御主要是设法把直击雷迅速流散到大地中去，一般采用避雷针、避雷线、避雷网等避雷装置。

感应雷的防御是对建筑物最有效的防护措施，其防御方法是把建筑物内的所有金属物，如设备外壳、管道、构架等均进行可靠接地，混凝土内的钢筋绑扎或焊成闭合回路。

雷电侵入波的防御一般采用避雷器。避雷器装设在输电线路进线处或 10 kV 母线上，如有条件可采用 30~50 m 的电缆段埋地引入，在架空线终端杆上也可装设避雷器。避雷器的接地线应与电缆金属外壳相连接后直接接地，并接入公共地网。

（2）接闪器

接闪器是专门用来接受直击雷的金属物体，由拦截闪击的接闪杆、接闪带、接闪线、接闪网以及金属构件组成。接闪的金属杆称为避雷针；接闪的金属线称为避雷线，或称为架空地线；接闪的金属带、网称为避雷带、避雷网。

1）避雷针。避雷针一般采用镀锌圆钢（针长 1 m 以下时，直径不小于 12 mm；

针长 1～2 m 时，直径不小于 16 mm）或镀锌钢管（针长 1 m 以下时，直径不小于 20 mm，针长 1～2 m 时，直径不小于 25 mm）制成。

避雷针的功能实质是起到引雷作用，它能对雷电场产生一个附加电场（该附加电场是由于雷云对避雷针产生静电感应引起的），使雷电场畸变，从而改变雷云放电的通道；雷云经避雷针、引下线和接地装置，泄放到大地中去，使被保护物免受直击雷击。

2）避雷线。避雷线一般用截面不小于 35 mm^2 的镀锌钢绞线架设在架空线或建筑物之上，以保护架空线或建筑物免遭直击雷击。由于避雷线既是架空的又是接地的，也称为架空地线。

3）避雷网和避雷带。避雷网和避雷带主要用于保护高层建筑物免遭直击雷击和感应雷击。

避雷网和避雷带宜采用圆钢和扁钢（优先采用圆钢）制成。圆钢直径不小于 9 mm；扁钢截面积不小于 49 mm^2，厚度不小于 4 mm。当烟囱上采用避雷环时，其圆钢直径不小于 12 mm；扁钢截面积不小于 100 mm^2，厚度不小于 4 mm。避雷网的网格尺寸要求应符合表 1-10 的规定。

表 1-10　避雷网的网格尺寸要求

建筑物防雷类别	避雷网格尺寸 /m
第一类防雷建筑物	≤ 5×5 或 6×4
第二类防雷建筑物	≤ 10×10 或 12×8
第三类防雷建筑物	≤ 20×20 或 24×16

4）避雷器。避雷器用来防止雷电产生的过电压波沿线路侵入变配电所或其他建筑物内，以免危及被保护设备的绝缘。避雷器主要有阀式避雷器、排气式避雷器、角型避雷器和金属氧化物避雷器等几种。

五、建筑物避雷针的安装

1. 单支避雷针的保护范围

单支避雷针的保护范围，一般采用 IEC（国际电工技术委员会）推荐的"滚球法"来确定，如图 1-46 所示。所谓"滚球法"，就是选择一个半径为"滚球半径"的球体，沿需要防护的部位滚动，如果球体只接触到接闪器和地面而不触及需要保护的部位，则该部位就在避雷针的保护范围之内。

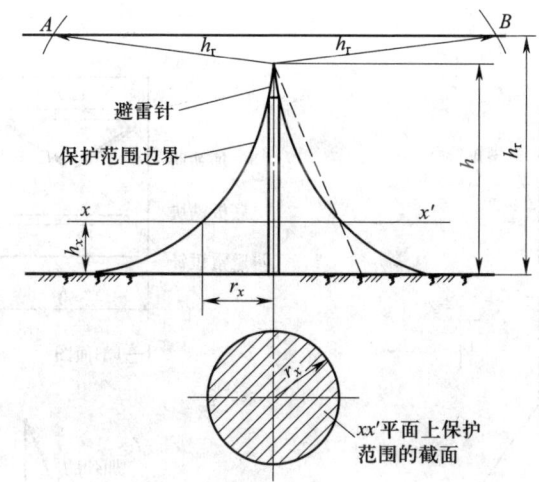

图1-46 "滚球法"确定单支避雷针保护范围

单支避雷针的保护范围可按以下方法计算。

当避雷针高度 $h \leqslant h_r$（滚球半径）时，

（1）在距地面高度 h_x 处做一条平行于地面的平行线。

（2）以避雷针的顶尖为圆心，h_r 为半径，做弧线交地面的平行线于 A、B 两点。

（3）以 A、B 为圆心，h_r 为半径，分别画弧，该弧线与地面相切、与针尖相交。此弧线与地面构成的整个锥形空间就是避雷针的保护区域。

（4）避雷针在距地面高度为 h_x 的平面上的保护半径的计算式为

$$r_x = \sqrt{h(2h_r-h)} - \sqrt{h_x(2h_r-h_x)}$$

式中　h_r——滚球半径，m；

h_x——离地高度，m；

h——避雷针高度，m；

r_x——离地高度为 h_x 时所能保护的半径，m。

（5）避雷针在地面的保护半径 r_0（相当于上式中 $h_x=0$ 时）为

$$r_0 = \sqrt{h(2h_r-h)}$$

2. 避雷针安装方法

避雷针高度一般为 400 mm 或 500 mm。避雷针安装如图 1-47 所示。

（1）所有金属部件必须镀锌，操作时注意保护镀锌层。

（2）采用镀锌钢管制作针尖，管壁厚度不得小于 3 mm，针尖涮锡长度不得小于 70 mm。

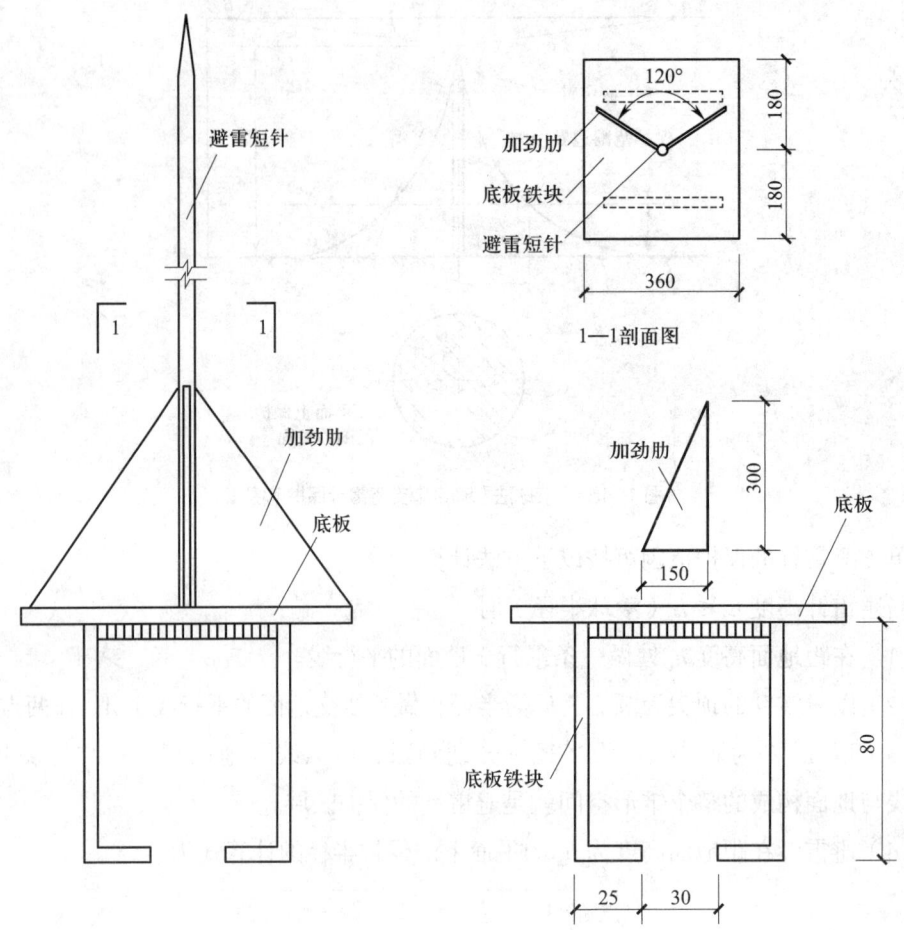

图 1-47　避雷针安装示意图

（3）避雷针应垂直安装牢固，垂直度允许偏差为 3/1 000。

（4）焊接应采用搭接焊，其搭接长度必须符合下列规定。

1）扁钢为其宽度的 2 倍（且至少 3 个棱边焊接）。

2）圆钢为其直径的 6 倍。

3）圆钢与扁钢连接时，搭接长度为圆钢直径的 6 倍。

（5）避雷针一般采用圆钢或钢管制成，不同避雷针的材质和直径要求如下。

1）独立避雷针一般采用直径 19 mm 镀锌圆钢。

2）屋面上的避雷针采用直径 25 mm 镀锌钢管。

3）水塔顶部避雷针采用直径 25 mm 或 40 mm 镀锌钢管。

4）烟囱顶上避雷针采用直径 25 mm 镀锌圆钢或直径 40 mm 镀锌钢管，避雷环采用直径 12 mm 镀锌圆钢或截面积为 100 mm² 镀锌扁钢，厚度应为 4 mm。

技能要求 1

临时用电系统电气工作接地、保护接地（接零）等接地装置的安装

一、操作准备

1. 准备施工样图、相关技术资料、接地装置施工质量验收规范等。
2. 工具、仪器及器材准备见表 1-11。

表 1-11 工具、仪器及器材准备

序号	材料	类别	最小截面积 /mm²
1	铜	裸导体	4
		绝缘导体	1.5
2	铝	裸导体	6
		绝缘导体	2.5
3	扁钢	室内：厚度不小于 3 mm	24
		室外：厚度不小于 4 mm	48
4	圆钢	室内：直径不小于 5 mm	19.6
		室外：直径不小于 6 mm	28.3
5	钢管	室内使用，壁厚不小于 2.5 mm	—
6	铜	电缆接地芯线以及与相线包在同一保护壳内的多铝导线的接地线	1.0
7	铝		1.5

二、操作步骤

1. 接地体的安装

（1）垂直安装

1）挖埋设坑。埋设坑的形状和尺寸如图 1-48 所示，接地体的顶部离地应大于 0.6 m，接地体与附近建筑物距离应大于 1.5 m。

2）在坑内将接地体垂直打入地下。

3）采用焊接、螺栓或管卡固定等连接方式在接地体上连接接地线，如图 1-49 所示。

4）可以埋设单个接地体，也可将多个接地体连接起来构成多极接地体，如图 1-50 所示。

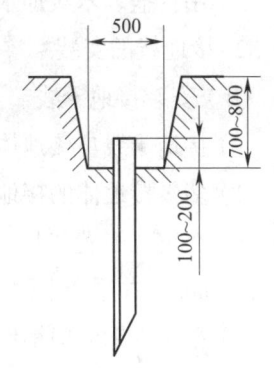

图 1-48 埋设坑形状和尺寸示意图

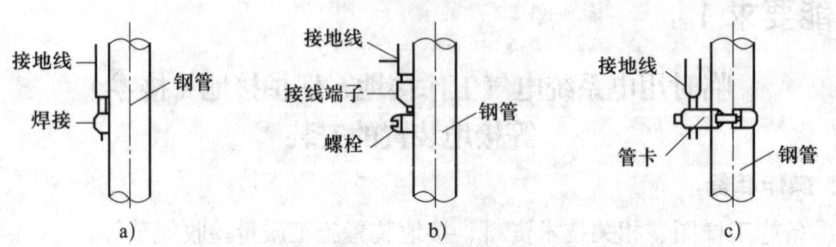

图 1-49 接地体与接地线连接方式
a）焊接连接　b）螺栓连接　c）管卡连接

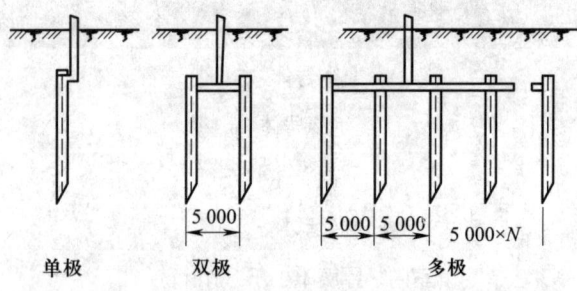

图 1-50 单极、双极、多极接地体连接

（2）水平安装

1）挖出不小于 0.6 m 深的沟。

2）在沟内水平埋设接地体。

3）接地体一端弯成直角并露出地面，再与接地线连接，如图 1-51 所示。

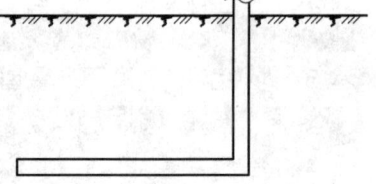

图 1-51 接地体与接地线连接图

（3）减小接地电阻的方法

1）深埋接地体。距地面越深的土壤电阻率越小。

2）增加接地体的极数。

3）用食盐、木炭加水，洒在接地体周围，或更换电阻率小的土壤。

2. 接地线的安装

（1）安装接地干线

1）接地干线与接地体可采用电焊焊接或螺栓连接。

2）多极接地体的接地干线与接地支线的连接应在地沟内，并盖有沟盖。

3）在室内布置接地干线时，一般沿墙面敷设，接地干线距地面约 300 mm，距墙面约 15 mm，并用线卡固定好。

4）在用圆钢或扁钢作接地干线时，接地干线之间的连接或接地干线的延长都要用电焊焊接。

（2）安装接地支线

1）接地支线与接地干线、电气设备采用电焊焊接或螺栓连接。

2）每台电气设备必须用单独的接地支线与接地干线连接。

3）若安装位置易被接触，应选多股绝缘导线作接地支线。

4）对于移动的电气设备（如冰箱，洗衣机等），采用三极插头，其内部结构示意如图 1-52 所示。移动设备的外壳通过三极插头接地线、三极插座接地线和接地支线与接地干线进行连接，如图 1-53 所示。

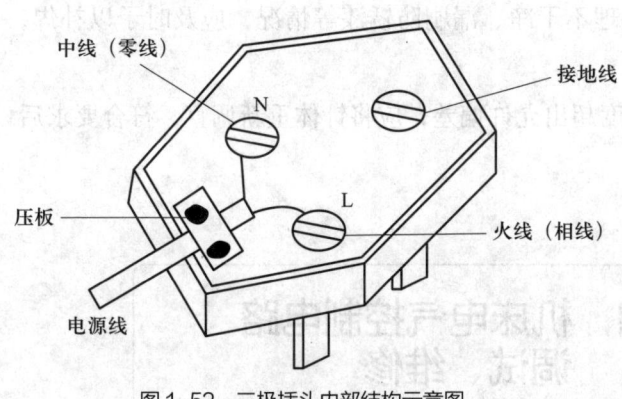

图 1-52　三极插头内部结构示意图

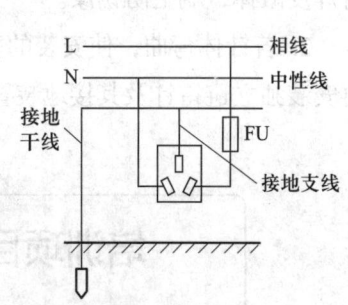

图 1-53　接地支线与接地干线连接图

技能要求 2

防雷装置的安装

一、操作要求

按照操作规范进行防雷装置的安装。

二、操作准备

1. 准备施工样图、相关的技术资料、防雷与接地装置施工质量验收规范等。

2. 工具及器材：角钢，钢管加工工具，电焊机，冲击电钻等。

三、操作步骤

1. 避雷针的制作与安装。避雷针通常选用镀锌圆钢或镀锌钢管制成，并安装在建筑物、支柱或其他构件上，经引下线与接地体可靠接地。

2. 选择避雷针。避雷针的直径不应小于表 1-12 中的规定数值。

3. 避雷针安装在屋顶上。若屋顶设计有女儿墙或山墙，可用膨胀螺栓将避雷针支架固定在墙上。

4. 避雷针必须经引下线与接地体可靠连接，若屋顶没有女儿墙，可选用钢筋混凝土底座固定安装避雷针。

表 1-12 避雷针的直径规定

直径/mm \ 针长/m	<1	1~2	烟囱顶上的针
圆钢	12	16	20
钢管	20	25	40

四、注意事项

1. 对于焊接处不饱满、焊药处理不干净、漏刷防锈漆等情况，应及时予以补焊，将焊皮敲掉，刷上防锈漆。

2. 若针体弯曲，使安装的垂直度超出允许偏差，应将针体重新调直，符合要求后再安装独立避雷针及其接地装置。

培训项目四 机床电气控制电路调试、维修

培训单元 1 机床电气故障分析与检修

培训重点

1. 掌握机床电气故障的分析方法。
2. 掌握机床电气故障的检修方法。

知识要求

一、机床电气故障的分析方法

一个控制线路可以简单，也可以复杂，任何复杂的控制线路都是由一些较简单的环节组合而成的，每一个环节由若干电器元件组成，每个电器元件由若干零部件组成。

因此，如果某个或某几个电器元件、部件或接线有问题，就会产生故障。

电气控制线路形式多样，其故障常常和机械、液压系统故障交错在一起，难以分辨，因此需要采用正确的故障分析方法来分析故障原因。常用的电气控制线路故障的分析方法有调查研究法、试验法、逻辑分析法和测量法。一般情况下，调查研究法能帮助我们找出故障现象；试验法不仅能找出故障现象，还能找到故障部位或故障回路；逻辑分析法可有效缩小故障范围；测量法是找出故障点的基本、可靠且有效的方法。

1. 调查研究法

调查研究法主要是通过询问设备操作员，看有无由于故障引起的明显外观征兆，听设备电器元件在运行时的声音与正常运行时有无明显差异，摸电器发热元件及线路的温度是否正常等。

在听电气设备运行声音是否正常而需要通电时，应以不损坏设备和扩大故障范围为前提；在摸靠近传动装置的电器元件和容易发生触电事故的故障部位时，必须切断电源，以确保人员和设备的安全。

2. 试验法

试验法是在不损伤电气和机械设备的条件下，通电进行试验的一种方法。通电试验一般可先进行点动试验，观察各控制环节的动作，若发现某一电器动作不符合要求，则说明故障范围在与此电器有关的电路中；然后在这部分故障电路中进行检查，便可找出故障点。

在采用试验法时，可以采用暂时切除部分电路（如主电路）的试验方法来检查各控制环节的动作是否正常。但必须注意不要随意用外力使接触器或继电器动作，以防引发事故。

3. 逻辑分析法

逻辑分析法是一种以"准"为前提，以"快"为目的的检查方法。它可以根据电气控制线路工作原理、控制环节的动作程序以及它们之间的联系，结合故障现象进行具体分析，迅速缩小检查范围，然后判断故障所在。

在采用逻辑分析法时，应根据原理图对故障现象进行具体分析，在划出可疑范围后，再借鉴试验法对故障回路有关的其他控制环节进行控制，就可排除公共支路部分的故障，使貌似复杂的问题条理清晰，从而提高维修的针对性，可以得到准而快的效果。

4. 测量法

测量法是利用校验灯、试电笔、万用表、蜂鸣器、示波器等对线路进行带电和断电测量的方法，可以有效找出故障点。

在利用万用表欧姆挡和蜂鸣器检测电器元件及线路是否断路或短路时，必须切断电源，否则将会烧毁万用表和蜂鸣器；在测量时要特别注意是否有并联支路或其他回路对所测量线路产生影响，以防产生误判断；在采用可控整流供电的电动机调速控制线路中，利用示波器来观察触发电路的脉冲波形和可控整流的输出波形，就能很快地判断线路的故障所在。

总之，电气控制线路的故障不是千篇一律的，即便是同一种故障现象，发生的部位也并不一定相同。因此，在检查和分析故障时，不一定是只用一种方法就能找出故障点，往往需要将几种方法联合起来，同时进行才能迅速找出故障点。

二、机床电气故障的检修方法

1. 电压分段测量法

（1）基本原理

电压分段测量法就是使用万用表检测电路中的工作电压，将测量的结果与正常值比较，以便判定线路工作是否正常。

电路正常工作时，电路中各点的工作电压都有一个相对稳定的正常值或动态变化的范围。如果电路中出现短路故障、开路故障或电器元件性能参数发生改变，该电路中的工作电压也会发生改变。所以，电压分段测量法能够通过检测电路中某些关键点的工作电压有或者没有、偏大或者偏小、动态变化是否正常，然后根据不同的故障现象，结合电路的工作原理进行分析，从而找出故障的原因。

（2）基本方法

电源是电路正常工作的必要条件，所以当电路出现故障时，应首先检测电源部分。如果电源电压不正常，应重点检查电源电路和负载电路是否存在开路或者短路故障。在通常情况下，如果电源部分有开路故障，如熔断器烧断等，电源就没有电压输出；如果负载出现短路故障，电源电压则会降低。

检查电力拖动控制线路时，应把万用表选择开关转到 500 V 交流电压挡上。电压测量方法可分为分阶段测量法和分段测量法，如图 1-54 所示。

电压分阶段测量法是先用万用表测量 1、0 两点间的电压，电路正常时，电压应为 380 V。然后按住启动按钮 SB3 不放，同时将黑色表笔接到点 0 上，红色表笔按点 2、3、4、5 标号依次向下移动，分别测量各阶之间的电压，电路正常的情况各阶段的电压均应为 380 V。

电压分段测量法是用红、黑表笔逐段测量相邻两标号点（例如 1~2, 2~3, 3~4, 4~5, 5~0）间的电压。如电路正常，除 5~0 两点间的电压等于 380 V 之外，其他任意相邻两点间的电压均为零。如按下 SB3 接触器 KM 不吸合，说明电路有断路故障，此时可用

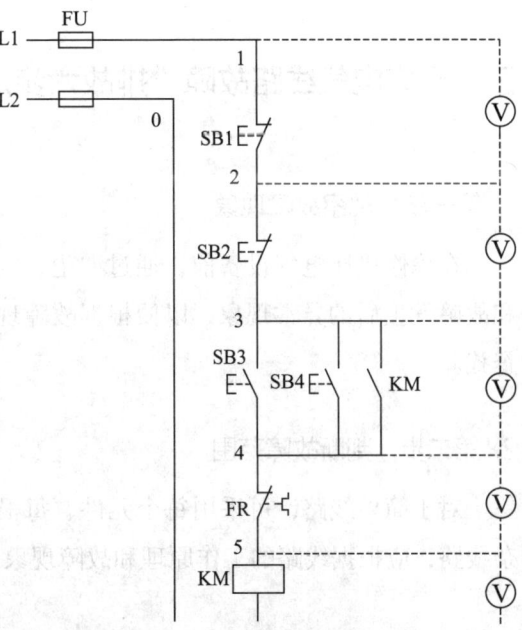

图 1-54 电压分阶段测量法和电压分段测量法

万用表电压挡逐一测试各相邻两点间的电压。如果测量到某相邻两点间的电压为 380 V，说明这两点间所包含的触点、连接导线接触不良或者断路。例如标号 4~5 两点间的电压为 380 V 或某一电压值，则说明热继电器 FR 的常闭触点接触不良或断开。

2. 电阻分段测量法

电阻分段测量法是通过测量电路电阻，判别电路情况的一种方法。测量时把电路分成若干段，分别测量各段电阻，判别电路是否正常。

（1）检查时，先断开电源（或拆下熔断器）。

（2）把万用表调至电阻挡。

（3）逐段分阶检测各点的电阻值。

（4）当测量到某标号时，若电阻值与理论值不同，说明表笔刚跨过的触点或连接处有问题。

3. 短接法

控制电路都由开关或继电器、接触器触点组合而成。当怀疑某个触点有故障时，可以用导线把该触点短接，若故障消失，则证明判断正确，该电器元件触点接触不良或已损坏。但是要注意，当找到故障点后应立即拆除短接线，不允许用短接线代替开关或电器元件的触点。

三、机床电气线路故障"排故六步法"

1. 第一步：观察故障现象

在检修机床电气设备前，通过"望、闻、问、听、摸"来了解故障前的操作情况和故障发生后的异常现象，以便根据故障现象判断发生故障的可能部位，进而进一步查找。

2. 第二步：判断故障范围

对于简单线路，可采用每个元件、每根导线逐一检查的方法找到故障点；对于复杂线路，应根据线路的工作原理和故障现象，采用逻辑分析法确定故障范围。

3. 第三步：查找故障点

在确定的故障范围内，选择适当的检修方法，寻找合适的突破点进行查找。查找故障点必须在确定的故障范围内进行，按照检查思路逐点检查，直至找到故障点。

4. 第四步：排除故障

找到故障点后，选择适当方法进行修复，如修复或更换元器件等。

5. 第五步：通电试车

故障排除后，应通电试车，检查机床设备的各种操作是否符合技术要求。

6. 第六步：记录

做好维修记录，以备日后维修时参考。

技能要求

正确使用万用表及电工常用工具排除故障

一、操作要求

1. 用电压分段测量法检测、分析电路故障。
2. 用电阻分段测量法检测、分析电路故障。

3. 用短接法检测、分析电路故障。

二、操作准备

1. 连接完成的电路控制板。

2. 短接导线。

3. 电工常用工具。

4. 万用表。

三、操作步骤

1. 在连接完成的电路控制板上设置故障。

2. 利用万用表，采用电压分段测量法测量电路中各分段电压值，分析故障原因。

3. 利用万用表，采用电阻分段测量法测量电路中各分段电阻值，分析故障原因。

4. 利用短接法屏蔽部分元件或线路，观察故障现象，分析故障原因。

5. 逐步缩小故障范围，找到故障点并排除。

6. 在原理图上标记故障位置。

四、注意事项

1. 万用表的使用

（1）在使用万用表之前，应先进行"机械调零"，即在没有被测电量时，使万用表指针指在零电压或零电流的位置上。

（2）在进行电流和电压测量之前，要先估计一下待测电流和电压的范围，先设在较大的挡位，然后再调到合适的挡位，以避免过大的电流将万用表烧坏。

（3）在使用万用表的过程中，不能用手去接触表笔的金属部分，这样一方面可以保证测量的准确性，另一方面也可以保证人身安全。

（4）在使用指针式万用表时，分别将两只测量表笔按红接正（+）、黑接负（-）的要求插到测量端，然后确认指针是否在零位。指针应与刻度盘左侧的端线对齐，如果不一致，则要进行零位调整。

（5）在测量某一电量时，不能在测量的同时换挡，尤其是在测量高电压或大电流时，否则会使万用表毁坏。如需换挡，应先断开表笔，换挡后再去测量。

（6）在进行测量时，要考虑到万用表内阻的影响。例如，为了测量电压，要将表笔接到被测电路上，这时万用表内阻也有电流流过，这对测量值有一定的影响。测量同一点的电压时，使用不同的挡位，万用表的内阻不同，则影响程度也不同。

（7）万用表在使用时，必须水平放置，以免造成误差。同时，还要注意避免外界磁场对万用表的影响。

（8）万用表使用完毕，应将转换开关置于交流电压的最大挡。如果长期不使用，应将万用表内部的电池取出来,以免电池腐蚀表内其他器件。

2. 短接法的使用

(1)由于短接法是用手拿着绝缘导线带电操作,因此一定要注意安全,以免发生触电事故。

(2)短接法只适用于检查压降极小的导线和触头之间的断路故障。对于压降较大的电器,如电阻、接触器和继电器的线圈、绕组等断路故障,不能采用短接法,否则会出现短路故障。

(3)对于机床的某些要害部位,必须在确保电气设备或机械部位不会出现事故的情况下,才能采用短接法。

培训单元 2　CA6140 车床电气控制电路组成、控制原理及故障排除

培训重点

1. 熟悉 CA6140 车床电气控制电路的组成和控制原理。
2. 掌握 CA6140 车床常见故障排除方法。

知识要求

一、CA6140 车床主要结构组成和控制要求

1. 结构组成

CA6140 车床是能对轴、盘、环等多种类型的工件进行多种工序加工的普通车床,常用于加工工件的内外回转表面、端面和各种内外螺纹,采用相应的附件和刀具,还可以进行钻孔、扩孔、攻丝和滚花等操作。CA6140 车床是车床中应用较广泛的一种,因为其主轴以水平方式放置,因此也被称为卧式车床。

CA6140 车床主要结构组成有主轴箱、丝杠与光杠、溜板箱、刀架、尾座、床身。

主轴箱又可以称为床头箱，它的主要任务是将主轴电动机传来的旋转运动经过一系列的变速机构使主轴得到所需要的正反两种转向的不同转速；丝杠与光杠用于连接进给箱与溜板箱；刀架部件由几层刀架组成，它的功能是装夹刀具，使刀具做纵向、横向或斜向进给运动；床身用于安装各个主要部件，使它们在工作时保持准确的相对位置。

2. 车床运动情况

（1）主运动（切削运动）：主轴通过卡盘或顶尖带动工件的旋转运动。

（2）进给运动：溜板带动刀架的纵向或横向直线运动。

（3）其他运动：溜板带动刀架的快速移动、单向点动、短时工作方式。

刀架移动和主轴旋转都是由一台电动机来拖动的。

3. 控制要求

（1）车床加工对控制线路要求

1）机械调速。工件材料、加工工艺等不同，切削速度应不同，因此要求主轴的转速也不同。

2）正反转控制。车削螺纹时，需要主轴反转来退刀，因此要求主轴能正反转。车床主轴的旋转方向可通过机械手柄来控制。

3）制动。为了缩短停车时间，主轴停车时采用能耗制动。

4）其他。显示电动机的工作电流以监视切削状况。

（2）冷却润滑要求

1）车削加工中，为了延长刀具的寿命和提高加工质量，有时需要根据不同的工件材料用切削液对工件和刀具进行冷却润滑。

2）不采用冷却液时，需要用自动空气开关控制冷却泵电动机单向旋转。

3）应配有安全照明电路和必要的联锁保护环节。

二、CA6140车床电气控制电路原理分析

CA6140车床由3台三相笼型异步电动机拖动，即主轴电动机M1、冷却泵电动机M2和刀架快速移动电动机M3。

CA6140车床电气控制电路原理图如图1-55所示。

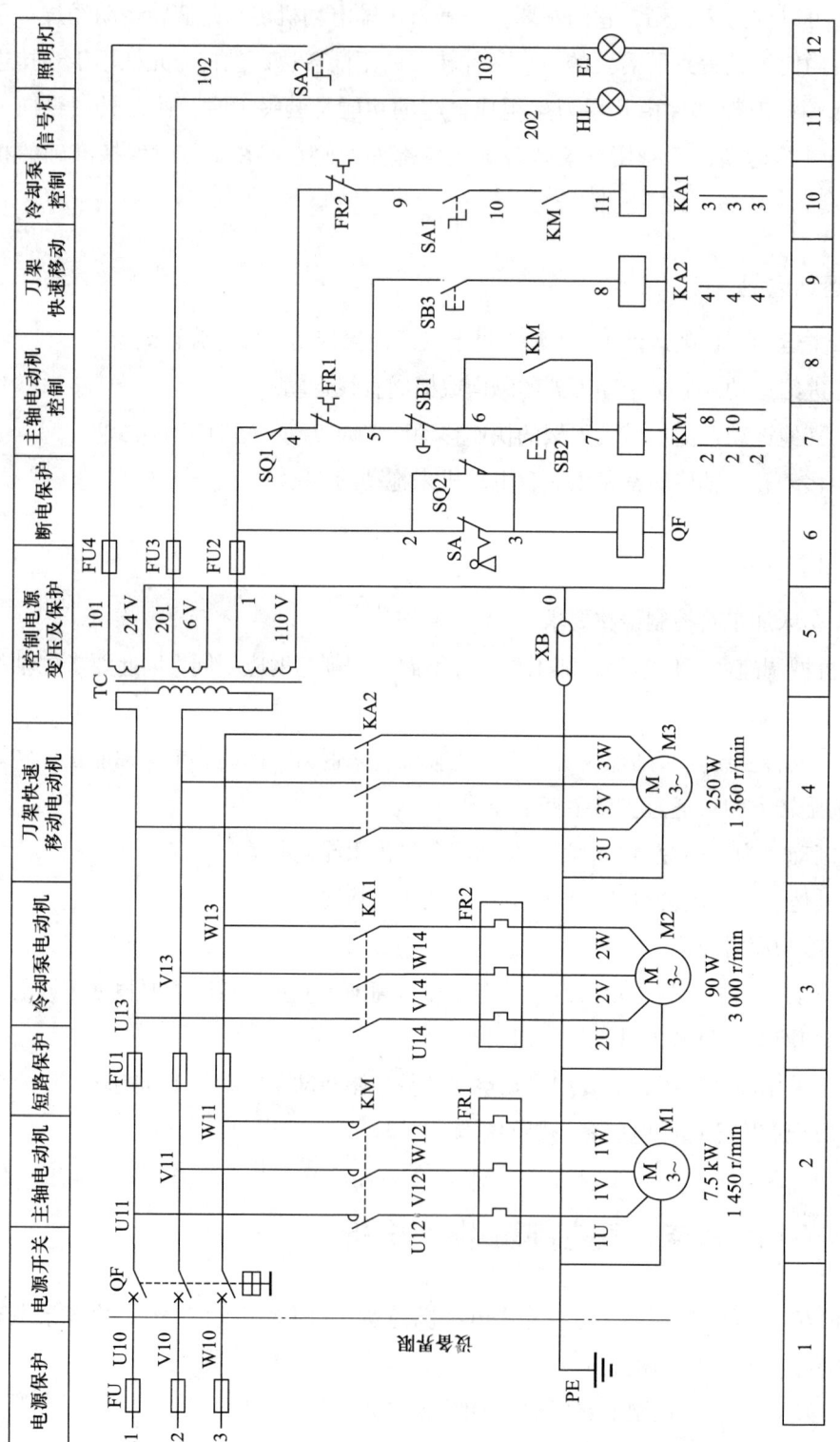

图1-55 CA6140车床电气控制电路原理图

1. CA6140 车床电力拖动的特点及控制要求

（1）主轴电动机一般选用三相笼型异步电动机，不进行电气调速。

（2）采用齿轮箱进行机械有级调速。为减小振动，主轴电动机通过几条 V 带将动力传递到主轴箱。

（3）在车削螺纹时，要求主轴有正反转，由主轴电动机正反转或采用机械方法来实现。

（4）主轴电动机的启动、停止采用按钮操作。

（5）刀架移动和主轴转动有固定的比例关系，以便满足对螺纹的加工需要。

（6）车削加工时，由于刀具及工件温度过高，有时需要冷却，因而应该配有冷却泵电动机且要求在主轴电动机启动后，方可决定冷却泵开动与否，而当主轴电动机停止时，冷却泵应立即停止。

（7）必须有过载、短路、欠压失压保护。

（8）具有安全的局部照明装置。

2. CA6140 车床电气控制线路分析

（1）主电路分析

主电路共有三台电动机：M1 为主轴电动机，带动主轴旋转和刀架作进给运动；M2 为冷却泵电动机，用以输送切削液；M3 为刀架快速移动电动机。

将钥匙开关 SA 向右旋转，再扳动断路器 QF 将三相电源引入。主轴电动机 M1 由接触器 KM 控制，热继电器 FR1 作过载保护，熔断器 FU 作短路保护，接触器 KM 作失压和欠压保护。冷却泵电动机 M2 由中间继电器 KA1 控制，热继电器 FR 为它的过载保护。刀架快速移动电动机 M3 由中间继电器 KA2 控制，由于是点动控制，故未设过载保护。FU1 作为冷却泵电动机 M2、快速移动电动机 M3、控制变压器 TC 的短路保护。

（2）控制电路分析

控制电路的电源由控制变压器 TC 二次侧输出 110 V 电压提供。在正常工作时，位置开关 SQ1 的常开触点闭合。打开床头皮带罩后，SQ1 断开，切断控制电路电源，以确保人身安全。钥匙开关 SA 和位置开关 SQ2 在正常工作时是断开的，QF 线圈不通电，断路器 QF 能合闸。打开配电盘壁龛门时，SQ2 闭合，QF 线圈获电，断路器 QF 自动断开。

1）主轴电动机 M1 的控制。

M1 启动：

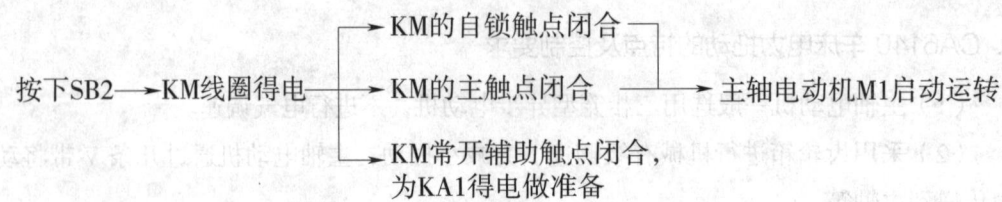

M1 停止：

　　按下 SB1 → KM 线圈失电 → KM 触点复位断开 → 主轴电动机 M1 停转

　　主轴的正反转是采用多片摩擦离合器实现的。

　　2）冷却泵电动机 M2 的控制。由于主轴电动机 M1 和冷却泵电动机 M2 在控制电路中采用顺序控制，所以，只有当主轴电动机 M1 启动后，即 KM 常开触点（10 区）闭合，合上旋转开关 SA1，冷却泵电动机 M2 才可能启动。当 M1 停止运行时，M2 自行停止。

　　3）刀架快速移动电动机 M3 的控制。刀架快速移动电动机 M3 的启动是由安装在进给操作手柄顶端的按钮 SB3 控制，它与中间继电器 KA2 组成点动控制线路。刀架移动方向（前、后、左、右）的改变，是由进给操作手柄配合机械装置实现的。如需要快速移动，按下 SB3 即可。

　　(3) 照明、信号电路分析

　　控制变压器 TC 的二次侧分别输出 24 V 和 6 V 电压，作为车床低压照明灯和信号灯的电源。EL 为车床的低压照明灯，由开关 SA2 控制；HL 为电源信号灯。它们分别由 FU4 和 FU3 作为短路保护。

技能要求

CA6140 车床电气故障排除

一、操作要求

1. 分析工作原理。
2. 根据故障现象，分析可能出现该故障的原因。
3. 使用万用表测量控制线路，查找故障的实际位置。
4. 更换损坏的器件，排除线路的各类故障，使电路正常工作。
5. 不能降低原电路的安装和接线工艺要求。

二、操作准备

1. CA6140 车床或模拟电路控制板。
2. 电工常用工具。
3. 万用表。

三、操作步骤

1. 通电前检查。
2. 观察故障现象,分析故障原因并找出故障位置。
3. 根据本培训项目中培训单元一"技能要求"的故障分析与检测方法进行故障排除,并进行通电测试。

培训单元3 M7130平面磨床电气控制电路组成、控制原理及故障排除

培训重点

1. 熟悉 M7130 平面磨床电气控制电路的组成和控制原理。
2. 掌握 M7130 平面磨床常见故障排除方法。

知识要求

一、M7130 平面磨床的结构和控制要求

磨床是利用磨具对工件表面进行磨削加工的机床。大多数的磨床使用高速旋转的砂轮进行磨削加工,少数的使用油石、砂带等其他磨具和游离磨料进行加工,如珩磨机、超精加工机床、砂带磨床、研磨机和抛光机等。磨床能加工硬度较高的材料,如淬硬钢、硬质合金等;也能加工脆性材料,如玻璃、花岗石等。磨床能进行高精度和表面粗糙度很小的磨削,也能进行高效率的磨削,如强力磨削等。

磨床的种类很多,按其工作性质可分为外圆磨床、内圆磨床、平面磨床、工具磨床以及一些专用磨床(如螺纹磨床、齿轮磨床、导轨磨床等),其中平面磨床应用最为普遍。平面磨床可分为卧轴矩台平面磨床、立轴矩台平面磨床、卧轴圆台平面磨床及立轴圆台平面磨床等。平面磨床有的用砂轮圆周进行磨削加工,有的用砂轮端面磨削并用成型砂轮进行磨削加工。下面以 M7130 卧轴矩台平面磨床(简称为平面磨床)为例进行分析。

1. 结构

M7130 卧轴矩台平面磨床的外形如图 1-56 所示。

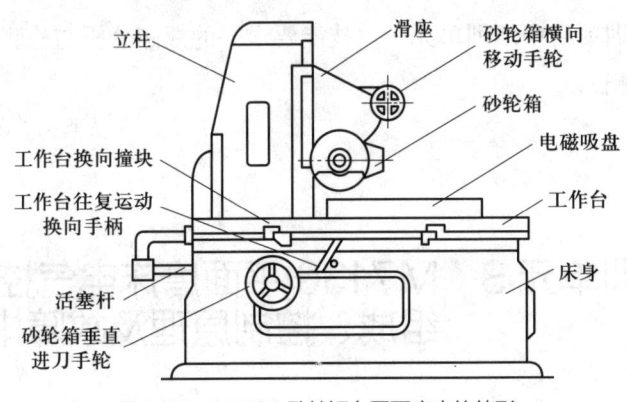

图 1-56　M7130 卧轴矩台平面磨床的外形

在箱形床身中，装有液压传动装置，工作台通过活塞杆由油压推动做往复运动，床身导轨有自动润滑装置进行润滑。工作台表面有 T 形槽，用以固定电磁吸盘，再由电磁吸盘来吸持加工工件。工作台的行程长度可通过调节装在工作台正面槽中的工作台换向撞块的位置来改变，工作台换向撞块可通过碰撞工作台往复运动换向手柄以改变油路从而实现工作台的往复运动。

在床身上固定有立柱，沿立柱的导轨上装有滑座，在滑座内部往往也装有液压传动机构。滑座可在立柱导轨上上下移动，并可由砂轮箱垂直进刀手轮操作。砂轮箱能沿其水平导轨移动，砂轮轴由装入式电动机直接拖动。砂轮箱的水平轴向移动可由砂轮箱横向移动手轮操作，也可由液压传动做连续或间接移动，前者用于调节运动或修整砂轮，后者用于进给。

M7130 卧轴矩台平面磨床砂轮的旋转运动是主运动。进给运动有垂直进给，即滑座在立柱上的上下运动；横向进给，即砂轮箱在滑座上的水平运动；纵向进给，即工作台沿床身的往复运动。工作台每完成一次往复运动时，砂轮箱做一次间断性的横向进给；当加工完整个平面后，砂轮箱做一次间断性的垂直进给。

2. 控制要求

（1）砂轮的旋转运动

砂轮电动机 M1 装在砂轮箱内，带动砂轮旋转，对工件进行磨削加工。由于砂轮的旋转一般不需要调速，所以用一台三相异步电动机拖动即可。为了使磨床体积小、结构简单、提高加工精度，采用了装入式电动机，将砂轮直接装在电动机轴上。

（2）工作台的往复运动

装在床身水平纵向导轨上的矩形工作台的往复运动，是由液压传动完成的，因液压传动换向平稳，易于实现无级调速。液压泵电动机 M3 拖动液压泵，工作台在液压作用下作纵向往复运动。当装在工作台前侧的换向挡铁碰撞床身上的液压换向开关时，工作台就自动改变方向。

（3）砂轮架的横向进给

砂轮架的上部有燕尾型导轨，可沿着滑座上的水平导轨作横向（前后）移动。在磨削的过程中，工作台换向时，砂轮架就横向进给一次。在修正砂轮或调整砂轮的前后位置时，可连续横向移动。砂轮架的横向进给运动可由液压传动，也可用手轮操作。

（4）砂轮架的升降运动

滑座可沿着立柱的导轨垂直上下移动，以调整砂轮架的上下位置，或使砂轮磨入工件。以控制磨削平面时工件的尺寸。这一垂直进给运动是通过操作手轮控制机械传动装置实现的。

（5）切削液的供给

冷却泵电动机 M2 拖动切削泵旋转，供给砂轮和工件切削液，同时切削液带走磨下的铁屑。要求砂轮电动机 M1 与冷却泵电动机 M2 是顺序控制。

（6）电磁吸盘的控制

根据加工工件的尺寸和结构形状，可以把工件用螺钉和压板直接固定在工作台上，也可以在工作台上装电磁吸盘，将工件吸附在电磁吸盘上。为此，要有充磁和退磁控制环节。为保证安全，电磁吸盘与 M1、M2、M3 三台电动机之间有电气联锁装置。即电磁吸盘吸合后，电动机才能启动。电磁吸盘不工作或发生故障时，三台电动机均不能启动。

二、电气控制线路分析

M7130 型平面磨床的电气原理图如图 1-57 所示。该线路分为主电路、控制电路、电磁吸盘电路和照明电路四部分。

（1）主电路分析

QS1 为电源开关。主电路中有三台电动机，M1 为砂轮电动机，M2 为冷却泵电动机，M3 为液压泵电动机，它们共用一组熔断器 FU1 作为短路保护。砂轮电动机 M1 用接触器 KM1 控制，用热继电器 FR1 进行过载保护；由于冷却泵箱和床身是分装的，所以冷却泵电动机 M2 通过接插器 X1 和砂轮电动机 M1 的电源线相连，并和 M1 在主电路实现顺序控制。冷却泵电动机的容量较小，没有单独设置过载保护，液压泵电动

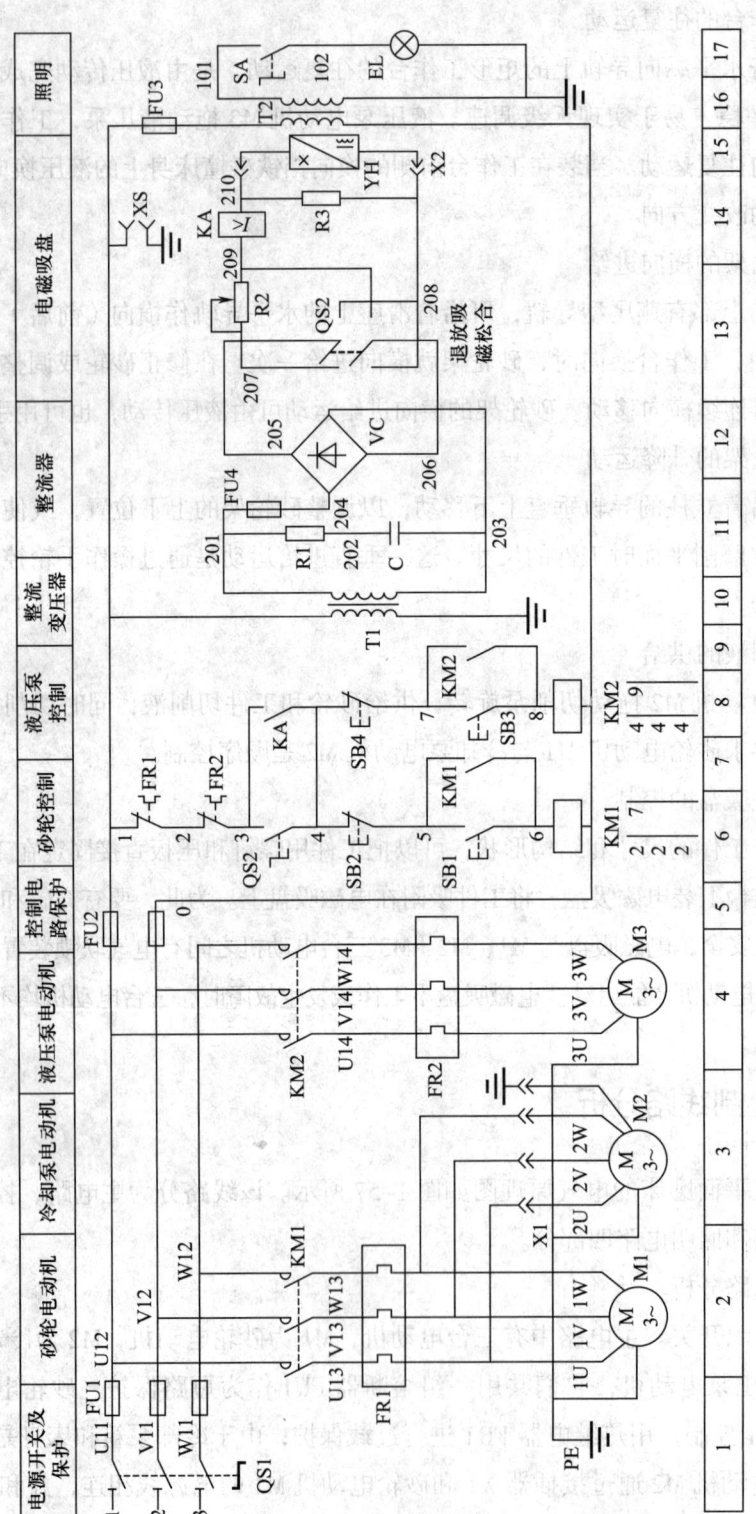

图1-57 M7130平面磨床电气原理图

机 M3 由接触器 KM2 控制，由热继电器 FR2 作过载保护。

（2）控制电路分析

控制电路采用交流 380 V 电压供申，由熔断器 FU2 作短路保护。在电动机的控制电路中，串接着转换开关 QS2 的常开触点（6 区）和欠电流继电器 KA 的常开触点（8 区），因此，三台电动机启动的必要条件是使 QS2 或 KA 的常开触点闭合。欠电流继电器 KA 的线圈串接在电磁吸盘 YH 的工作回路中，所以当电磁吸盘得电工作时，欠电流继电器 KA 线圈得电吸合，接通砂轮电动机 M1 和液压泵电动机 M3 的控制电路，这样就保证了加工工件被 YH 吸住的情况下，砂轮和工作台才能进行磨削加工，保证了安全。

砂轮电动机 M1 和液压泵电动机 M3 都采用了接触器自锁正转控制线路，SB1、SB3 分别是它们的启动按钮，SB2、SB4 分别是它们的停止按钮。

（3）电磁吸盘电路分析

电磁吸盘是用来固定加工工件的一种夹具。它与机械夹具比较，具有夹紧迅速，操作快速简便，不损伤工件，一次能吸牢多个小工件，以及磨削中发热工件可自由伸缩、不会变形等优点。不足之处是只能吸住铁磁材料的工件，不能吸牢非铁磁性材料的工件。

电磁吸盘电路包括整流电路、控制电路和保护电路三部分。

整流变压器 T1 将 220 V 的交流电压降为 145 V，然后经桥式整流器 VC 后输出 110 V 直流电压。

QS2 是电磁吸盘 YH 的转换控制开关（又叫退磁开关），有"吸合""放松"和"退磁"三个位置。当 QS2 扳到"吸合"位置时，触点（205-208）和（206-209）闭合，110 V 直流电压接入电磁吸盘 YH，工件被牢牢吸住。此时，欠电流继电器 KA 线圈得电吸合，KA 的常开触点闭合，接通砂轮和液压泵电动机的控制电路。待工件加工完毕，先把 QS2 扳到"放松"位置，切断电磁吸盘 YH 的直流电源。此时由于工件具有剩磁不能取下，因此，必须进行退磁。将 QS2 扳到"退磁"位置，这时触点（205-207）和（206-208）闭合，电磁吸盘 YH 通入较小的（因串入了退磁电阻 R2）反向电流进行退磁。退磁结束，将 QS2 扳回到"放松"位置，即可将工件取下。

如果有些工件不易退磁，可将附件退磁器的插头插入插座 XS，使工件在交变磁场的作用下进行退磁。

若将工件夹在工作台上，而不需要电磁吸盘时，则应将电磁吸盘 YH 的 X2 插头从插座上拔下，同时将转换开关 QS2 扳到"退磁"位置，这时，接在控制电路中 QS2 的常开触点（3-4）闭合，接通电动机的控制电路。

电磁吸盘的保护电路是由放电电阻 R3 和欠电流继电器 KA 组成。电阻 R3 是电磁吸盘的放电电阻。因为电磁吸盘的电感很大,当电磁吸盘从"吸合"状态转变为"放松"状态的瞬间,线圈两端将产生很大的自感电动势,易使线圈或其他电器由于过压而损坏。电阻 R3 的作用是在电磁吸盘断电瞬间给线圈提供放电通路,吸收线圈释放的磁场能量。欠电流继电器 KA 用以防止电磁吸盘断电时工件脱出发生事故。

电阻 R1 与电容器 C 的作用是防止电磁吸盘回路交流侧的过电压。熔断器 FU4 为电磁吸盘提供短路保护。

(4) 照明电路分析

变压器 T2 将 380 V 的交流电压降为 36 V 的安全电压供给照明电路。EL 为照明灯,一端接地,另一端由开关 SA 控制。熔断器 FU3 作照明电路的短路保护。

技能要求

M7130 平面磨床电气故障排除

一、操作要求

1. 分析电路工作原理

根据知识要求中所讲述的 M7130 平面磨床电气控制原理,充分理解其工作原理及控制要求。

2. 根据故障现象,分析可能出现该故障的原因。
3. 使用万用表测量控制线路,查找故障的实际位置。
4. 更换损坏的器件,排除线路的各类故障,使电路正常工作。
5. 不能降低原电路的安装和接线工艺要求。

二、操作准备

准备排除故障所需的设备和工具,见表 1-13。

表 1-13 M7130 平面磨床电气故障排除所需设备、工具清单

序号	名称	数量
1	M7130 磨床控制柜	1 个
2	三相笼型异步电动机	1 套
3	万用表	1 只
4	旋具	1 套
5	低压验电器	1 支
6	导线	若干

三、操作步骤

1. 通电前检查

通电前先检查磨床控制柜中是否有接线松动的现象，检查外部机械，确保即使在通电后有异常动作，也不会伤及操作人员。在保证人员安全的情况下，对控制柜通电。

2. 观察故障现象，分析故障原因并找出故障位置

在此仅以电磁吸盘的常见故障为例进行分析，可由表1-14所列故障现象及对应的故障原因，按故障排除步骤找到故障点并加以排除。其他故障可参照此方法和步骤进行分析。

表1-14　M7130平面磨床电气故障排除步骤表

序号	故障现象	可能的故障原因	排除步骤
1	电磁吸盘无吸力	（1）桥式整流器输出的直流电压断路	1）将QS2置于"放松"位置 2）使用万用表的交流电压挡测量三相电源是否正常 3）测量T1的一次侧电压，如果没有电压，检查FU1、FU2熔丝是否有熔断的现象，是否接触良好 4）测量T1的二次侧电压，如果没有电压，说明变压器损坏，需要更换 5）使用万用表的直流电压挡测量QS2的205和206号接点之间是否有110 V电压；如果没有电压，检查FU4以及从桥式整流器到QS2的连接线是否有断线，若都正常说明桥式全波整流器损坏，需要更换。使用万用表测量时注意挡位及量程，带电测量时要保证安全
		（2）QS2转换开关损坏	1）将QS2置于"吸合"位置 2）使用万用表直流电压挡测量208和209号接点之间是否有电压，如果没有电压，说明QS2转换开关损坏
		（3）KA继电器的线圈断开	1）将QS2置于"吸合"位置 2）观察KA线圈是否动作，若无动作，检查KA线圈的连线是否有断线 3）若连线正常，说明KA线圈断路，需更换欠电流继电器
		（4）X2插座接触不良	1）将QS2置于"吸合"位置 2）使用万用表直流电压挡测量X2插座的电压，若无电压，检查插座的连线是否有断线 3）若连线正常，说明该插座损坏，需要更换

续表

序号	故障现象	可能的故障原因	排除步骤
1	电磁吸盘无吸力	（5）YH电磁吸盘线圈断开	1）将QS2置于"放松"位置 2）使用万用表的电阻挡测量电磁吸盘线圈的直流电阻值，如果是无穷大，说明线圈断路，如果是0，说明线圈短路 3）更换电磁吸盘
2	电磁吸盘吸力不足	（1）电源电压过低	使用万用表交流电压挡测量电源进线电压，若电压偏低，说明电网电压不正常
		（2）变压器输出电压过低	使用万用表交流电压挡测量T1二次绕组电压，若电压偏低，检查T1并进行修理
		（3）桥式整流器中有二极管被击穿或损坏断开，导致直流电压低	使用万用表直流电压挡测量整流器输出电压，若电压偏低，检查桥式整流器中的二极管是否断线或损坏，若断线或损坏，则需要更换
		（4）X2插座接触不良	使用万用表直流电压挡测量插座上的电压，若电压偏低，检查插座的接触是否良好，接触不良的插座予以更换
3	电磁吸盘无法消磁	（1）QS2转换开关触点接触不良或连接导线断线	1）断开电源 2）将QS2置于"退磁"位置 3）使用万用表的电阻挡测量QS2的205和207号接点之间以及206和208号接点之间是否导通 4）若电阻为无穷大，则说明QS2转换开关损坏，予以更换 5）若电阻为0，则说明是QS2所连接的线路有断线，检查QS2周围走线
		（2）R2电阻断开	1）将QS2置于"退磁"位置 2）使用万用表直流电压挡测量插座X2的直流电压 3）若X2上无电压，再测量QS2的207和208号接点之间，若有电压，则说明R2断开，需更换电阻

培训单元 4　Z37 摇臂钻床电气控制电路组成、控制原理及故障排除

培训重点

1. 熟悉 Z37 摇臂钻床电气控制电路的组成和控制原理。
2. 掌握 Z37 摇臂钻床常见故障排除方法。

知识要求

一、Z37 摇臂钻床的结构和控制要求

1. Z37 摇臂钻床的结构

钻床是一种用途广泛的通用机床，用于钻孔、扩孔、铰孔及攻螺纹等基本加工过程，有立式钻床、卧式钻床、深孔钻床、多头钻床及专用钻床等。

Z37 摇臂钻床主要由底座、内立柱、外立柱、摇臂、主轴箱、工作台等部分组成，如图 1-58 所示。内立柱固定在底座上，外面套着空心的外立柱，外立柱可绕着不动的内立柱回转 360°。摇臂一端的套筒部分与外立柱间隙配合，借助于丝杠，摇臂可沿着外立柱上下移动，但两者不能相对转动，因此摇臂与外立柱一起相对内立柱回转。主轴箱是一个复合的部件，包括主轴及主轴旋转和进给运动（轴向前进移动）的全部传动变速和操作机构。主轴箱安装于摇臂的水平导轨上，可通过手轮操作使其沿着摇臂上的水平导轨做径向移动。当需要钻削加工时，可利用夹紧机构将主轴箱紧固在摇臂导轨上、摇臂紧固在外立柱上、外立柱紧固在内立柱上，以保证加工时主轴不会移动，刀具也不会振动。

摇臂钻床的主运动是主轴带动钻头的旋转运动，进给运动是钻头的上下运动，辅助运动是主轴箱沿摇臂水平移动、摇臂沿外立柱上下移动以及摇臂连同外立柱一起相对于内立柱的回转运动。

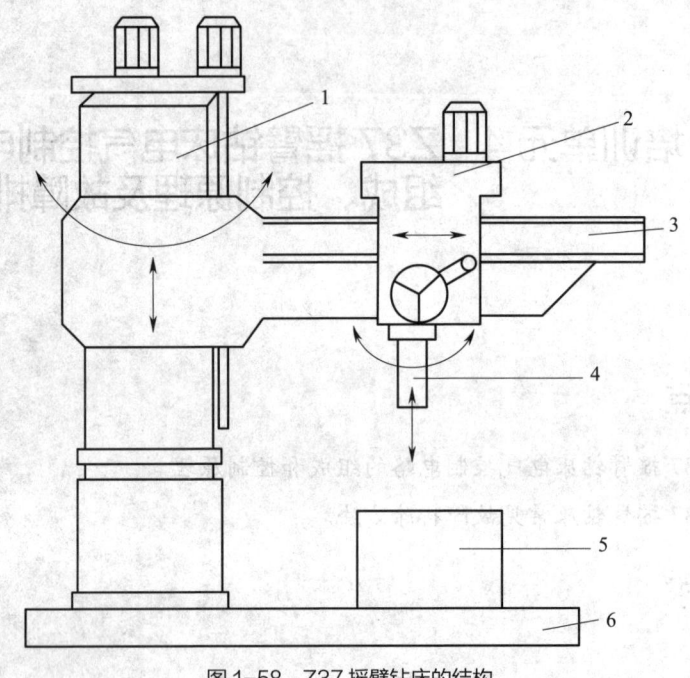

图 1-58 Z37 摇臂钻床的结构
1—内、外立柱 2—主轴箱 3—摇臂 4—主轴 5—工作台 6—底座

2. 电力拖动特点及控制要求

（1）由于 Z37 摇臂钻床的相对运动部件较多，故采用多台电动机拖动，以简化传动装置。主轴电动机 M2 承担钻削及进给任务，只要求单向旋转。主轴的正反转一般通过正反转摩擦离合器来实现，主轴转速和进刀量用变速机构调节。摇臂的升降和立柱的夹紧放松由电动机 M3 和 M4 拖动，要求双向旋转。冷却泵用电动机 M1 拖动。

（2）该钻床的各种工作状态都通过十字开关 SA 操作，为防止十字开关手柄停在工作位置时因接通电源而产生误动作，本控制电路设有零压保护环节。

（3）摇臂的升降要求有限位保护。

（4）摇臂的夹紧与放松由机械和电气联合控制；外立柱和主轴箱的夹紧与放松由电动机配合液压装置来完成。

（5）钻削加工时，需要对刀具及工件进行冷却，由电动机 M1 拖动冷却泵输送冷却液。

二、Z37 摇臂钻床电气控制电路原理分析

Z37 摇臂钻床电气原理图如图 1-59 所示。

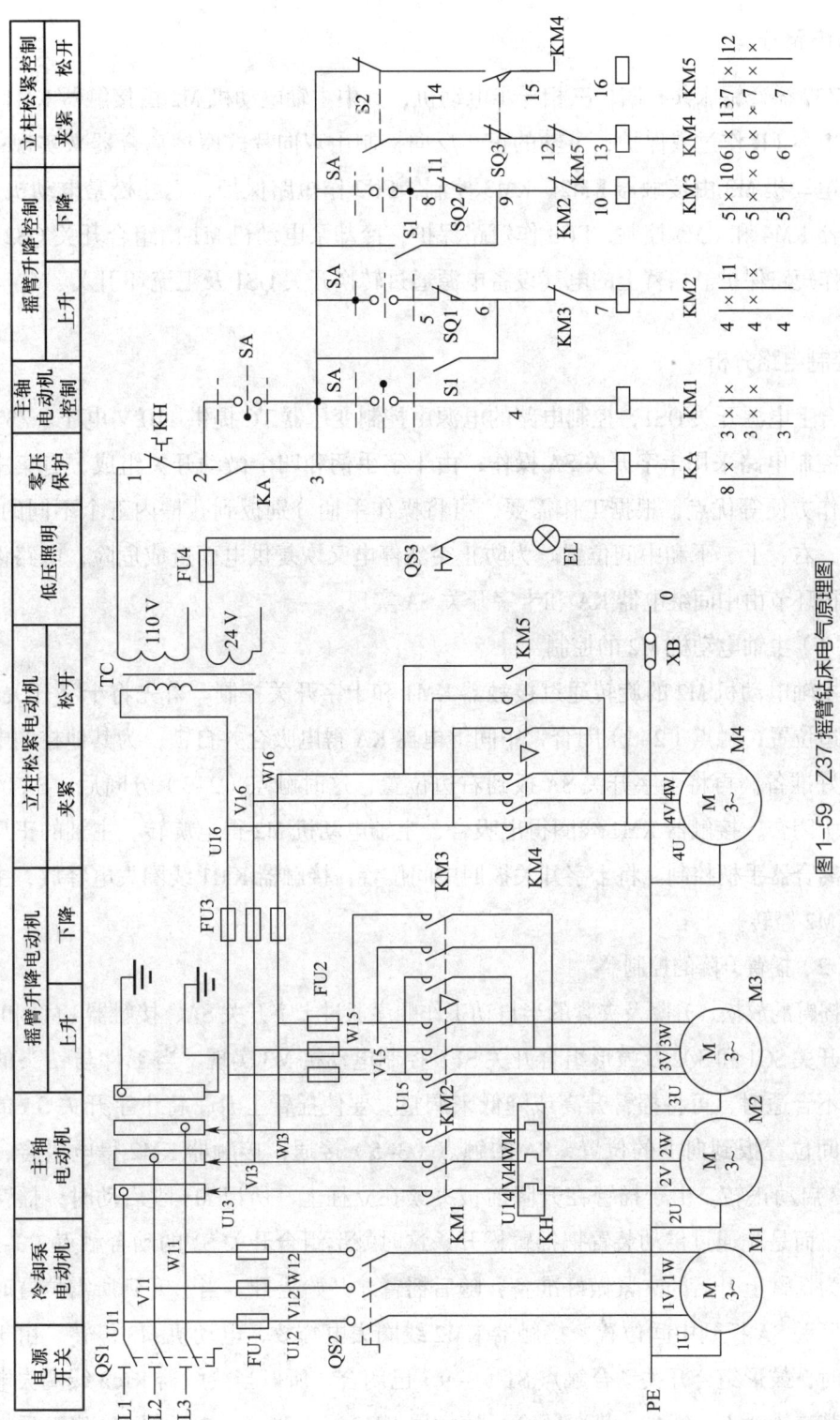

图1-59 Z37摇臂钻床电气原理图

1. 主电路分析

Z37 摇臂钻床共有四台三相异步电动机，其中主轴电动机 M2 由接触器 KM1 控制，热继电器 FR 作过载保护；主轴的正、反向控制由双向片式摩擦离合器来实现；摇臂升降电动机 M3 由接触器 KM2、KM3 控制，FU2 作短路保护；立柱松紧电动机 M4 由接触器 KM4 和 KM5 控制，FU3 作短路保护；冷却泵电动机 M1 由组合开关 QS2 控制，FU1 作短路保护。摇臂上的电气设备电源通过转换开关 QS1 及汇流环引入。

2. 控制电路分析

合上电源开关 QS1，控制电路的电源由控制变压器 TC 提供 110 V 电压。Z37 摇臂钻床控制电路采用十字开关 SA 操作，由十字手柄和四个微动开关组成，有集中控制和操作方便等优点，根据工作需要，可将操作手柄分别扳到孔槽内五个不同的位置，即左、右、上、下和中间位置。为防止突然停电又恢复供电而造成危险，电路设有零压保护环节由中间继电器 KA 和十字开关 SA 实现。

（1）主轴电动机 M2 的控制

主轴电动机 M2 的旋转通过接触器 KM1 和十字开关控制。首先将十字开关 SA 扳到左边位置，触点（2-3）闭合，中间继电器 KA 得电吸合并自锁，为其他控制电路接通做好准备。再将十字开关 SA 扳到右边位置，这时触点（2-3）分断后，SA 的触点（3-4）闭合，接触器 KM1 线圈得电吸合，主轴电动机 M2 得电旋转。主轴的正反转由摩擦离合器手柄控制。将十字开关扳回中间位置，接触器 KM1 线圈失电释放，主轴电动机 M2 停转。

（2）摇臂升降的控制

摇臂的放松、升降及夹紧的半自动工作顺序通过十字开关 SA、接触器 KM2 和 KM3、行程开关 SQ1 及 SQ2 及鼓形组合开关 S1、控制电动机 M3 实现。当工件与钻头的相对高度不合适时，可将摇臂升高或降低来调整。要使摇臂上升，将十字开关 SA 的手柄从中间位置扳到向上的位置，SA 的触点（3-5）接通，接触器 KM2 得电吸合，电动机 M3 启动正转。由于摇臂在升降前被夹紧在立柱上，所以 M3 刚启动时，摇臂不会上升，而是先通过传动装置把摇臂松开，这时鼓形组合开关 S1 的动合触点（3-9）闭合，为摇臂上升后的夹紧做好准备，随后摇臂才开始上升。当上升到所需位置时，将十字开关 SA 扳到中间位置，接触器 KM2 线圈失电释放，电动机 M3 停转。由于摇臂松开时，鼓形组合开关动合触点 S1（3-9）已闭合，所以当接触器 KM2 线圈失电释放时，其连锁触点（9-10）恢复闭合，接触器 KM3 得电吸合，电动机 M3 启动反转，带动机械夹紧机构将摇臂夹紧。夹紧后鼓形开关 S1 的动合触点（3-9）断开，接触器 KM3 线圈失电释放，电动机 M3 停转。

要使摇臂下降，可将十字开关 SA 扳到向下位置，SA 的触点（3-8）闭合，接触器 KM3 线圈得电吸合，其余动作情况与上升时相似，不再细述。

由以上分析可知摇臂的升降是由机械、电气联合控制实现的，能够自动完成摇臂松开 – 摇臂上升（或下降）– 摇臂夹紧的过程。

为使摇臂上升或下降不致超出允许的极限位置，在摇臂上升和下降的控制电路中分别串入行程开关 SQ1 和 SQ2 作限位保护。

（3）立柱夹紧与松开的控制

钻床正常工作时，外立柱夹紧在内立柱上，要使摇臂和外立柱绕内立柱转动，应首先扳动手柄放松外立柱。立柱的松开与夹紧靠电动机 M4 的正反转拖动液压装置完成。

电动机 M4 的正反转由组合开关 S2 和行程开关 SQ3、接触器 KM4 和 KM5 实现。行程开关 SQ3 由主轴箱与摇臂夹紧的机械手柄操作，拨动手柄使 SQ3 的动合触点（14-15）闭合，接触器 KM5 线圈得电吸合，电动机 M4 拖动液压泵工作，使立柱夹紧装置放松。当夹紧装置完全放松时，组合开关 S2 的动断触点（3-14）断开，使接触器 KM5 线圈失电释放，电动机 M4 停转，同时 S2 的动合触点（3-11）闭合，为夹紧做好准备。当摇臂转动到所需位置时，只需扳动手柄使行程开关 SQ3 复位，其动合触点（14-15）断开，而动断触点（11-12）闭合，接触器 KM4 线圈得电吸合，电动机 M4 带动液压泵反向运转，就可以完成立柱的夹紧动作。完全夹紧后，组合开关 S2 复位，其动合触点（3-11）分断，动断触点（3-14）闭合，接触器 KM4 的线圈失电，电动机 M4 停转。

Z37 摇臂钻床的主轴箱在摇臂上的松开与夹紧和立柱的松开与夹紧是由同一台电动机 M4 拖动液压机构完成的。

（4）照明电路

照明电路的电源由变压器 TC 将 380 V 的交流电压降为 24 V 的安全电压来提供。照明灯 EL 由开关 QS3 控制，由熔断器 FU4 作短路保护。

技能要求

Z37 摇臂钻床电气故障排除

一、操作要求

1. 分析工作原理。

2. 根据故障现象，分析可能出现该故障的原因。

3. 使用万用表测量控制线路,查找故障的实际位置。

4. 更换损坏的器件,排除线路的各类故障,使电路正常工作。

5. 不能降低原电路的安装和接线工艺要求。

二、操作准备

1. Z37 摇臂钻床或模拟电路控制板。

2. 电工常用工具。

3. 万用表。

三、操作步骤

1. 通电前检查。

2. 观察故障现象,分析故障原因并找出故障位置。

3. 排除故障,通电测试。

四、注意事项

检修中应注意三相电源相序与电动机转动方向的关系,否则会发生上升和下降方向颠倒、电动机开停失控、行程开关不起作用等故障,造成机械事故。

职业模块二 电气设备（装置）装调维修

- 培训项目一　可编程控制器控制电路装调
- 培训项目二　常见电力电子装置维护

培训项目一　可编程控制器控制电路装调

培训单元1　可编程控制器的认识及外围线路的接线

培训重点

1. 了解可编程控制器的结构、特点。
2. 掌握可编程控制器的原理与控制方式。

知识要求

一、可编程控制器的定义、结构与特点

在现代化生产过程中，许多自动控制设备、自动化生产线都需要配备电气控制装置。以往的电气控制装置主要采用继电器、接触器或电子元件，用连接导线将这些器件按照一定的工作程序组合在一起，以完成一定的控制功能，这种控制叫作接线程序控制。在接线程序控制装置中，指令元件有按钮、开关、时间继电器、压力继电器、温度继电器、过流继电器、过压继电器等，产生输入信号；电气控制装置的输出信号用于控制接触器、继电器、电磁阀等对象。这样的电气控制装置体积大，生产周期长，接线复杂、故障率高、可靠性差，控制功能略加变动，就需重新组合、改变接线，十分不便。

1968年，美国通用汽车公司（GM）为适应生产工艺不断更新的需要，提出一种设想：把计算机功能完善、通用、灵活等优点和继电器控制系统简单易懂、操作方便、价格便宜等优点结合起来，制成一种通用控制装置。这种通用控制装置可以把计算机的编程方法和程序输入方式简化，采用面向控制过程和对象的语言编程，使不熟悉计算机的人也能方便地使用。根据这一设想，美国数字设备公司（DEC）于1969年研制成功了第一台可编程控制器PDP-14，并在汽车自动装配线上成功试用。该控制器用计

算机作为核心设备,其控制功能通过存储在计算机中的程序来实现,即存储程序控制。由于当时主要用于顺序控制,只能进行逻辑运算,故也称为可编程序逻辑控制器。

可编程控制器(programmable logic controller,简称为 PLC)是一种在电器控制技术和计算机技术的基础上开发出来的数字运算操作的电子系统,采用可以编制程序的存储器,执行存储逻辑运算和顺序控制、定时、计数和算术运算等操作的指令,并通过数字或模拟的输入(I)和输出(O)接口,控制各种类型的机械设备或生产过程。可编程控制器逐渐发展成为以微处理器为核心,把自动化技术、计算机技术、通信技术融为一体的新型工业控制装置,已被广泛应用于各种生产机械和生产过程的自动控制中。

1. PLC 的分类

PLC 一般按控制规模的大小及结构特点进行分类。

(1)按控制规模分类,可分为大型机、中型机和小型机,如图 2-1 所示。

图 2-1　PLC 按控制规模分类
a)小型机　b)中型机　c)大型机

1)小型机。小型机的控制点一般在 256 点之内,适合单机控制或小型系统的控制。如日本 OMRON 公司的 CQM1,其输入输出的点数为 192 点;三菱公司的 FX_{2N},其输入输出的点数为 256 点;德国 SIEMENS 公司的 S7-200,其输入输出的点数为 248 点。

2)中型机。中型机的输入输出总点数一般在 256~2 048 点,用户程序存储器容量达到(2~8)K 字。中型机不仅具有开关量和模拟量的控制功能,还具有更强的数字计算能力、通信功能和模拟量处理能力,适用于复杂的逻辑控制系统以及连续生产过程控制场合,可用于对设备进行直接控制,还可对多个下一级的可编程序控制器进行监控。如日本 OMRON 公司的 C200HG,其数字量输入输出的点数为 1 184 点,并提供 MPI(一个跨语言的通信协议,用于编写并行计算机)、PROFIBUS(一个用在自动化技术的现场总线标准)、工业以太网等网络功能。

3)大型机。大型机的输入输出总点数在 2 048 点以上,用户程序存储容量可达(8~16)K 字,具有计算、控制和调节的功能,还具有强大的网络结构和通信联网能力。大型机适用于设备自动化控制、过程自动化控制和过程监控系统等，可用于对设备进行直接控制，还可以对多个下一级的可编程序控制器进行监控。

（2）按结构特点分类，可分为整体式和模块式，如图2-2所示。

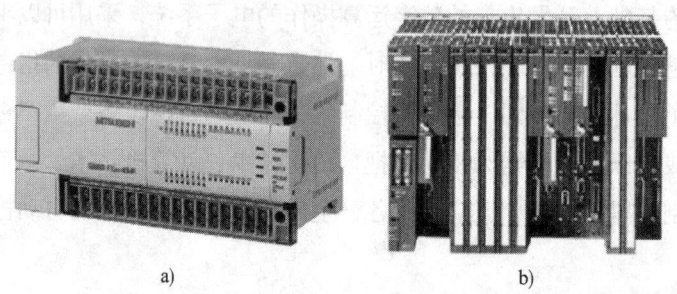

图2-2　PLC按结构特点分类
a）整体式　b）模块式

1）整体式。整体式结构的PLC，把电源、CPU、存储器、I/O系统都集成在一个单元内，该单元叫作基本单元。一个基本单元就是一台完整的PLC。控制点数不符合需要时，可再接扩展单元。整体式结构的特点是非常紧凑、体积小、成本低、安装方便。

2）模块式。模块式结构的PLC，把PLC系统的各个组成部分按功能分成若干个模块，如CPU模块、输入模块、输出模块、电源模块等。各模块功能比较单一，但模块的种类很丰富，除了一些基本的I/O模块外，还有一些特殊功能模块，如温度检测模块、位置检测模块、PID控制模块、通信模块等。模块式结构的特点是模块尺寸统一，安装整齐，I/O点选型自由，安装调试、扩展、维修灵活方便。

2. PLC的基本结构

PLC有许多品种和类型，但其基本结构相同，主要由中央处理器（CPU）、存储器、输入、输出电路、电源及编程器等外部设备组成，如图2-3所示。

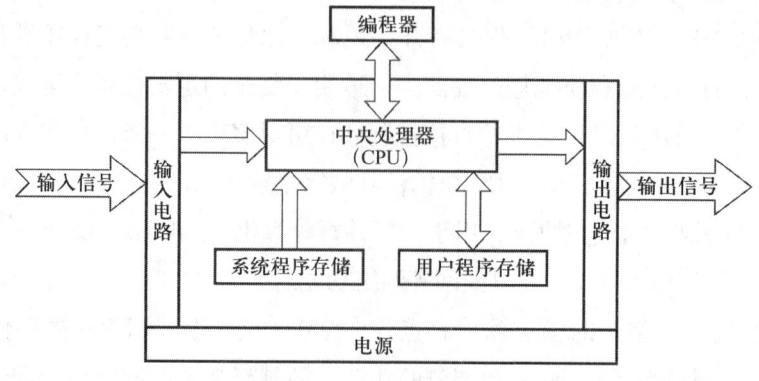

图2-3　PLC的基本结构

（1）中央处理器（CPU）

中央处理器是系统的核心部件，由大规模或超大规模的集成电路微处理芯片构成，主要完成运算和控制任务，可以接收并存储从编程器输入的用户程序和数据。CPU 进入运行状态后，用扫描的方式接收输入装置的状态或数据，从内存逐条读取用户程序，通过解释后按指令的规定产生控制信号，执行数据的存取、传送、比较和变换等处理过程，完成用户程序所设计的逻辑或算术运算任务，并根据运算结果控制输出设备。PLC 中的 CPU 多使用 8 位到 32 位字长的单片机。

（2）存储器单元

存储器单元按物理性能可以分为随机存储器和只读存储器两类。

1）随机存储器（RAM）由一系列寄存器阵组成，每位寄存器可以代表一个二进制数，在刚开始工作时，它的状态是随机的，只有经过置"1"或清"0"操作后，它的状态才确定。若关闭电源，则其状态丢失。这种存储器可以进行读、写操作，主要用来存储输入、输出状态、计数、计时以及存储系统组态参数。为防止断电后数据丢失，可采用后备电源进行数据保护。

2）只读存储器有两种，一种是不可擦除 ROM，这种存储器只能写入一次，不能改写；另一种是可擦除 EPROM 和 EEPROM，这种存储器经过擦除以后还可以重写，其中 EPROM 只能用紫外线擦除内部信息，EEPROM 可以用电擦除内部信息。只读存储器主要用来存储程序。

（3）电源单元

PLC 配有开关电源，电源的交流输入端一般都有滤波电路，交流输入电压范围一般都比较宽，抗干扰能力比较强。有些 PLC 还配有大容量电容作为后备电源，停电 50 h 内都可进行数据保护。

一般直流 5 V 电源供可编程序控制器内部使用，直流 24 V 电源供输入、输出端和各种传感器使用。

（4）输入、输出单元

中央处理单元与输入、输出设备的联系，是由输入单元和输出单元实现的。

输入单元用于处理输入信号，对输入信号进行滤波、隔离、电平转换等，把输入信号的逻辑值安全、可靠地传递到 PLC 内部。输入单元有直流输入模块、交流输入模块和交直流输入模块 3 种类型。

输出单元用于把用户程序的逻辑运算结果输出到 PLC 外部，具有隔离 PLC 内部电路和外部执行元件的作用，还具有功率放大的作用。输出单元有三极管输出模块、晶闸管输出模块和继电器输出模块 3 种类型。

(5) 外部设备

PLC 的外部设备主要有编程器、文本显示器、操作面板、人机界面、打印机等。其中编程器是 PLC 的重要外部设备，利用编程器可进行 PLC 程序编程、调试和监控，是应用 PLC 不可缺少的部分。编程器有简易编程器和智能编程器（专用图形编程器和计算机软件编程器）。简易编程器功能较少，一般只能用指令语句表的形式进行编程，但价格便宜、体积小、质量轻、便于携带；适合小型 PLC 使用。但随着技术水平提高，智能编程器应用已越来越广泛。

3. PLC 的特点

1）可靠性高、抗干扰能力强。PLC 是专为工业环境下应用而设计制造的，在硬件和软件方面采取了一系列抗干扰措施，如在硬件方面采用光电隔离和滤波等抗干扰措施和密封、防尘、抗振的外壳封装结构；在软件方面设置故障检测与自诊断程序、状态信息保护功能等抗干扰措施，能适应各种恶劣的工作环境。一般 PLC 平均无故障时间可高达 30 万小时。

2）系统扩充方便、组合灵活，用户应用控制程序可变、柔性强。PLC 不仅具有逻辑运算、顺序控制、计时、计数等功能，还具有数值运算、数据处理和模数转换（A/D）、数模转换（D/A）等功能。因此，PLC 既可以进行开关量控制，又可以进行模拟量控制，可以用于各种规模的工业控制场合。对应于不同的控制要求，只要选用相应的模块和编制不同的程序就可以实现。

3）编程简单、易学易用。可编程控制器是在电气继电器控制系统基础上发展起来的，其编程语言面向现场和用户，采用类似继电器控制系统的梯形图编程语言，编程简单，易学易用，使用方便。

4）系统设计、调试时间短，安装简单，维修方便。可编程控制器采用软件编程来代替继电器控制的硬连线，大大简化了繁重的安装和接线工作，缩短了设计、施工、调试周期。PLC 还具有完善的自诊断功能、运行状态监控和显示功能、故障状态显示功能，便于调试与维护。

5）体积小、能耗低。可编程控制器是专为工业控制设计的专用计算机，结构紧凑、体积小、能耗低、质量轻，容易装入机械设备内部，是实现机电一体化的理想控制器。

二、可编程控制器的工作原理与控制方式

PLC 采用循环扫描的工作方式，其扫描过程如图 2-4 所示。

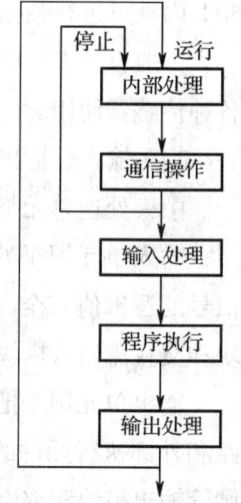

图 2-4 PLC 的扫描过程

当 PLC 处于"停止（STOP）"工作状态时，只进行内部处理和通信操作；当 PLC 处于"运行（RUN）"工作状态时，顺序执行内部处理、通信操作、输入处理、程序执行和输出处理。

PLC 运行时周期性地循环执行上述操作，1 次循环称为 1 个扫描周期。PLC 的扫描过程中最主要的是输入处理、程序执行和输出处理三个阶段，如图 2-5 所示。

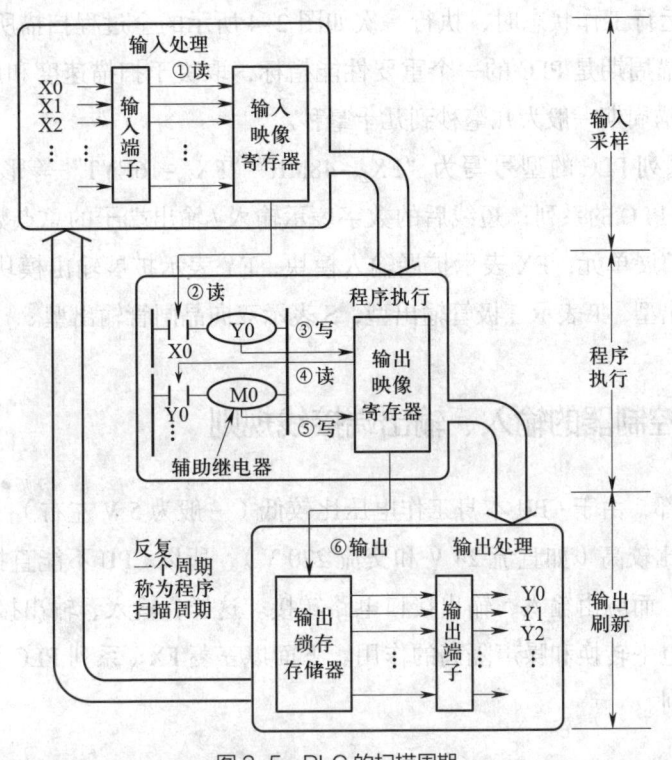

图 2-5 PLC 的扫描周期

1. 输入处理阶段

输入处理也称输入采样。CPU 顺序读入所有输入端子（不论输入端接线与否）的状态，将读到的输入继电器的通断（1 或 0）状态存入各自对应的输入映像寄存器。在程序执行阶段，若输入状态发生变化，其读入的输入信号内容不变，只有在下一个扫描周期的输入采样阶段才能重新把变化后的输入状态存入输入映像寄存器。

2. 程序执行阶段

CPU 按照先上后下、先左后右的顺序逐"步"读取指令，并根据读入的输入、输出状态进行相应的运算，将运算结果存入输出映像寄存器。

3. 输出处理阶段

输出处理也称输出刷新，是一个程序执行周期的最后阶段。程序执行完毕后，把输出映像寄存器中的通断状态送到输出锁存存储器，通过输出接口控制外部执行部件（如继电器、接触器等）的相应动作，然后又返回去进行下一个周期循环的扫描。

PLC 处于运行工作状态时，执行一次如图 2-4 所示的全过程扫描所需的时间称为扫描周期。扫描周期是 PLC 的一个重要性能指标，取决于扫描速度和用户程序长短，小型 PLC 的扫描周期一般为几毫秒到几十毫秒。

三菱 FX 系列 PLC 的型号写为 "FX_{2N}-48MR" "FX_{2N}-16EYT" 等形式。其中短线前的 FX_{2N} 表示 PLC 的系列；短线后的数字表示输入/输出端子的总点数；M 表示基本单元，E 表示扩展单元，EX 表示扩展输入模块，EY 表示扩展输出模块；最后一位 R 表示继电器输出型，T 表示三极管输出型，S 表示双向晶闸管输出型。

三、可编程控制器的输入、输出端接线规则

在 PLC 内部，由于 CPU 本身工作电压比较低（一般为 5 V 左右），而输入、输出信号电压一般比较高（如直流 24 V 和交流 220 V），所以 CPU 不能直接与外部输入、输出装置连接，而应由输入、输出接口电路转接。这样，输入、输出接口电路除传递信号外，还有电平转换和噪声隔离的作用。下面以三菱 FX_{2N} 系列 PLC 为例介绍输入、输出端接线规则。

1. 输入输出接口的基本结构

三菱 FX_{2N} 系列 PLC 的外形如图 2-6 所示，图中电源接线端子 "L" "N" 分别接

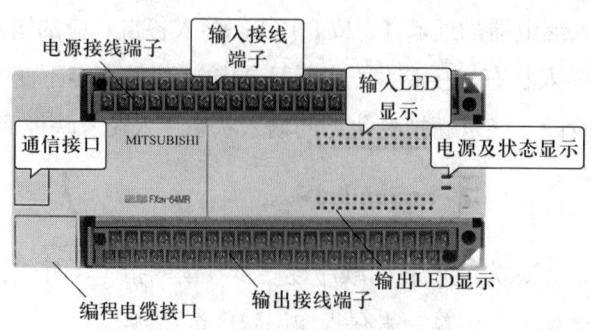

图 2-6　三菱 FX_{2N} 系列 PLC 的外形

单相交流电源的"火线"和"中性线","⏚"端子接地。而外部的输入设备及输出设备应连接到 PLC 的输入或输出接线端子上。

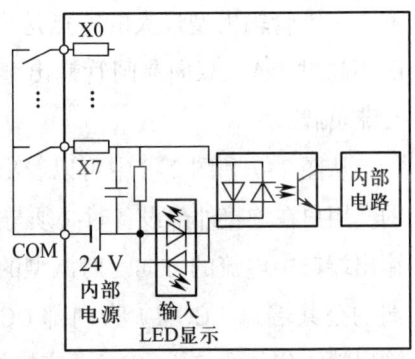

三菱 FX_{2N} 系列 PLC 的输入接口电路如图 2-7 所示,外部输入开关通过输入端与 PLC 连接。输入接口电路的一次电路与二次电路间用光耦合器隔离,在电路中设有 RC 滤波器,以消除输入触点的抖动和沿输入线引入的外部噪声的干扰。外部输入从 ON→OFF 或从 OFF→ON 变化时,PLC 内

图 2-7 FX_{2N} 系列 PLC 的输入接口电路

部有约 10 ms 的响应滞后。当输入开关闭合时,一次电路中流过电流,输入指示灯亮,光耦合器的发光二极管发光,光敏三极管从截止状态变为饱和导通状态,PLC 的输入数据产生了 0 和 1 的状态改变。

三菱 FX_{2N} 系列 PLC 的输出接口电路如图 2-8 所示,输出电路的负载电源须由外部提供。继电器输出型是当 CPU 有输出时,接通或断开输出电路中继电器的线圈,继电器的接点闭合或断开,通过该接点控制外部负载电路的通断。很显然,继电器输出利用了继电器的接点和线圈,将 PLC 的内部电路与外部负载电路进行了电气隔离。继电器触点上允许流过的电流为 2 A。三极管输出型是通过光电耦合使三极管截止或饱和,以控制外部负载电路,并同时对 PLC 内部电路和输出三极管电路进行了电气隔

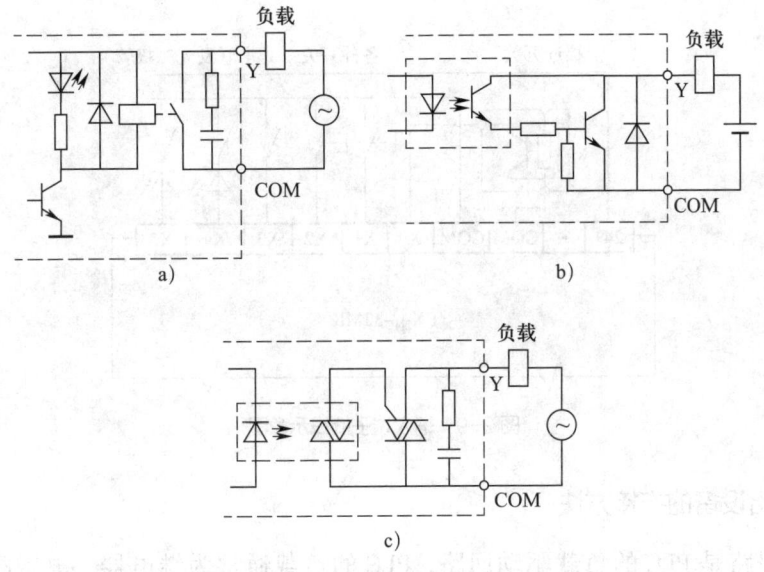

图 2-8 FX_{2N} 系列 PLC 的输出接口电路

a)继电器输出型 b)三极管输出型 c)双向晶闸管输出型

离。三极管输出型最大的特点是响应速度较快，但只能带直流负载，输出负载电流一般不超过 1 A。双向晶闸管输出型采用了光触发型双向晶闸管进行电气隔离，只能带交流负载。

从图 2-7 和图 2-8 中可以看出，输入端口和三极管输出端口中电流的方向是确定的，用户在连接外部设备时必须与此相符。在 PLC 产品中，用源型或漏型来表示输入/输出端口中电流的方向。对漏型的 PLC，其输入电流从 PLC 内部流出输入端口，输入端的公共端口（COM）为内部 DC24 V 电源的负极；输出电流从输出端口流进 PLC，输出端的公共端口（COMn）应接外部直流电源的负极。对源型的 PLC，其输入电流从输入端口流进 PLC 内部，输入端的公共端口（COM）为内部 DC24 V 电源的正极；输出电流从 PLC 内部流出输出端口，输出端的公共端口（COMn）应接外部直流电源的正极。三菱 FX_{2N} 系列 PLC 为漏型。

2. 常用输入设备的连接方法

外部输入设备通常为按钮、开关、继电器的触点、传感器等，接线时可以将 COM 端子作为各输入元件的公共端，将各输入端子和 COM 端子之间用无源接点或三极管 NPN 集电极开路连接。在触点未接通时，输入端子中无电流流过，输入点的状态为"OFF"（"0"）；而当触点接通时，输入端子中就有电流流过，相对应输入点的状态从"OFF"变为"ON"（"1"）。这时表示输入的 LED 亮灯，该信号送到 PLC 内部。输入端子接线示意图如图 2-9 所示。

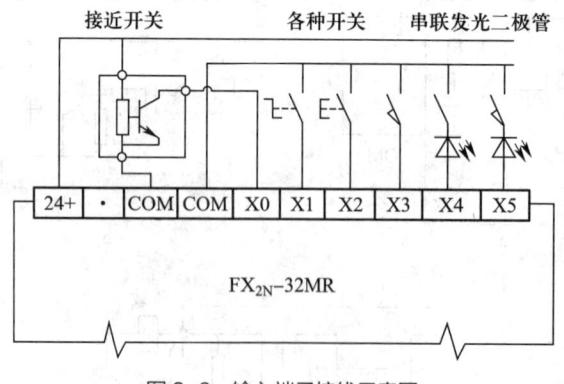

图 2-9 输入端子接线示意图

3. 常用输出设备的连接方法

输出回路是 PLC 的负载驱动回路，PLC 的负载通常为继电器、电磁阀、指示灯等，PLC 仅提供输出点，通过输出点将负载和驱动电源连接成一个回路，负载的状态由 PLC 输出点控制。负载的驱动电源需外接，其规格根据负载的需要和 PLC 输出接口类型、规格进行选择。

在 FX_{2N} 系列 PLC 的输出接口中，若干输出端子构成一组，共用一个输出公共端，各组的输出公共端相互独立，用 COM1、COM2 等表示。共用一个公共端的同一组输出端子必须用同一电源类型和同一电压等级的负载驱动电源，但不同的公共端组可使用不同电源类型和电压等级的负载驱动电源。如 Y0~Y3 共用 COM1，Y4~Y7 共用 COM2，Y10~Y13 共用 COM3，如果 Y0~Y3 组和 Y4~Y7 组共用 AC220 V 的负载驱动电源，则 Y10~Y13 组使用的负载驱动电源可以为 DC24 V。输出端子接线示意图如图 2-10 所示。

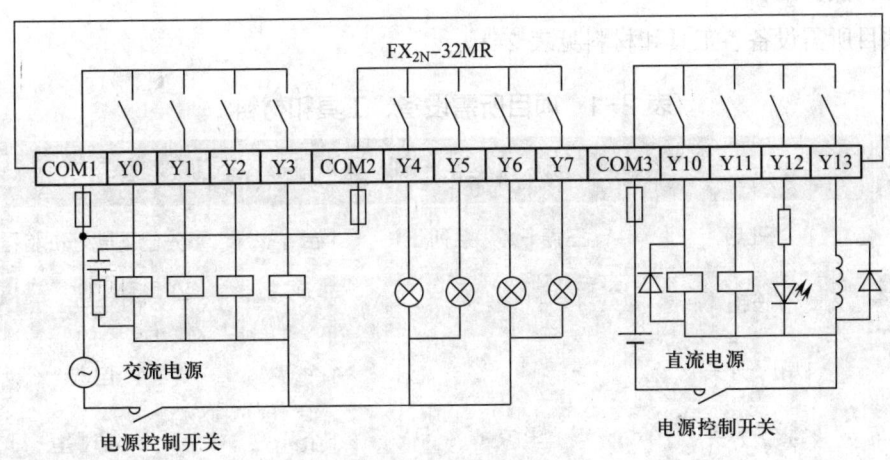

图 2-10 输出端子接线示意图

4. 接线注意事项

（1）接地最好采用独立接地，也可以采用共用接地（1 点接地），但不可采用与其他设备公共接地的方式（见图 2-11）。接地线必须用直径为 2 mm² 以上的电线，接地电阻必须小于 100 Ω。

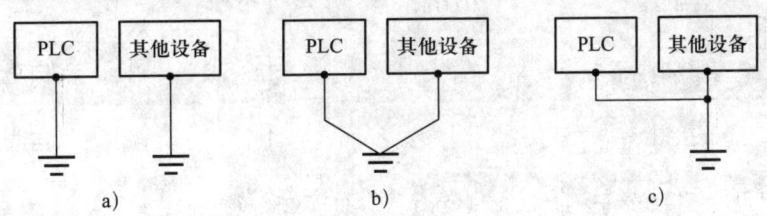

图 2-11 PLC 的接地方式
a）专用接地（最好） b）共用接地（可以） c）公共接地（不可）

（2）为得到可靠的输入状态，当输入元件的触点上串联有 LED 时，应把 LED 上的电压降控制在 4 V 以下。

（3）空端子"·"上不可接线，以免损伤 PLC。

技能要求

三菱 FX$_{2N}$ 系列 PLC 的接线

一、操作要求

1. 在 PLC 输入端口上正确连接按钮、开关、接近开关。
2. 在 PLC 输出端口上正确连接指示灯、继电器。

二、操作准备

项目所需设备、工具和材料见表 2-1。

表 2-1 项目所需设备、工具和材料

序号	名称	规格型号	数量	备注
1	PLC	三菱 FX$_{2N}$ 系列	1 台	事先已下载好试验程序
2	按钮		2 个	自选
3	钮子开关		1 个	自选
4	接近开关	电感式	1 个	NPN 型
5	指示灯	24 V	1 个	
6	继电器	DC24 V	1 个	带底座
7	二极管	1N4001	1 个	
8	直流电源	DC24 V，2 A	1 台	
9	十字旋具	75 mm	1 个	
10	剥线钳		1 个	自选
11	压接钳		1 个	自选
12	U 型冷压接线端子	4 mm	30 个	
13	软导线	0.8 mm^2	10 m	分红、蓝、黑等几种颜色

三、操作步骤

1. 按要求在 PLC 输入端口上连接按钮、开关、接近开关

如图 2-12 所示，在"L""N"端子上接好电源线，将接近开关 SQ1 接到输入端子 X0 上，钮子开关 SA1 接到 X1 上，2 个按钮的常开触点 SB1 和 SB2 分别接到 X2 和 X3 上。SQ1 的输出引线中，棕色引线接到 PLC 的"24+"上，蓝色引线接到输入公共端 COM 上，黑色引线接到 X0 上。接线时，要用压接钳在各导线上压接 U 型接线端头，且每个端子最多只可接 2 根线。

2. 按要求在 PLC 输出端口上连接指示灯、继电器

如图 2-12 所示，用压接好接线端头的软接线将继电器底座上线圈的一端接到输出端子 Y0 上，指示灯的一端接到 Y1 上，直流电源 24 V 的正极接到 PLC 输出的公共端 COM1 上，负极与继电器线圈和指示灯的另一端接在一起，并在继电器底座上线圈的两端并接上续流二极管。接线时应注意继电器线圈及指示灯有无极性要求，如有极性要求，则应注意将其正极的一端接到 PLC 的输出端子上；续流二极管的阴极也应接在线圈正极一端。

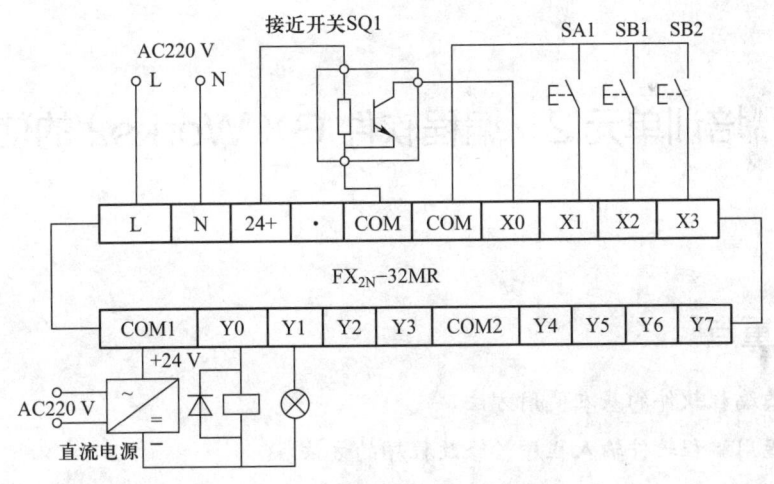

图 2-12 输入、输出端口接线图

3. 操作输入元件，观察输出元件的状态

接通 24 V 直流电源和 PLC 的电源。PLC 的运行模式开关先放置在"STOP"位置，分别执行拨动钮子开关、按下按钮、将金属物体移近接近开关等动作，观察 PLC 输入指示灯的状态变化。再将运行模式开关放置在"RUN"位置，在程序运行的状态下，先后按下按钮 SB1 和 SB2，观察继电器和 PLC 上输出指示灯的状态变化；将金属物体移近和离开接近开关，观察在钮子开关接通和断开情况下指示灯的亮、暗变化。

四、注意事项

1. 输入端口上 COM 端和"24+"端子的接法

输入端口中，COM 端是各输入元件的公共端，"24+"端子是内部直流 24 V 电源的正极，内部直流 24 V 电源仅供接输入元件及作接近开关的电源使用，不可作负载驱动电源使用。驱动接近开关、光电开关等传感器时，传感器的正、负极分别接到"24+"和 COM 端；传感器的输出三极管应选 NPN 集电极开路型，集电极接到 PLC 的输入端子上。

2. COM 端熔断器的使用

为防止负载短路等故障烧断 PLC 内部的印制线路板电路铜箔或损坏输出继电器，应在每组（每 4 点）输出端子的公共端 COM 上设置 1 个 5 A 的熔断器。

3. 加接过电压保护电路

为保护 PLC 的输出电路，在带电感性负载（如继电器、电磁阀线圈等）时，应加接过电压保护电路，直流感性负载应接续流二极管，交流感性负载应接浪涌吸收器（电容器 $0.1\ \mu F$，电阻器 $100\ \Omega$）。

培训单元 2　编程软件 GX Works2 的使用

培训重点

1. 熟悉编程软件的基本使用方法。
2. 掌握用编程软件输入程序、修改程序的方法。
3. 掌握向 PLC 下载程序的方法。

知识要求

三菱 PLC 的 GX Works2 是专为 FX 系列 PLC 设计的编程软件，可在 Windows 操作系统环境下运行，其界面和帮助文件都已经汉化且功能较强。

一、GX Works2 的主要功能

1. 可用梯形图、指令表来创建 PLC 的程序,并可将程序存储为文件,可打印。

2. 通过计算机的串口,用 SC-09 型编程电缆和 PLC 连接,可将用户程序下载到 PLC 中,也可将 PLC 中(未设置口令)的用户程序读入计算机。

3. 可以实现各种监控和测试功能,例如梯形图监控,元件监控,强制 ON/OFF,改变 T、C、D 的当前值等。

二、GX Works2 的安装、启动和退出

1. GX Works2 的安装

三菱 PLC 编程软件 GX Works2 的安装软件包中包括安装程序"seteup.exe"和"序列号 .txt"。双击安装文件"seteup.exe"的图标,即会进入安装向导,点击"下一步"按钮,如图 2-13 所示。

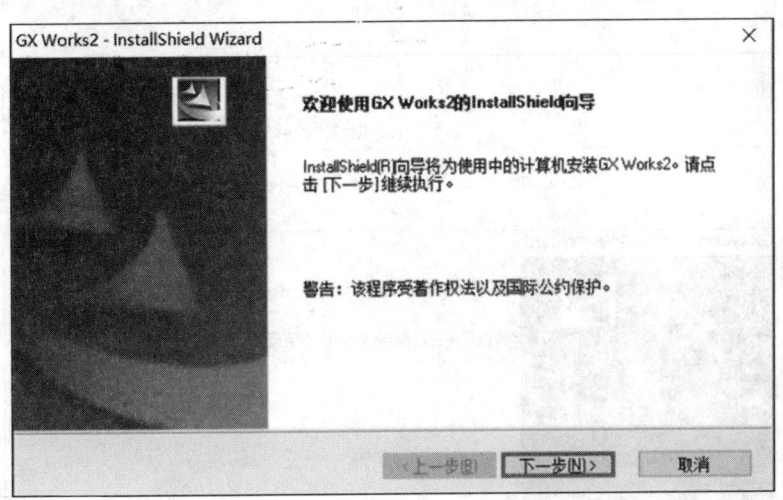

图 2-13　GX Works2 的安装向导界面 1

这一步输入产品 ID 可以在"序列号 .txt"文件选择一个,点击"下一步"按钮,如图 2-14 所示。

选择安装文件夹,点击"下一步"按钮,如图 2-15 所示。

等待安装文件传输完成,安装完成后,点击"结束"按钮即可,如图 2-16 所示。

图 2-14　GX Works2 的安装向导界面 2

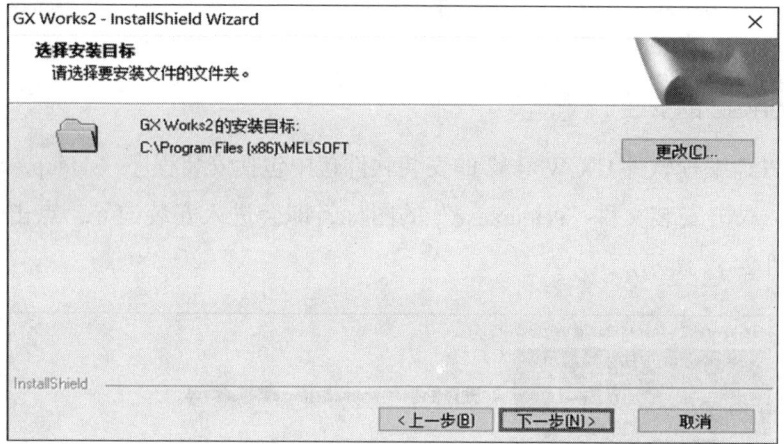

图 2-15　GX Works2 的安装向导界面 3

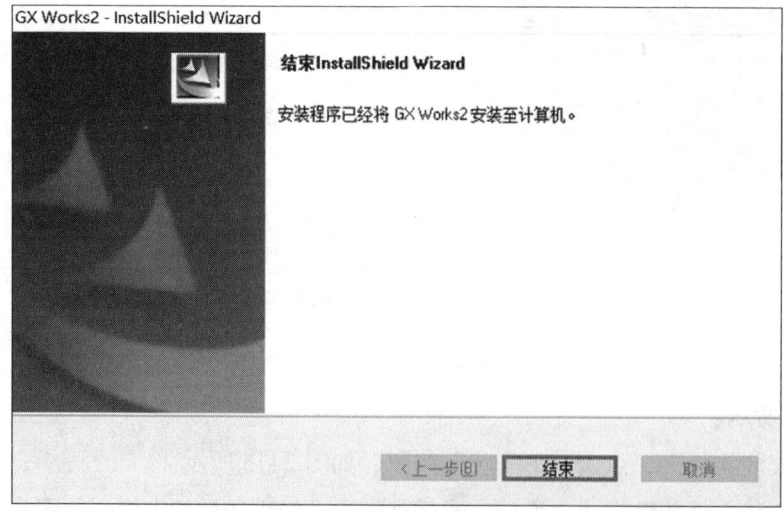

图 2-16　GX Works2 的安装向导界面 4

2. GX Works2 的启动和退出

安装好软件后,在桌面上会自动生成 GX Works2 的图标,如图 2-17 所示,鼠标双击该图标即可打开编程软件。

在已打开的软件界面中执行菜单命令"工程"→"退出",即可退出编程软件,如图 2-18 所示。

图 2-17 GX Works2 的图标

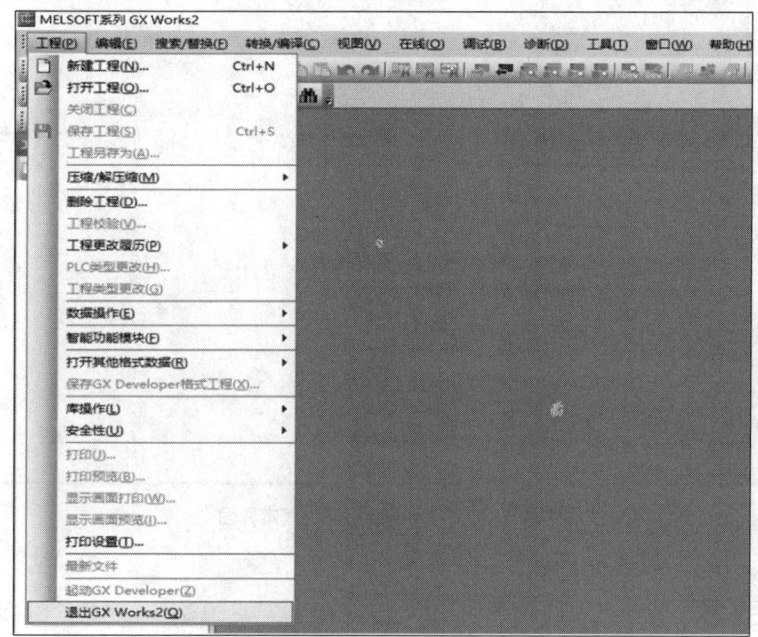

图 2-18 GX Works2 的退出界面

三、GX Works2 的基本界面及编辑画面的切换

在打开的界面中执行菜单命令"工程"→"新建工程",在新建工程对话框中选择 PLC 系列、类型和程序语言,如图 2-19 所示,点击"确定"后即进入编程软件 GX Works2 的基本界面。

在编程软件 GX Works2 基本界面的上部有菜单命令行和工具栏图标行,中间是编辑画面,PLC 的梯形图程序就是在此画面中进行录入或修改的,如图 2-20 所示。

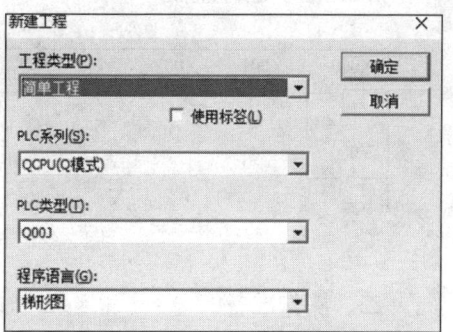

图 2-19 选择 PLC 系列、类型和程序语言

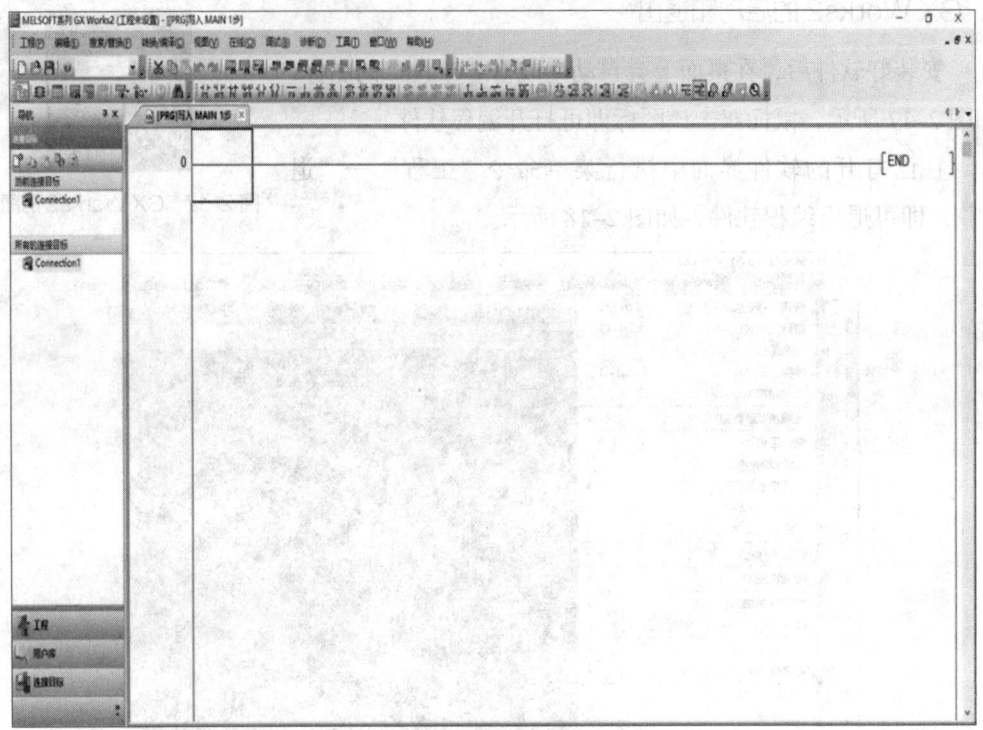

图 2-20　GX Works2 的基本界面

技能要求

使用编程软件 GX Works2 向 PLC 下载程序

一、操作要求

1. 使用 GX Works2 编程软件输入如图 2-21 所示的电动机启停控制梯形图程序。
2. 将输入的程序传送到 PLC 中。
3. 对程序进行监控。

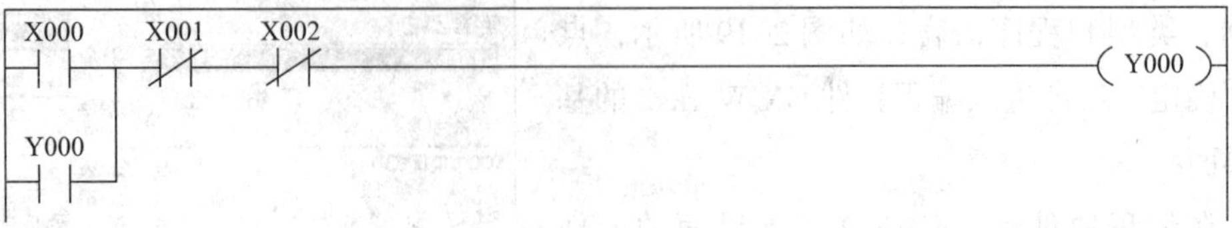

图 2-21　电动机启停控制梯形图程序

二、操作准备

项目所需设备、工具和材料见表 2-2。

表2-2 项目所需设备、工具和材料

序号	名称	规格型号	数量	备注
1	PLC	三菱 FX_{2N} 系列	1台	
2	计算机		1台	装有 GX Works2 编程软件
3	编程电缆	SC-09	1根	RS232C/RS422 转换
4	按钮		3个	
5	软导线	1m/根,两端已压接U型端子	10根	分红、蓝、黑等几种颜色
6	十字旋具		1个	

在断电的情况下,在PLC的电源端子"L""N"上接上交流220 V电源,将PLC上的运行方式开关置于"STOP"位置,检查计算机的串口(RS232C)与PLC的编程接口(RS422)之间是否已用指定的SC-09型通信电缆连接好,确认计算机的串口编号(COM1或COM2)。

按照表2-3在PLC的输入端子X0~X2与COM之间接上启动按钮、停止按钮和代表热继电器触点的按钮(常开触点);接通计算机和PLC电源,启动计算机。

表2-3 输入端口分配表

名称	输入端口	电器元件
启动按钮	X0	SB1
停止按钮	X1	SB2
热继电器	X2	SQ1

三、操作步骤

1. 启动编程软件 GX Works2

双击计算机桌面上的编程软件 GX Works2 图标,启动编程软件。

2. 新建1个工程

在打开的界面中执行菜单命令"工程"→"新建工程",在新建工程对话框中选择PLC系列为"FXCPU"、选择PLC类型为"FX_{2N}/FX_{2NC}"、选择程序语言为梯形图,按"确定"键进入编辑界面。执行菜单命令"工程"→"保存工程",在如图2-22所示的文件保存窗口中的"文件名"一栏中填写文件名,如"TEST",并选择文件保存地址,用鼠标单击"保存"按钮,此文件就已经以"TEST.gxw"为文件名被建立在编程软件默认的文件夹"C:\Users\MI\Desktop"中了。以后可以用"打开"命令打开此程序文件进行修改。

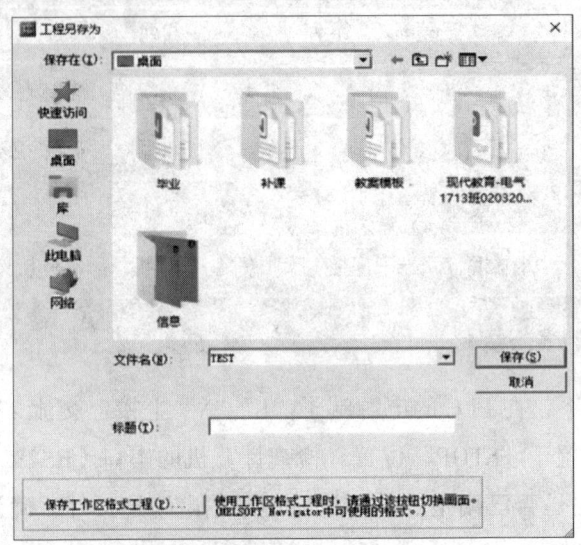

图 2-22 文件保存窗口

3. 在梯形图视图中输入提供的梯形图程序

在梯形图编辑画面中单击菜单命令"视图",在下拉式菜单中选择"功能图",则在梯形图编辑画面中会出现 1 个由各种触点、线段等图标组成的工具窗口,如图 2-23 所示。在功能窗口中单击某个触点或线圈符号并在随后出现的"梯形图输入"窗口(见图 2-24)中填入元件名称和编号并单击"确认"后,此触点或线圈就会出现在编辑画面中光标所在位置上。如果输入的元件名称、编号不正确(如将 X0 输入为 X0.0),画面上就会出现提示窗口标明输入"设置错误"。

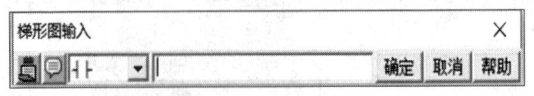

图 2-23 工具窗口

图 2-24 "梯形图输入"窗口

在梯形图编辑画面上按照提供的梯形图程序,选择合适的光标位置,依次输入各触点、线圈和竖线,完成梯形图的录入。注意,在用"|"图标画竖线或用"|DEL"图标删除竖线时,目标对象的位置是在光标的左下方。

在输入梯形图程序时,每完成一部分程序的输入,应及时执行一次菜单命令"转换/编译"→"转换(所有程序)"或"转换"工具图标,使输入的梯形图得到确认,此时灰色背景变为白色背景。

4. 保存程序文件

执行菜单命令"工程"→"保存工程",用鼠标单击"确定"按钮,此程序文件就被保存完毕。

5. 向PLC下载程序

确认PLC的电源已接通、通信电缆已接好、PLC的运行开关处于"STOP"位置,就可以向PLC下载程序了。在下载程序之前,应先检查PLC所设置的通信端口与实际通信电缆所接的计算机串口是否一致,方法为:点击软件左下角的连接目标,在连接目标窗口中按照实际使用的串口编号选择COM1或COM2,用鼠标单击"通信测试"按钮,测试设置的COM端口是否正确,如连接失败请检查COM端口设置是否正确或者PLC与电脑连接是否正常,如无误则点击"确认"按钮,串口就设置好了,如图2-25所示。

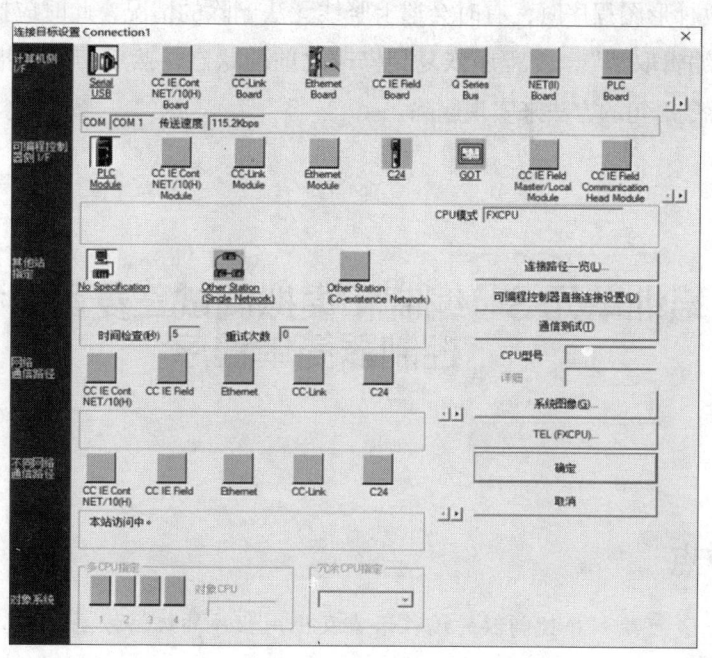

图2-25 连接目标设置

执行菜单命令"在线"→"PLC写入",就会自动向PLC写入用户程序。

6. 使PLC运行,并在编程软件中用监控方式观察程序的运行情况

将PLC的运行开关置于"RUN"位置,PLC即进入运行状态,执行用户程序。

在编程软件梯形图编辑画面中执行菜单命令"在线"→"监视"→"监视（写入模式）"，在梯形图中就会用绿色方块表示所接通的触点或线圈（状态为"1"）。按下"启动"按钮，可以观察到梯形图中 X0 常开触点变为绿色，同时线圈 Y0 也变为绿色，表示输出端口 Y0 已经接通，如果在输出端口 Y0 上连接有接触器线圈，并将电动机通过接触器连接电源，此时电动机就会启动运转。松开"启动"按钮，梯形图上 X0 触点恢复白色，但通过 Y0 的自锁触点，Y0 的线圈仍为绿色，表示接通。按下停止按钮 X1 或代表热继电器触点的按钮 X2，Y0 的自锁解除，Y0 的线圈变为白色，表示输出端口 Y0 被切断，电动机停止运行。

观察完毕，执行菜单命令"在线"→"监视"→"监视（写入模式）"，关闭计算机，切断计算机和 PLC 电源，拆除连接线，整理工具、设备和场地，做好记录。

四、注意事项

1. 如果在程序下载时出现"通信错误"提示，应检查是否有 PLC 电源未开，通信电缆未接，串口编号不正确，有其他设备或软件同时使用计算机的同一个串口或 PLC 的同一个编程口（如监控没有停止）等情况。

2. 在修改梯形图程序时，有时会遇上竖线无法删除的情况，此时应执行菜单命令"编辑"→"编辑取消"，使程序恢复到修改之前的状态，然后切换到指令表编辑画面，用删除指令语句的方法来实现删除。

■ 培训单元 3　编制和模拟调试三菱可编程序控制器简单程序

培训重点

1. 熟悉三菱可编程序控制器的编程语言及应用程序的编写方法。
2. 熟悉三菱 FX_{2N} 系列可编程序控制器的主要编程元件。
3. 掌握三菱 FX_{2N} 系列可编程序控制器基本逻辑指令的格式和含义。
4. 掌握用基本逻辑指令编写简单控制程序的方法。

知识要求

一、PLC 的编程语言

1. PLC 编程语言的种类及特点

目前，PLC 的编程语言有梯形图编程语言、指令语句表编程语言、功能图编程语言、高级编程语言等。梯形图编程语言和指令语句表编程语言最为常用。

（1）梯形图

梯形图是一种按照原继电器控制设计思想开发的编程语言，它与继电器控制电路图相似，对从事电气专业的人员来说，具有简单、直观、易学、易懂的特点。梯形图是 PLC 的主要编程语言，使用非常广泛。

（2）指令语句表

指令语句表是一种类似于计算机中汇编语言的助记符指令编程语言，指令语句由地址（或步序）、助记符、数据三部分组成。指令语句表也是 PLC 的常用编程语言，尤其是采用便携式编程器进行 PLC 编程、调试、监控时，必须将梯形图转化为指令语句表，然后通过便携式编程器输入 PLC 进行编程、调试、监控。

（3）功能图编程

功能图编程是一种在数字逻辑电路设计基础上开发的一种图形编程语言。逻辑功能清晰，输入、输出关系明确，适用于熟悉数字电路系统的设计人员，采用智能型编程器（专用图形编程器或计算机编程软件）编程。

（4）高级编程语言

随着 PLC 技术发展，大型、超大型、高档 PLC 具有很强的运算与数据处理等功能，为了方便用户编程，许多高档 PLC 都配备了 BASIC 语言、C 语言等高级编程语言。

2. PLC 梯形图与继电器控制电路的区别

虽然 PLC 的梯形图和继电器控制电路相似，但其控制电器元件和工作方式不同，主要区别如下。

（1）电器元件不同

继电器控制电路由各种硬件继电器组成，而 PLC 梯形图中输入继电器、输出继电器、辅助继电器、定时器、计数器等软继电器都由软件实现。

（2）工作方式不同

继电器控制电路工作时，电路中硬件继电器都处于受控状态，符合条件吸合的硬件继电器都同时处于吸合状态，受各种条件制约不应吸合的硬件继电器都同时处于断开状态，也就是说，继电器控制采用并行工作方式。如忽略电磁滞后及机械滞后时间，在工作过程，如果一个继电器的线圈通电，那么该继电器的所有常开和常闭触点都会立即动作（常开触点闭合，常闭触点打开）。但是在 PLC 梯形图中的软继电器都处于周期性循环扫描工作状态，受同一条件制约的各个软继电器的动作顺序取决于程序扫描顺序，同一个软继电器的线圈与常开、常闭触点的动作并不同时发生，也就是说，PLC 采用串行工作方式。在 PLC 的工作过程中，如果某个软继电器的线圈接通，则该线圈的所有常开和常闭触点并不一定都会立即动作，只有 CPU 扫描到该触点时才会动作（扫描到的常开触点闭合，常闭触点打开）。PLC 采用这种工作方式有利于避免电路中竞争冒险现象的产生。

（3）元件触点数量不同

硬件继电器的触点数量有限，一般只有 4~8 对，而 PLC 梯形图中软继电器可以有无限多个常开、常闭触点。

（4）控制电路实施方式不同

继电器控制电路通过在各种硬件继电器之间接线来实施，控制功能固定，当要修改控制功能时，必须重新接线。PLC 控制电路由软件编程来实施，可以灵活变化，还可在线修改控制功能。

二、三菱 FX_{2N} 系列 PLC 的主要编程元件

PLC 是借助于大规模集成电路和计算机技术开发的一种新型工业控制器。使用者可以不必考虑 PLC 内部电器元件的具体组成线路，而将 PLC 看成由各种功能的软元件组成的工业控制器，利用编程语言对这些软元件的线圈、触点等进行编程以达到控制要求。为此，使用者必须熟悉和掌握这些软元件的功能、编号以及使用方法。每种软元件都用特定的字母来表示，如 X 表示输入继电器、Y 表示输出继电器、M 表示辅助继电器、T 表示定时器、C 表示计数器、S 表示状态元件等，并对这些软元件给予规定的编号。使用时一般可以认为软元件和继电器元件相似，具有线圈和常开、常闭触点。当线圈通电时，常开触点闭合，常闭触点断开；当线圈断开时，常开触点断开，常闭触点闭合。但软元件和继电器元件在本质上是不相同的，软元件仅仅是 PLC 中的存储单元，线圈通电表示该元件存储单元置"1"，线圈断电表示该元件存储单元置"0"。

由于软元件是存储单元,可以无限次地访问,因而软元件可以有无限个常闭触点和常开触点,这些触点在 PLC 编程时可以随意使用。

下面对主要软元件进行说明。

1. 输入继电器(X)

输入继电器是 PLC 中专门用来接收外部用户输入设备(如开关、传感器等)的输入信号的软元件。输入继电器只能由外部信号驱动,而不能用程序指令驱动;在梯形图中只能出现输入继电器的触点,而不能出现输入继电器线圈。输入继电器可提供无限个常开、常闭触点供编程使用,其元件号按八进制编号,如 X0～X7、X10～X17。不同型号的 PLC 拥有的输入继电器数量是不同的,如 FX_{2N}-16M 的输入点为 8 点,对应的输入继电器的编号为 X0～X7;FX_{2N}-32M 的输入点为 16 点,对应的输入继电器的编号为 X0～X7、X10～X17。FX_{2N} 系列 PLC 可使用的输入继电器最多可达 184 点。

2. 输出继电器(Y)

输出继电器是 PLC 中唯一具有外部连接触点的软继电器,PLC 只能通过输出继电器的外部触点来控制输出端口连接的外部负载。输出继电器只能用程序指令驱动,无法用外部信号驱动。每个输出继电器具有 1 个外部触点和无限个常开、常闭软触点供编程使用,其元件号按八进制编号,如 Y0～Y7、Y10～Y17。不同型号 PLC 拥有的输出继电器数量是不同的,如 FX_{2N}-16M 的输出点为 8 点,对应的输出继电器的编号为 Y0～Y7;FX_{2N}-32M 的输出点为 16 点,对应的输出继电器的编号为 Y0～Y7、Y10～Y17。FX_{2N} 系列 PLC 可使用的输出继电器最多可达 184 点。

3. 辅助继电器(M)

辅助继电器与继电器控制电路中的中间继电器作用相似,但是它的触点不能直接驱动外部负载。辅助继电器与输出继电器一样,其线圈只能用程序指令驱动,外部信号无法驱动。辅助继电器可提供无限个常开、常闭触点供编程使用,其元件号按十进制编号。辅助继电器可分为通用辅助继电器、断电保持辅助继电器、特殊功能辅助继电器三种类型。

(1)通用辅助继电器(M0～M499)共 500 点,PLC 在运行中若发生停电,通用辅助继电器将全部变成断开状态。

(2)断电保持辅助继电器(M500～M3071)共 2 572 点,该类继电器是有后备电源的辅助继电器,具有记忆能力。PLC 在运行中若发生停电,断电保持辅助继电器仍能保持停电前的状态。

（3）特殊功能辅助继电器（M8000~M8255）共256点，每个都具有特定的功能，可分为两类。

1）只能利用其触点的特殊辅助继电器。此类特殊辅助继电器线圈由PLC自行驱动，用户只能利用其触点。如M8000在PLC运行时接通，可作为PLC运行（RUN）监控；M8002仅在PLC运行开始瞬间接通，产生初始脉冲；M8011、M8012、M8013、M8014是时钟脉冲继电器，分别为每隔10 ms、100 ms、1 s及1 min发一脉冲。其他具体功能可查看PLC的编程手册。

2）可驱动线圈型特殊辅助继电器。用户驱动此类特殊辅助继电器线圈后，PLC做特定动作。M8033为输出保持特殊辅助继电器，当PLC从运行（RUN）到停止（STOP）时，映像存储区和数据存储区的状态和数据按照原样保存；M8034为禁止所有输出的特殊辅助继电器，当M8034接通后，PLC的外部输出触点全部断开；M8039为恒定扫描模式的特殊辅助继电器，当M8039接通后，在指定的扫描时间内，PLC都执行循环运算。

4. 定时器（T）

PLC中的定时器相当于继电器控制电路中的时间继电器。定时器可提供无限个常开、常闭触点供编程使用，其元件号按十进制编号，T0~T199为100 ms定时器，设定值范围为0.1~3 276.7 s，最小单位为0.1 s；T200~T245为10 ms定时器，设定值范围为0.01~327.67 s，最小单位为0.01 s；T246~T249为1 ms积算型定时器；T250~T255为100 ms积算型定时器。定时器根据时钟脉冲累积计时，实质上是对时钟脉冲进行计数。定时器为字、位复合软元件，由设定值寄存器、当前值寄存器和定时器的触点组成。设定值寄存器存储计时时间设定值，当前值寄存器记录计时当前值。当定时器满足计时条件开始计时时，当前值寄存器开始计数；当前值与设定值相等时，定时器触点动作，常开触点接通，常闭触点断开。定时器可以使用立即数K（常数）作为设定值，也可用数据寄存器的内容作为设定值。

5. 计数器（C）

PLC中的计数器用于计数控制。计数器可提供无限个常开触点、常闭触点供编程使用，其元件号按十进制编号。计数器为字、位复合软元件，由设定值寄存器、当前值寄存器和计数器的触点组成。计数器可以使用立即数K（常数）作为设定值，也可用数据寄存器的内容作为设定值。计数器可分为以下两种。

（1）16位递加型计数器

其中C0~C99为通用加法计数器，C100~C199为断电保持的加法计数器，计数范围为 1～32 767。

（2）32 位双向计数器

设定值为 –2 147 483 648～+2 147 483 647，其中 C200～C219 为通用计数器，C220～C234 为断电保持计数器。32 位双向计数器可以是递加型，也可是递减型，由特殊功能辅助继电器 M8200～M8234 设定，每个双向计数器对应由 1 个特殊功能辅助继电器设定。当这个特殊功能辅助继电器（例如 M8212）置"1"时，对应的双向计数器（例如 C212）为减计数；置"0"时，计数器为增计数。

三、FX$_{2N}$ 系列 PLC 的基本指令

FX$_{2N}$ 系列 PLC 的指令可分为基本指令、步进指令、功能指令几类。本学习单元仅对 FX$_{2N}$ 系列 PLC 的基本指令进行介绍。

FX$_{2N}$ 的基本指令有 LD、LDI、OUT、AND、ANI、OR、ORI、ORB、ANB、MPS、MRD、MPP、MC、MCR、SET、RST、PLF、PLS、NOP、END 等。基本指令由操作码和操作数两部分组成：操作码用助记符表示，常由 2～4 个英文字母组成（简称指令），表示该指令的作用；操作数即指令的操作对象，是执行该指令所选用的元件、设定值等。在基本指令中，ORB、ANB、MPS、MRD、MPP 等指令无操作数，而其他指令需要 1～2 个操作数。

下面对基本指令逐条加以说明。

1. 逻辑取及输出线圈（LD、LDI、OUT）

LD、LDI 指令使用元件 X、Y、M、T、C、S 的触点，表示梯形图中取 1 个常开（或常闭）触点开始逻辑运算。

OUT 指令是对元件 Y、M、T、C 等线圈的驱动指令，对于 X 不能使用。

现结合图 2-26 对 LD、LDI、OUT 指令应用作几点说明。

1）LD 将常开触点接到左母线上，LDI 将常闭触点接到左母线上。另外 LD、LDI 指令还可以与后述的 ANB、ORB 指令配合用于电路块的开头。

2）输出线圈指令 OUT 可多次并行使用，形成并行输出线圈支路。

3）定时器的定时线圈或计数器的计数线圈使用 OUT 指令后，必须设定常数 K。图中定时器编号为 T0，则说明是 0.1 s（100 ms）定时器，设定值范围为 0.1～32 767 s，定时最小单位为 0.1 s。K=30，则对应设定时间为 30×0.1=3 s，即延时时间为 3 s。如 K 改为 100，则对应设定时间为 100×0.1=10 s。

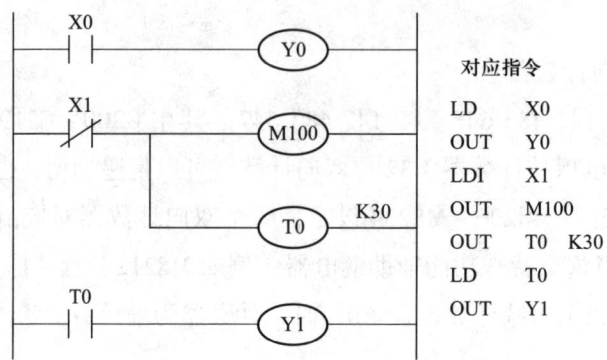

图2-26 LD、LDI、OUT 指令的用法

2. 触点串联（AND、ANI）

AND（与）功能为常开触点串联连接，ANI（与非）功能为常闭触点串联连接。这两类指令的操作元件为 X、Y、M、S、T、C。现结合图2-27，对 AND、ANI、OUT 指令应用作几点说明。

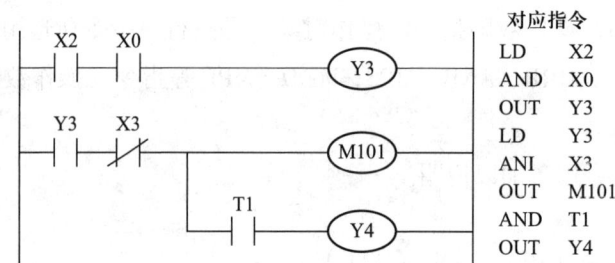

图2-27 AND、ANI 指令的用法

1）AND 指令用于单个常开触点的串联，ANI 指令用于单个常闭触点的串联，AND、ANI 指令可以多次重复使用。并联电路块之间的串联连接，要用后述的 ANB 指令。

2）使用 OUT 指令后，再通过触点对其他线圈使用 OUT 指令，称为纵接输出或连续输出，如图中的 OUT Y4。在图中驱动 M101 之后，可再通过触点 T1 驱动 Y4。

3. 触点的并联（OR、ORI）

OR（或）功能为常开触点并联连接，ORI（或非）功能为常闭触点并联连接。这两类指令的操作元件为 X、Y、M、S、T、C。现结合图2-28，对 OR、ORI 指令应用作几点说明。

1）OR、ORI 只能用于单个触点的并联连接指令，并联连接可多次使用。串联电路块之间的并联连接,要用后述的 ORB 指令。

2) OR、ORI 指令从该指令的所在位置开始,对前面的 LD、LDI 指令并联连接。

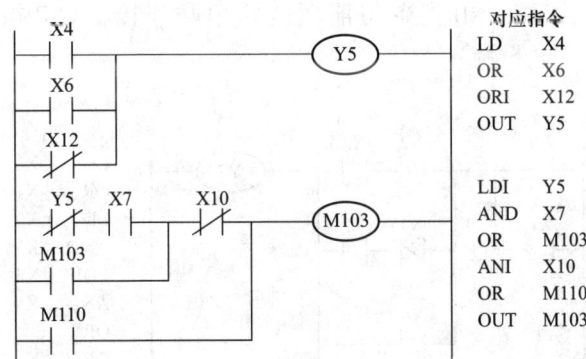

图 2-28 OR、ORI 指令的用法

4. 串联电路块的并联(ORB)

ORB 指令是电路块"或"指令,适用于串联电路块之间的并联连接,或称触点块的并联。在每个由触点串联组成的电路块中,第一个触点要用 LD、LDI 指令开始,串联电路块结束时,要用 ORB 指令与前面电路并联。ORB 指令后面不需操作元件。现结合图 2-29,对 ORB 指令作几点说明。

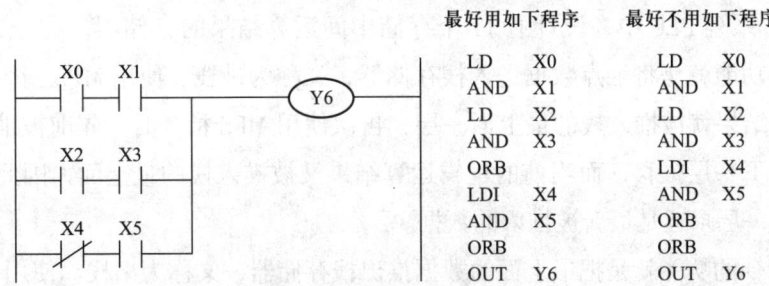

图 2-29 ORB 指令的用法

1) 2 个以上的触点串联连接的电路称为串联电路块。

2) 当并联的串联电路块 ≥ 3 时,有两种编程方法,但最好采用对串联电路块逐步连接的方法编程,对每一个电路块使用 1 次 ORB 指令,这样对 ORB 使用次数无限制。采用如图 2-29 所示方法编程时,ORB 指令虽然也可连续使用,但重复使用的次数应限制在 8 次之内。

5. 并联电路块的串联(ANB)

ANB 是电路块"与"指令,适用于并联电路块之间的串联连接,或称触点块的串联。在每个由触点并联组成的电路块中，第一个触点要用 LD、LDI 指令开始，并联电路块结束时，要用 ANB 指令与前面电路串联。ANB 指令后面不需操作元件。多个并联电路块可顺次用 ANB 指令与前面电路串联连接。ANB 指令应用如图 2-30 所示。

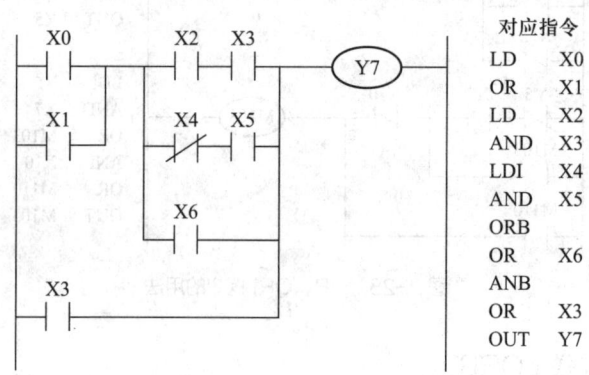

图 2-30　ANB 指令的用法

6. 多重输出电路指令（MPS、MRD、MPP）

多重输出电路指令又称为堆栈指令，利用这组指令可将梯形图中分支点的逻辑运算结果先存储起来，然后在需要的时候再取出。这组堆栈指令都是没有操作元件的指令。在 FX_{2N} 系列 PLC 中，设计有 11 个存储中间运算结果的存储器，称为栈存储器。MPS 指令的功能就是将触点数据送入栈存储器，又称为进栈。使用 MPS 指令后，该处的逻辑运算结果就被推入栈的最上面一层；再次使用 MPS 指令时，先前被推入的数据依次向栈的下一层推移，而当前的逻辑运算结果又被推入栈的最上面，因此，栈存储器的最上面一层永远是最新被推入的数据。

MPP 指令的功能就是把最上面的数据推出栈存储器，又称为出栈。使用 MPP 指令后，栈中的各数据依次向上移动一层。最高一层的数据在读出后就从栈内被消除。这种栈存储器对数据的存储方式称为"后进先出"（LIFO）方式。

MRD 指令是栈存储器最高一层所存的数据的读出专用指令。执行 MRD 指令时，栈存储器内的数据不发生上、下移动的变化。

现结合图 2-31，对 MPS、MRD、MPP 指令作几点说明。

1）MPS、MRD、MPP 指令用于多重输出电路，MPS 指令应先于 MRD、MPP 指令使用。

2）MRD 用于多重输出电路的中间，可多次使用。

3）MPP 指令用于多重输出电路的最后，1 个 MPS 指令必须配用 1 个 MPP 指令。

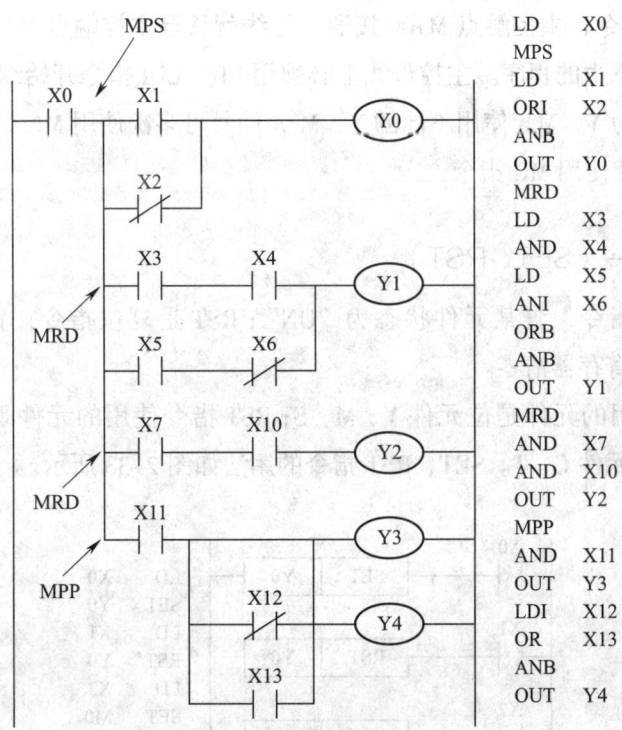

图 2-31 多重输出电路指令的用法

7. 主控、主控复位指令（MC、MCR）

MC 是主控指令，相当于一个条件分支，若符合 MC 的控制条件，则执行 MC 所控制的后续程序，否则程序将跳过 MC 和 MCR 之间的程序段去执行后续其他程序。

MCR 是主控复位指令，必须与 MC 成对使用，即 MC 指令后必定要用 MCR 指令来返回母线。

MC、MCR 指令的用法如图 2-32 所示。当 MC 的控制条件 X0 接通时，执行 MC

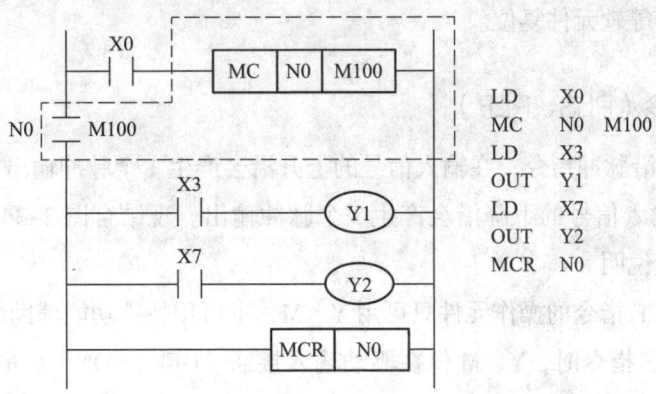

图 2-32 MC、MCR 指令的用法

与 MCR 之间的指令；主控触点 M100 接通，母线就移至主控触点 M100 之后成为主控母线，从而执行下边的程序。主控母线上必须用 LD、LDI 指令开始编程，主控触点可使用的元件只能为 Y、M。使用不同的 Y、M 元件号可多次使用 MC 指令，且 MC 内部还可以嵌套，继续使用 MC 指令。

8. 置位、复位指令（SET、RST）

SET 是置位指令，置某元件状态为"ON"；RST 是复位指令，置某元件状态为"OFF"或对数据寄存器清零。

SET 指令使用的元件是位元件 Y、M、S；RST 指令使用的元件既可是位元件 Y、M、S，也可是字元件 C、T。SET、RST 指令的用法如图 2-33 所示。

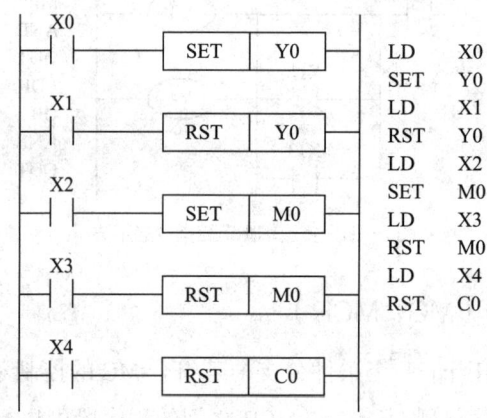

图 2-33 SET、RST 指令的用法

SET、RST 指令具有保持功能，在图 2-33 中，当 X0 接通后，即使再变成断开，Y0 也保持接通；X1 接通后，即使再变成断开，Y0 也将保持断开。用 RST 指令还可使计数器、定时器等软元件复位。

9. 脉冲输出指令（PLS、PLF）

PLS 是上升沿脉冲指令，在输入信号的上升沿会产生 1 个脉冲输出；PLF 是下降沿脉冲指令，在输入信号的下降沿会产生 1 个脉冲输出。现结合图 2-34，对 PLS、PLF 指令应用作几点说明。

1）PLS、PLF 指令的操作元件只可用 Y、M，不可用特殊功能辅助继电器。

2）使用 PLS 指令时，Y、M 仅在驱动输入接通（OFF → ON）后的一个扫描周期内动作（置"1"）。如图 2-34 所示，当 X0 接通时，PLS 指令会使元件 M0 产生一个扫

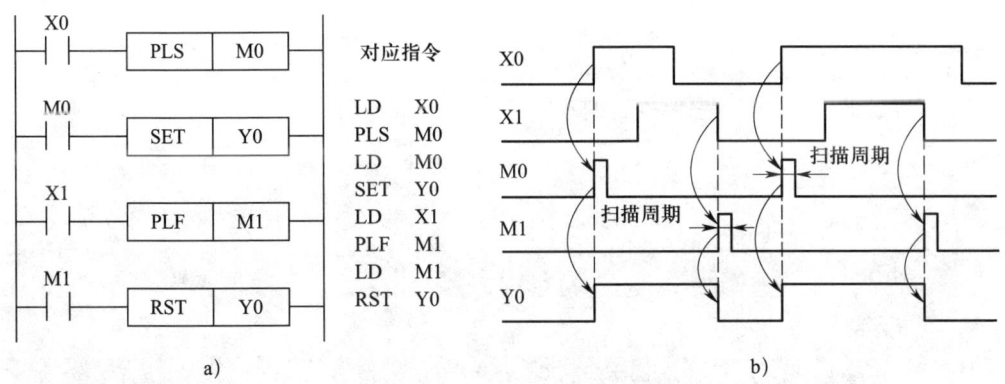

图 2-34 PLS、PLF 指令的用法
a) PLS、PLF 指令的使用 b) 输入、输出波形图

描周期宽度的脉冲。

3)使用 PLF 指令时,Y、M 仅在驱动输入断开(ON→OFF)后的一个扫描周期内动作(置"1")。如图 2-34 所示,当 X1 断开时,PLF 指令会使元件 M1 产生一个扫描周期宽度的脉冲。

10. 空操作指令(NOP)

执行 NOP 指令时不作任何逻辑操作,该指令只占一个步序号位置。当执行程序全部清零后,所有指令都会变成 NOP。

11. 程序结束指令(END)

PLC 在扫描执行用户程序时,到 END 指令即不再执行以后的程序步,直接进行输出处理。在程序结束时,必须加上一条结束指令,若在程序中不写入 END 指令,则 PLC 将从用户程序的第一步扫描到程序存储器的最后一步。

技能要求

编写电动机星形/三角形启动程序并进行模拟调试

一、操作要求

1. 使用基本逻辑指令,编写电动机星形/三角形启动的应用程序。
2. 用按钮、指示灯、监控软件对程序进行模拟调试。

二、操作准备

项目所需设备、工具和材料见表 2-4。

表 2-4 项目所需设备、工具和材料

序号	名称	规格型号	数量	备注
1	PLC	三菱 FX$_{2N}$ 系列	1台	
2	计算机		1台	装有 FXGP-WIN 编程软件
3	编程电缆	SC-09	1根	RS232C/RS422 转换
4	按钮		2个	自选
5	指示灯		3个	自选
6	软导线	1m/根，两端已压接 U 型端子	10根	分红、蓝、黑等几种颜色
7	十字旋具		1个	
8	直流电源	DC24 V, 1 A	1个	

三、操作步骤

1. 启动编程软件 GX Works2，新建一个工程并自行命名。

2. 用基本逻辑指令，编写能实现电动机星形/三角形启动的应用程序。

三相异步电动机星形/三角形启动的电路图如图 2-35 所示。按启动按钮 SB1，接

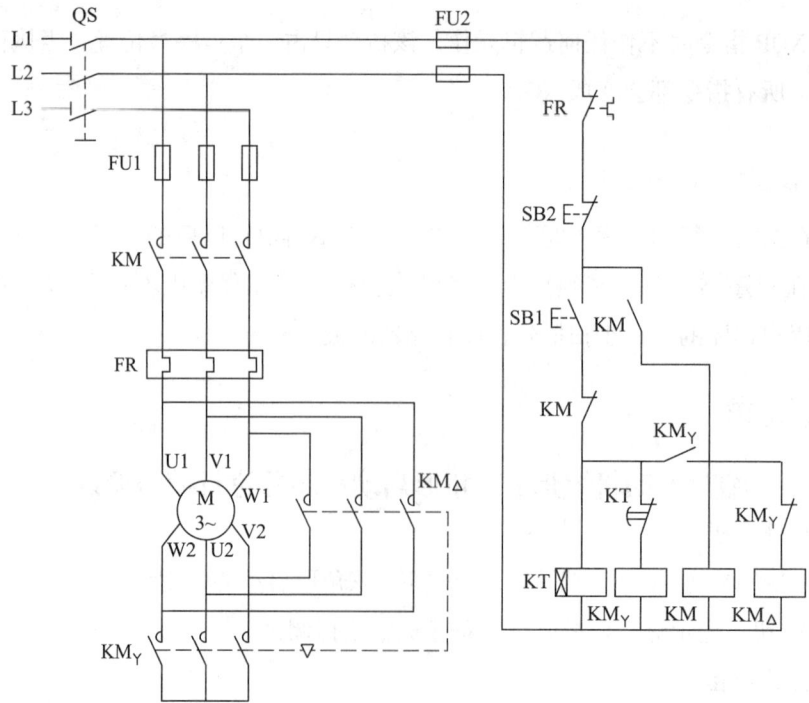

图 2-35 三相异步电动机星形/三角形启动电路图

触器 KM_Y 和时间继电器 KT 同时得电，并通过 KM_Y 的常开触点使接触器 KM 也得电，电动机接成星形连接启动，按钮 SB1 也被自保。延时 3 s 后，KT 的常闭触点断开，接触器 KM_Y 失电，KM_Y 的常闭触点接通，使接触器 $KM_\triangle$ 得电，电动机接成三角形连接投入运行。当按停止按钮 SB2 或电动机过载使热继电器 FR 动作时，KM、$KM_\triangle$ 接触器失电，电动机停止运行。

要求用 FX_{2N} 系列 PLC 按三相异步电动机星形 / 三角形启动继电器控制电路图编制 PLC 梯形图、写出语句表。

梯形图的设计可有多种方法，如可按照各输入、输出变量的逻辑关系设计、按经验设计、按继电控制电路替代设计、按工艺流程设计等。在用 PLC 对旧设备进行改造的场合，采用按继电控制电路图直接替代成 PLC 梯形图的方法比较简单直观，易于接受。

按电动机星形 / 三角形启动的继电控制电路图作替代设计梯形图前，首先应确定输入、输出设备与 PLC 输入、输出端口的对应关系，也就是进行 I/O 分配，依据 I/O 分配表画出 PLC 接线图，然后按原控制电路图画出梯形图。根据本例中输入、输出设备情况，做出 I/O 分配表，见表 2-5。

表 2-5 电动机星形 / 三角形启动的 I/O 分配表

输入设备	输入端口编号	输出设备	输出端口编号
热继电器 KH	X00	电源接触器 KM	Y01
启动按钮 SB1	X01	Y 接触器 KM_Y	Y02
停止按钮 SB2	X02	△ 接触器 $KM_\triangle$	Y03

按照 I/O 分配表画出电动机星形 / 三角形启动的 PLC 接线图，如图 2-36 所示；按继电控制电路图直接画出梯形图，经过适当的程序优化后得到 PLC 梯形图，如图 2-37 所示。

3. 在 FXGP-WIN 的梯形图视图中输入所编写的应用程序，将程序下载到 PLC 中。

4. 在 PLC 的 I/O 端口上连接按钮及指示灯。如图 2-36 所示，在 PLC 的输入端口接上 3 个按钮分别作为 KH、SB1 和 SB2，在输出端口 Y1、Y2 和 Y3 上接上 3 个指示灯以代替 KM、KM_Y 和 $KM_\triangle$，供调试时观察控制结果用。3 个指示灯的另一端并接在一起后与输出端的 COM1 之间接上 1 个直流 24 V 的电源。

5. 调试程序。电动机星形 / 三角形启动的 PLC 梯形图如图 2-37 所示。接通 PLC 的电源，使 PLC 运行，并在编程软件中用监控方式观察程序的运行情况。先后按下启动及停止按钮，观察指示灯的状态以验证程序运行的正确性。根据程序运行情况对程

电工（中级）

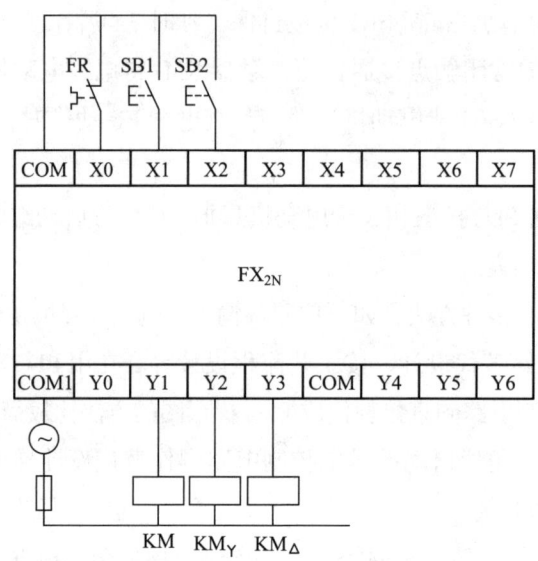

图 2-36　电动机星形/三角形启动的 PLC 接线图

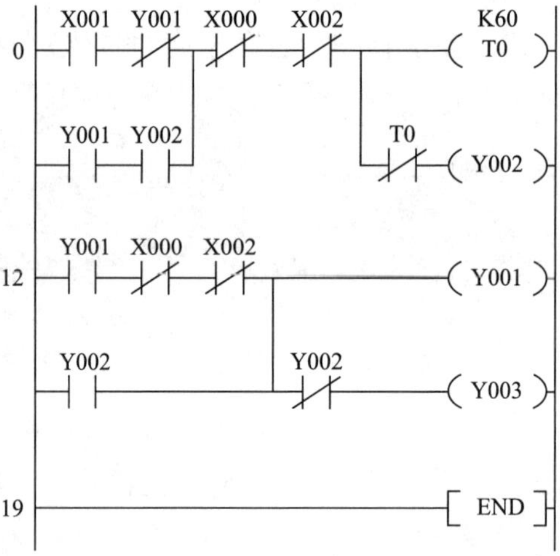

图 2-37　电动机星形/三角形启动的 PLC 梯形图

序进行修改并重复运行及监控操作。

6. 程序运行正确后，保存程序文件，并向指导教师演示程序的运行。

四、注意事项

1. 梯形图的编程规则和技巧

（1）触点的安排。触点应画在水平线上，不能画在垂直分支上。如图 2-38a 所示的桥式电路不能直接编程，应等效变换为如图 2-38b 所示的梯形图。

（2）串、并联的处理。在有几条串联支路相并联时，应将触点最多的那个串联支路

140

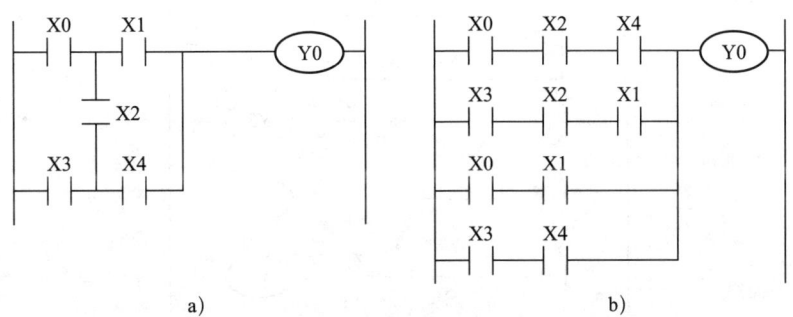

图 2-38 梯形图中触点的安排
a）桥式电路 b）等效变换后的梯形图

放在梯形图的最上面；在有几个并联回路相串联时，应将触点最多的并联回路放在梯形图的最左面，如图 2-39 所示。这种安排可使所编制的程序简洁、明了，语句较少。

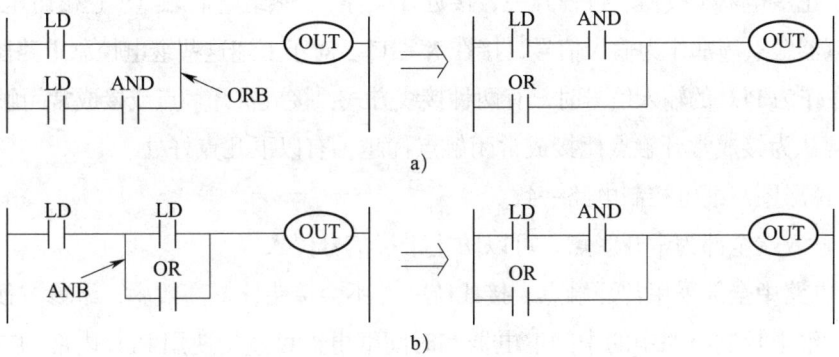

图 2-39 串、并联回路的处理
a）串联支路的处理 b）并联回路的处理

（3）线圈的安排。梯形图的每一逻辑行必定从左边母线以触点输入开始，以线圈结束，即线圈右面不能再放触点，如图 2-40 所示。

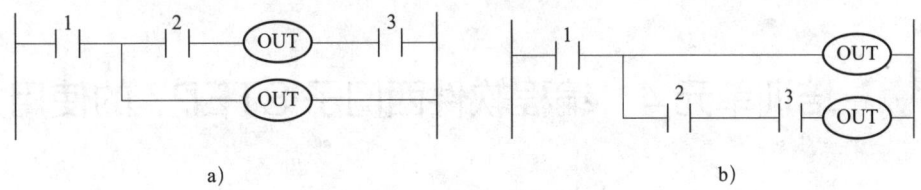

图 2-40 梯形图中线圈的安排
a）不正确 b）正确

（4）不允许双线圈输出。如果在同一程序中，同一元件的线圈使用两次或多次，则称为双线圈输出。这时前面的输出无效，只有最后一次才有效，所以不应出现双线圈输出，如图 2-41 所示。

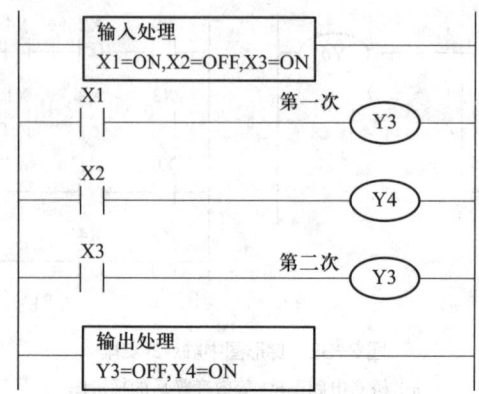

图 2-41 错误的双线圈输出

2. 将继电控制电路替换成 PLC 梯形图时应注意的问题

（1）主令电器（按钮、行程开关、接近开关等）、热继电器触点、速度继电器触点、油压继电器触点等都作为输入信号，接在 X 端口。对于上述这些继电控制电路图中的常闭触点在作为 PLC 的输入信号时，有两种接线方式：接成常开触点或接成常闭触点。

通常认为接成常开触点比接成常闭触点优越，有以下几点好处。

1）梯形图与继电控制电路一致。

2）输入端全部为常开触点，可以防止干扰信号侵入。

3）电路中全部采用常开触点，接线统一，不会接错，提高效率，维修方便。

（2）继电控制电路中的中间继电器和时间继电器可直接使用 PLC 内部的辅助继电器（M）和定时器（T）。

（3）继电控制电路中的交叉控制电路、逆向控制电路及线圈后的触点在转换为梯形图时不能直接替换，应根据控制原理进行等效变换。

培训单元 4　编程软件西门子 STEP7 的使用

培训重点

1. 熟悉 STEP7 的组成及功能。

2. 掌握 STEP7 的安装与卸载。

3. 掌握 STEP7 的使用。

知识要求

一、STEP7 的组成及功能

1. 功能

STEP7 是对 SIMATIC 可编程逻辑控制器进行组态和编程的标准软件包，是 SIMATIC 工业软件的一部分。STEP7 是一个强大的工程工具，用于整个项目流程的设计。从实施计划配置、实施模块测试、集成测试调试到运行维护阶段，都需要不同功能的工程工具。STEP7 工程工具包含整个项目流程的各种功能要求，如 CAD/CAE 支持、硬件组态、网络组态、仿真、过程诊断等。

STEP7 标准软件包有下列各种版本：STEP7-Micro/DOS 和 STEP7-Micro/Win，用于 SIMATIC S7200 上的简化版单机应用程序；STEP7 应用在 SIMATIC S7-300/400、SIMATIC M7-300/400 以及 SIMATIC C7 上，具有广泛的功能。

（1）可作为 SIMATIC 工业软件产品的一个扩展选项包。

（2）为功能模块和通信处理器分配参数。

（3）包含强制模式与多值计算模式。

（4）可进行全局数据通信。

（5）对使用通信功能块进行的事件驱动数据传送。

（6）可进行组态连接。

2. 组成

STEP7 标准组件由 SIMATIC 管理器（SIMATIC manager）、符号编辑器、硬件诊断、硬件组态、网络组态、多语言的用户程序编辑六部分功能组件组成。

（1）SIMATIC 管理器

SIMATIC 管理器可以集中管理一个自动化项目的所有数据，还可以分布式地读/写各个项目的用户数据。其他工具都可以在 SIMATIC 管理器中根据需要而启动。

（2）符号编辑器

使用符号编辑器（symbol editor）可以管理所有共享符号，具有以下功能：为过程 I/O 信号、位存储和块设定符号名和注释；为符号分类；导入/导出功能可以使 STEP7 生成的符号表供其他的 Windows 工具使用。

(3)硬件诊断

硬件诊断功能可以向用户提供可编程控制器的状态概况;可显示符号,指示每个模块板是否有故障;双击故障模板,还可显示故障的有关信息。

(4)硬件组态

硬件组态工具可以为自动化项目的硬件进行组态和参数设置,还可对机架上的硬件进行配置,设置其属性。例如,设置 CPU 的启动特性和循环扫描时间的监控。通过在对话框中提供的有效选项,系统可以防止不正确的输入。

(5)网络组态

网络组态(NetPro)工具用于组态通信网络的连接,包括网络连接的参数设置和网络各个通信设备的参数设置。选择系统集成的通信或功能块,可以轻松实现数据的传送。

拥有多种工具并不保证能得到很好的解决方法,关键在于这些工具能否实时地相互配合和协调。在运行每个工具的过程中,项目数据库的内容都在不断改变,我们希望这些改变在运用其他工具时能得到及时的更新或反映,STEP7 就具备这种特点。比如,在符号编辑器中添加变量名,那么打开程序编辑窗口时,S7 程序中的这些变量立即就以变量名的形式出现。也就是说,STEP7 的数据管理能力较强,这使得其多个工具具有连续性的工作特点。

(6)多语言的用户程序编辑

用于 S7-300 的编程语言包括梯形逻辑图(ladder logic,LAD)、语句表(statement list,STL)和功能块图(function block diagram,FBD),这些语言都集成在一个标准软件包中。梯形逻辑图是 STEP7 编程语言的图形表达方式,其指令语法与继电器的梯形逻辑图相似。语句表是 STEP7 编程语言的文本表达式,CPU 执行程序时按每一条指令逐条执行。功能块图(FBD)是 STEP7 编程语言的图形表达方式,使用与布尔代数相似的逻辑框来表达逻辑,复合功能可用逻辑框组合形式完成。

此外,还有四种编程语言作为可选软件包使用,分别是 S7-SCL(结构化控制)编程语言、S7-Graph(顺序控制)编程语言、S7-HiGraph(状态图)编程语言、S7-CFC(连续功能图)编程语言。

二、STEP7 的安装与卸载

1. 系统的配置要求

为了确保 STEP7 软件正常、稳定地运行,不同版本、型号的 STEP7 对硬件和软件的安装环境有不同的要求，在安装过程中，必须严格按照要求进行安装。此外，STEP7 软件在安装过程中还需要进行一系列设置，如通信接口的设置等。下面以汉化版的 STEP7 V16.0 为例进行说明。

（1）STEP7 安装的硬件要求

STEP7 安装的硬件要求不仅与具体的软件版本有关，还与计算机的操作系统有关。对于 Win10 操作系统来说，安装 STEP7 V16.0 的具体硬件要求如下。

处理器：Core i5-6440EQ 3.4 GHz 或者与其配置相当。

内存：16 GB 或者更大（对于大型项目，为 32 GB）。

硬盘：SSD，配备至少 50 GB 的存储空间。

显示器：15.6 英寸宽屏显示（1 920×1 080）。

（2）STEP7 安装的软件要求

STEP7 V16.0 可以安装在以下操作系统：

Windows 7 操作系统（64 位）。

Windows 7 Ultimate SP1。

Windows Server（64 位）。

2. STEP7 的授权

为了确保 STEP7 软件的正常使用，一套正版的 STEP7 软件除包括两张光盘外，还包括一张软盘，用于存储软件的授权。这张软盘的内容是只读的，不能复制，每安装一个授权，软盘上的授权计数器就会减 1，当计数器为 0 时，就不能再用它安装任何授权了。在安装 STEP7 时可以根据提示完成安装授权，也可以在安装时跳过，待以后再安装授权。

STEP7 软件即使没有授权也可以正常使用，但是在使用过程中每隔一段时间便会弹出一个"寻找授权"的对话框，以提醒使用者安装授权。

3. 安装 STEP7

（1）鼠标右击"Siemens V16"压缩包选择"解压到 Siemens V16"。

（2）打开解压后的文件夹，鼠标右击"西门子解除重启提示批处理"选择"以管理员身份运行"。

（3）在键盘上按"Enter"键。

（4）打开安装包解压后的"Siemens V16"文件夹中的"TIA_Portal_STEP7_Prof_Safety_WINCC_Prof_V16"文件夹。

（5）鼠标右击"TIA_Portal_STEP7_Prof_Safety_WINCC_Prof_V16"选择"以管理员身份运行"，如图2-42所示。

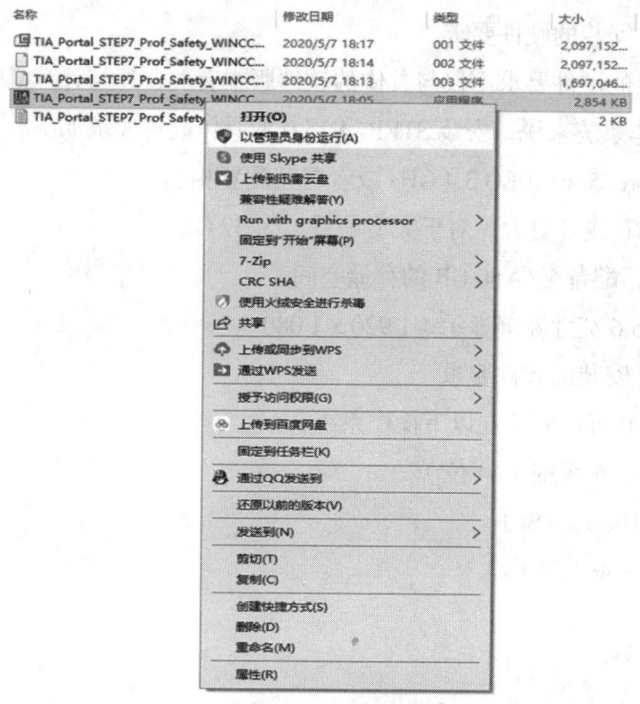

图2-42　选择以管理员身份运行

（6）在弹出的界面中点击"下一步"按钮，如图2-43所示。

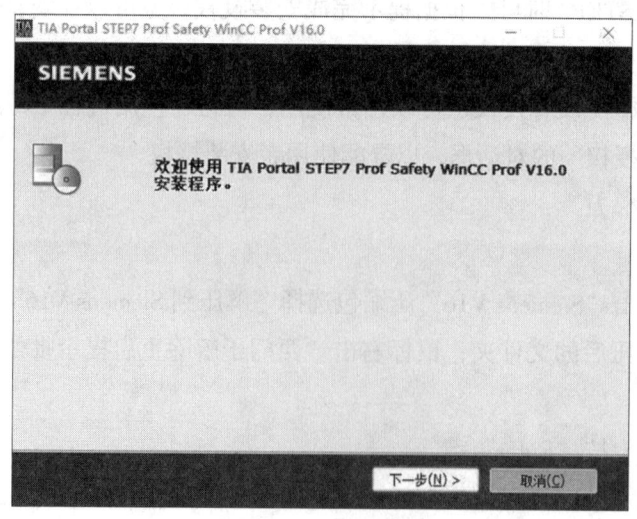

图2-43　选择下一步

（7）选择语言"简体中文"，点击"下一步"按钮，如图2-44所示。

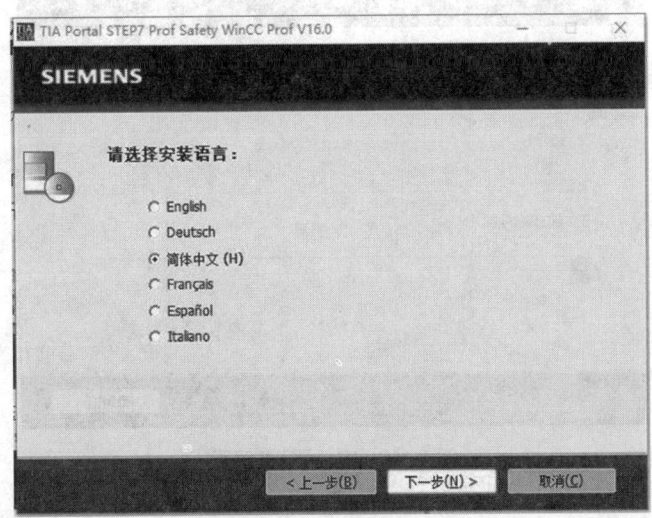

图2-44 选择简体中文

（8）勾选"退出时删除提取的文件"，点击"下一步"按钮，如图2-45所示。

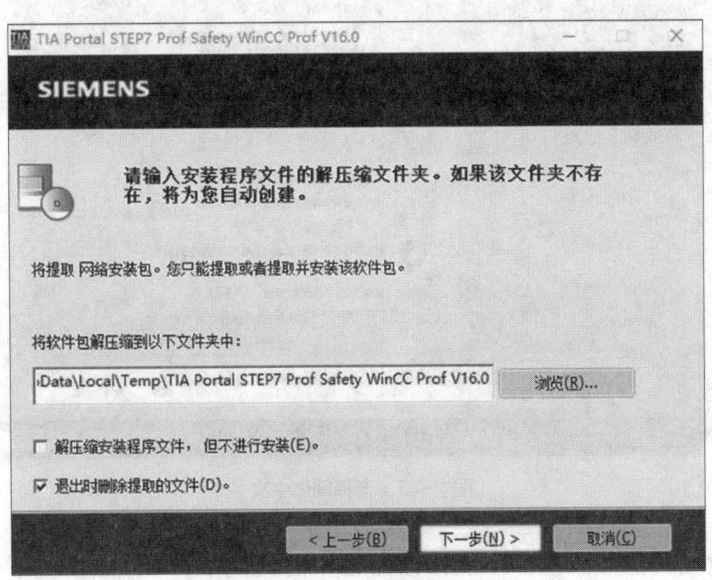

图2-45 勾选"退出时删除提取的文件"

（9）安装包正在解压如图2-46所示。

（10）选择"简体中文"，点击"下一步"按钮，如图2-47所示。

（11）选择"简体中文"，点击"下一步"按钮，如图2-48所示。

（12）修改文件夹路径中的"C"可修改安装位置（建议不要安装在C盘，直接将

电工（中级）

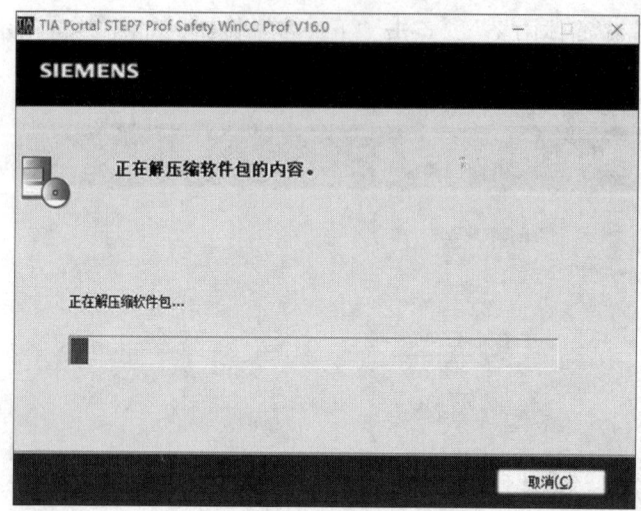

图 2-46　安装包正在解压

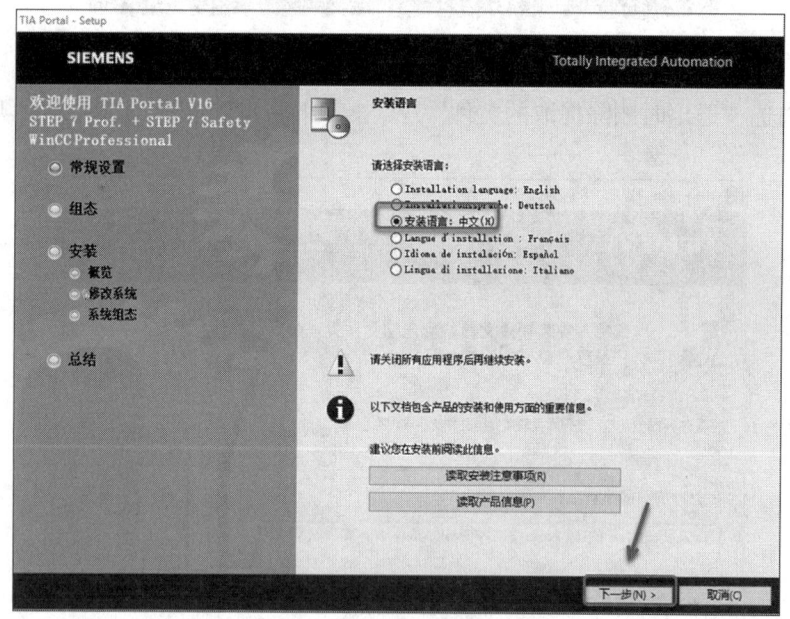

图 2-47　选择简体中文

C 盘改为 D 盘或其他分区盘，不能修改路径中的其他字符），点击"下一步"按钮，如图 2-49 所示。

（13）勾选"本人接受所列出的许可协议中所有条款"和"本人特此确认，已阅读并理解了有关产品安全操作的安全信息"，点击"下一步"按钮，如图 2-50 所示。

（14）勾选"我接受此计算机上的安全和权限设置"，点击"下一步"按钮，如图 2-51 所示。

148

职业模块二 电气设备（装置）装调维修

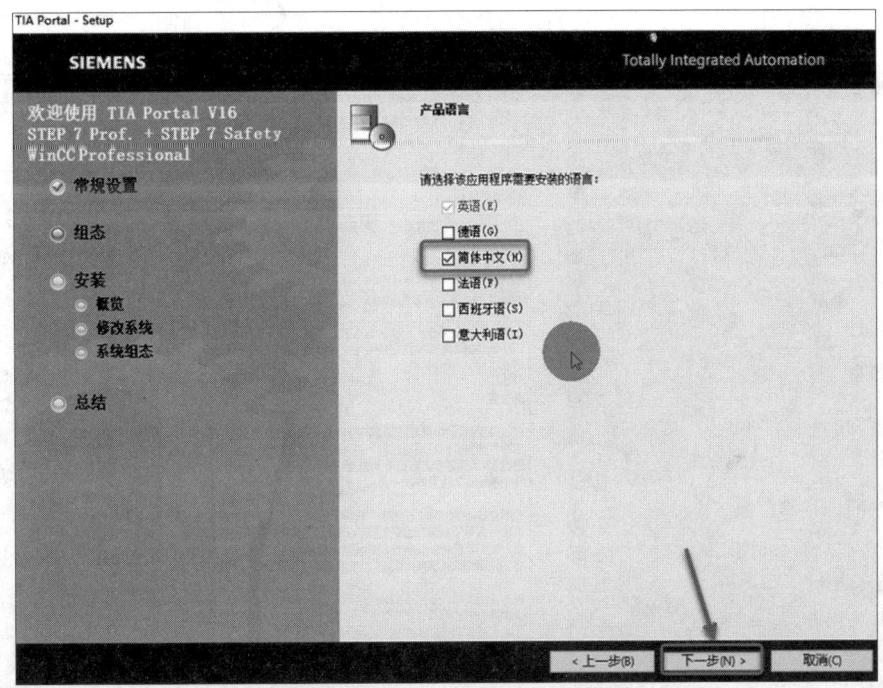

图 2-48 选择简体中文

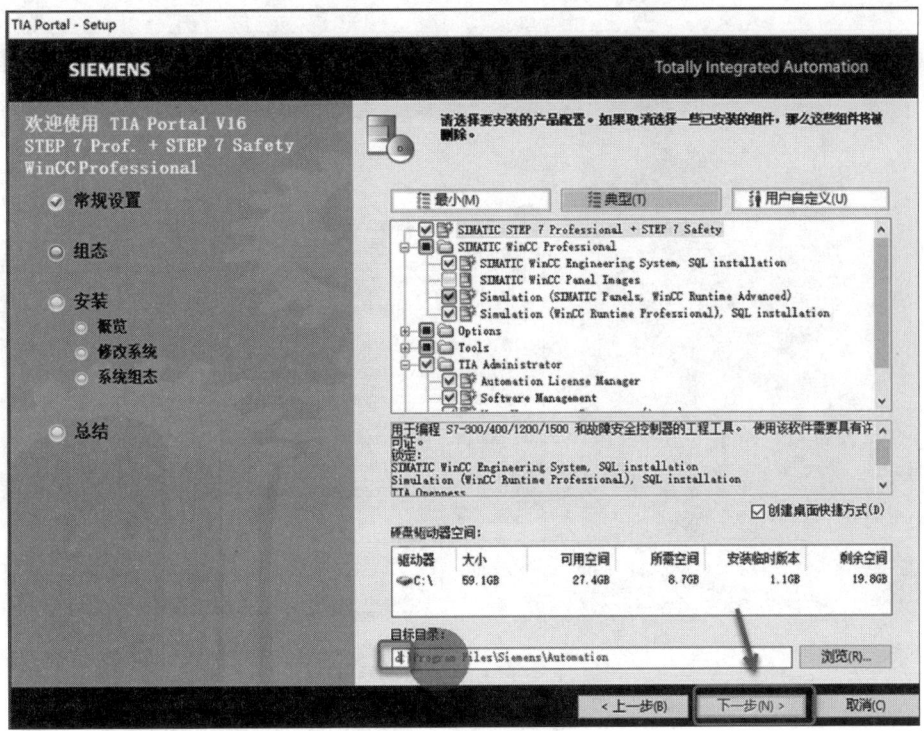

图 2-49 修改安装位置

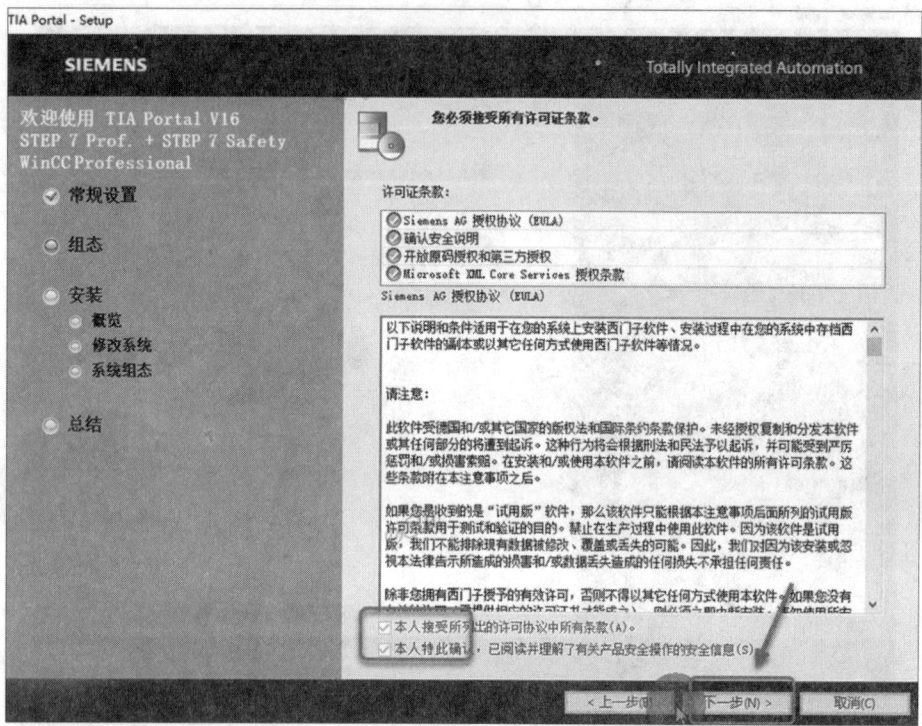

图2-50 勾选接受协议、理解产品安全操作信息

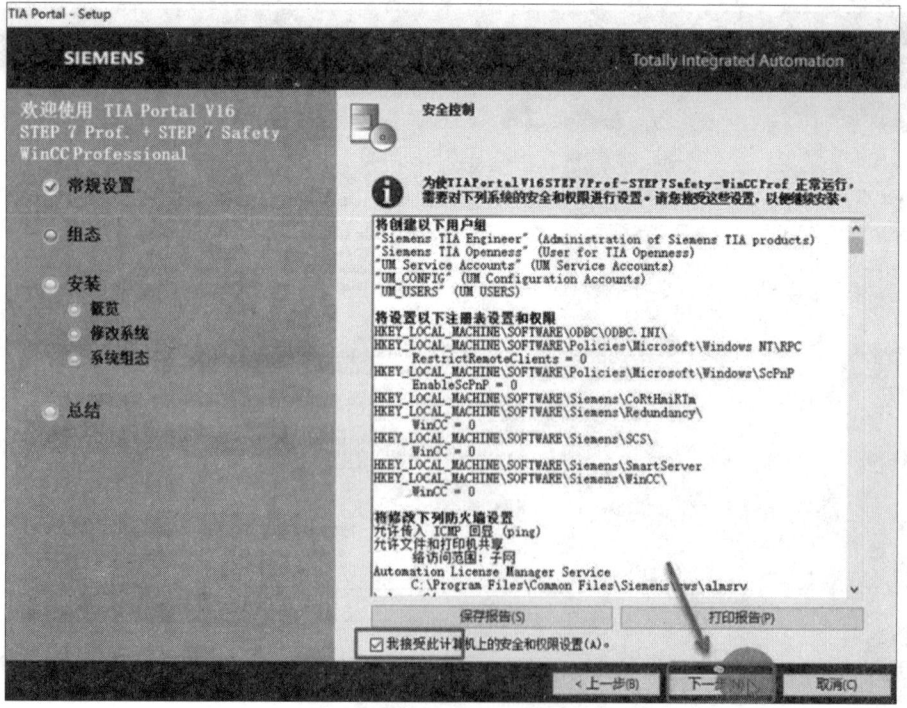

图2-51 勾选"我接受此计算机上的安全和权限设置"

(15)点击"安装",如图 2-52 所示。

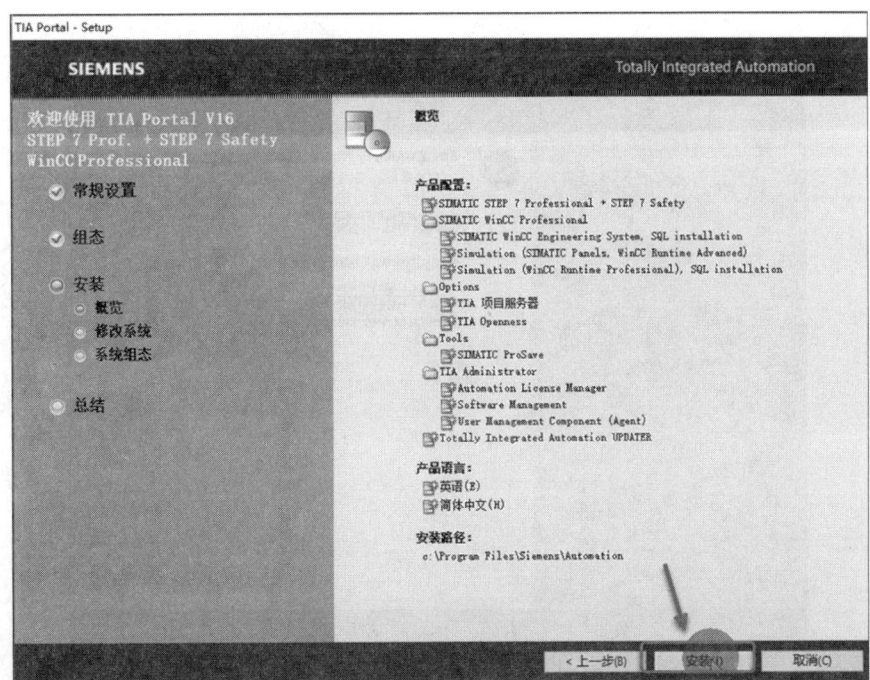

图 2-52　点击"安装"

(16)软件安装中如图 2-53 所示。

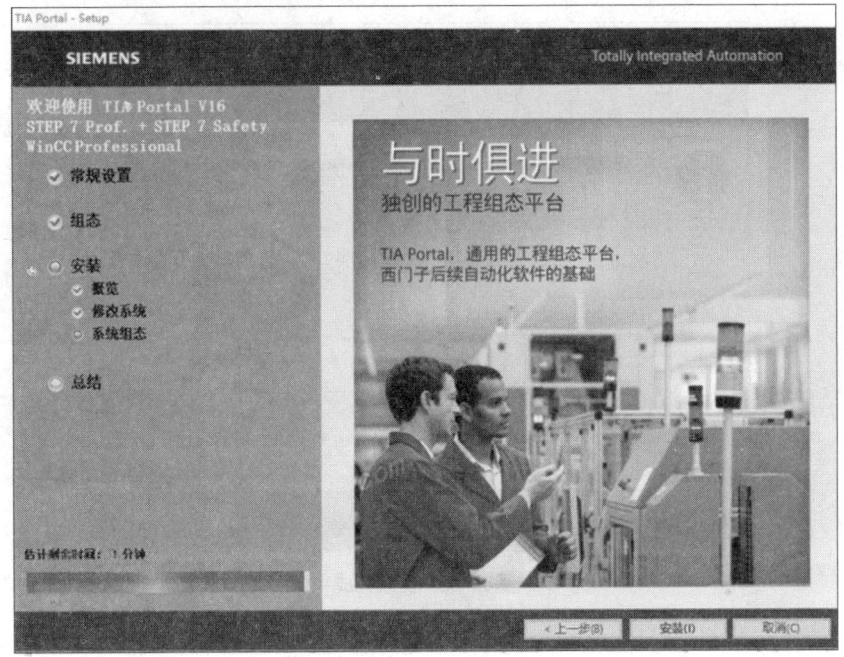

图 2-53　软件安装中

（17）勾选"否，稍后重启计算机"，点击"关闭"按钮，如图2-54所示。

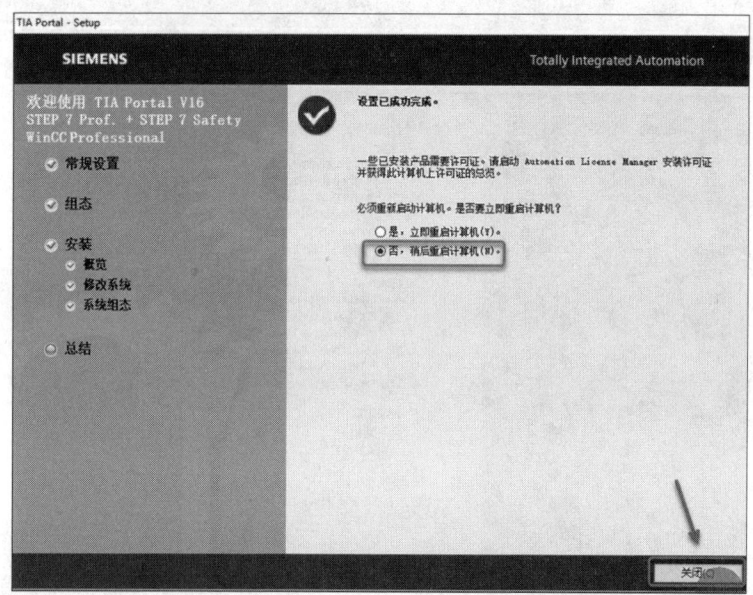

图2-54 选择否，稍后重启计算机

（18）点击"完成"按钮，如图2-55所示。

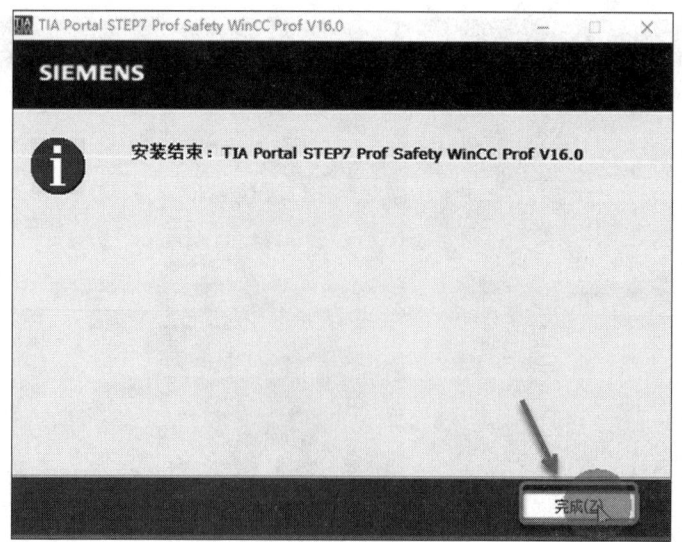

图2-55 安装完成

4. STEP7 的硬件接口

PC/MPI 适配器也称为 PC 适配器，物理接口为 RS232 到 RS485 接口的转换，内含 RS232 到 MPI 协议的转换，用于连接 PC 的 COM 口（RS232）和西门子 S7-300PLC 的 MPI 口（RS485）。计算机一侧的通信速率为 192 Kbit/s 或 384 Kbit/s，PLC 一侧的通信速率为 19.22 Kbit/s～1.5 Mbit/s。

除了 PC 适配器，还需要一根标准的 RS232C 通信电缆。

若在 PC 上安装通信卡，能使 PC 和 PLC 之间通过网络进行通信。西门子提供的 CP5611 卡（PCI 卡）、CP5511 或 CP5512 卡（PCMCIA 卡），可以将 PC 连接到 MPI 或 PROFIBUS 网络中；工业以太网通信卡 CP1512 卡（PCMCIA 卡）或 CP1612 卡（PCI 卡）可以将 PC 连接到以太网中。

5. STEP7 的卸载

若用户希望安装更新版本的 STEP7，建议首先卸载已经安装的旧版本程序。使用通常的 Windows 步骤卸载 STEP7 的方法如下。

（1）在"控制面板（Control Panel）"中双击"添加/删除程序（Add/Remove Programs）"图标，启动 Windows 下用于安装软件的对话框。

（2）在安装软件显示的项目表中，选择 STEP7，单击"添加/删除软件（Add/Remove）"按键。

（3）若出现"Remove Enable File（删除启用文件）"对话框，用户不知如何操作，则可以单击"NO"按键。

6. 设置 PG/PC

PG/PC 接口（PG/PC Interface）是 PG/PC 和 PLC 之间进行通信连接的接口。PG/PC 支持多种类型的接口，每种接口都需要进行相应的参数设置（如通信的波特率等）。因此，要实现 PG/PC 和 PLC 之间的通信连接，必须正确地设置 PG/PC 接口，设置方法如下。

（1）打开 PG/PC 设置对话框。在 STEP7 安装过程中，会提示用户设置 PG/PC 接口参数。在安装完成之后，可通过以下几种方法打开 PG/PC 设置对话框。

1）在 Windows 桌面上，选择"开始"→"SIMATIC"→"设置 PG/PC 接口"命令，弹出 PG/PC 接口设置对话框。

2）在 Windows 桌面，双击"我的电脑"，再单击"控制面板"，弹出"控制面板"对话框,在该对话框中双击"Setting The PG/PC Interface(设置 PG/PC 接口)"项,弹出 PG/PC 接口设置对话框。

3)在 SIMATIC 管理器窗口中,单击菜单栏中的"选项",再单击子菜单中的"PG/PC"选项,弹出 PG/PC 接口设置对话框。

(2) PG/PC 接口设置步骤。

1)将"应用程序访问点"区域设置为 S7 ONLINE(STEP7)。

2)在"为使用的接口分配参数"区域中,选择需要的接口类型。若列表中没有需要的类型,可通过单击"选择"按钮安装相应的模块或协议。

3)选中一个接口类型,单击"属性"按钮,在弹出的对话框中对该接口参数进行设置。

7. 软件编辑器

SIMATIC 管理器是 STEP7 的窗口,是用于 S7-300PLC 项目组态、编程和管理的基本应用程序。在 SIMATIC 管理器中进行项目设置、配置硬件并为其分配参数,组态硬件网络、程序块,对程序进行调试(离线方式或在线方式)等操作。操作过程中所用到的各种 STEP7 工具,会自动在 SIMATIC 管理环境下启动。

(1)编辑器中的工作流程。编辑器中的工作流程如图 2-56 所示。实际上,编程、调试的工作都在编辑器循环中反复进行。

(2)启动编辑器的方法。启动编辑器之前首先要先启动 SIMATIC 管理器,如果计算机中安装了 STEP7 软件包,则启动 Windows 以后桌面上就会出现"SIMATIC Manager"图标。快速启动 STEP7 的方法是在桌面上双击"SIMATIC Manager"图标,打开 SIMATIC 管理器窗口。

启动 STEP7 的另一种方式是在 Windows 的任务栏中单击"开始(Start)",在弹出的菜单中选择"SIMATIC"。

在 SIMATIC 管理器窗口下双击要编辑的块的图标(见图 2-57 的"OB1")就可以打开编辑器窗口。

编辑器下的块由变量声明表和程序区两部分组成。变量声明表的用途将在以后的章节中具体介绍。用户在当前使用中可以把变量声明表下端的线拉上去,先将其隐藏起来,方便用户程序的编写工作。

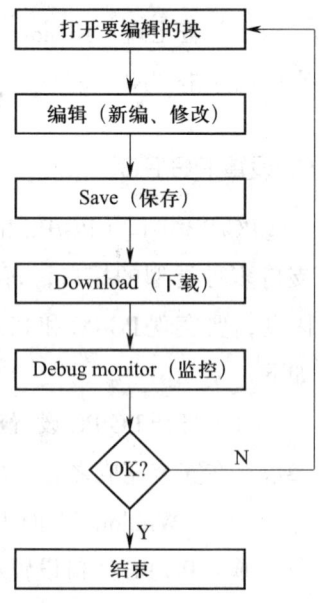

图 2-56 编辑器中的工作流程

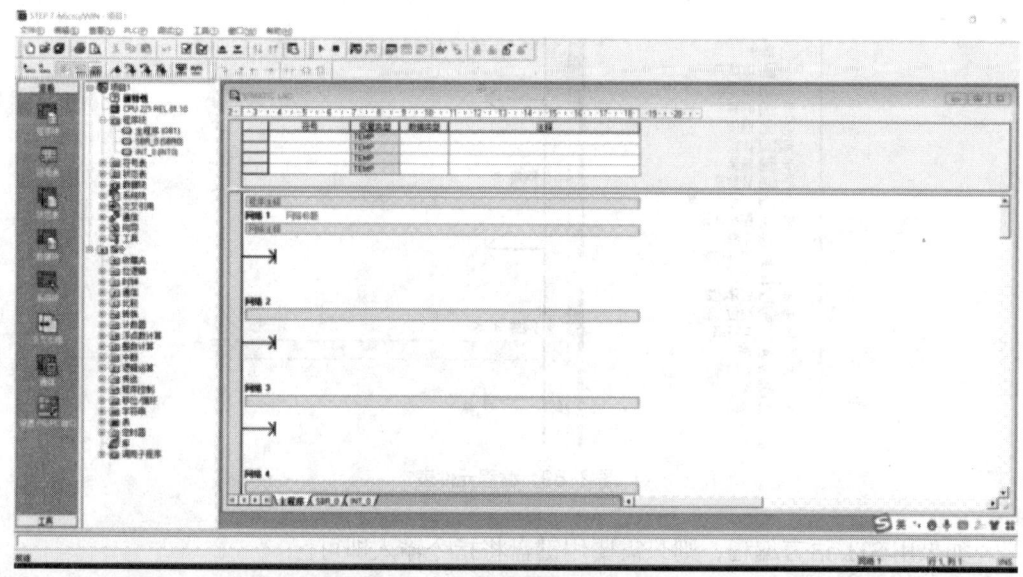

图2-57 打开编辑器窗口

(3) 在编辑器中选择编程语言。进入编辑器后，还可以再次选择编程语言，如图 2-58 所示。

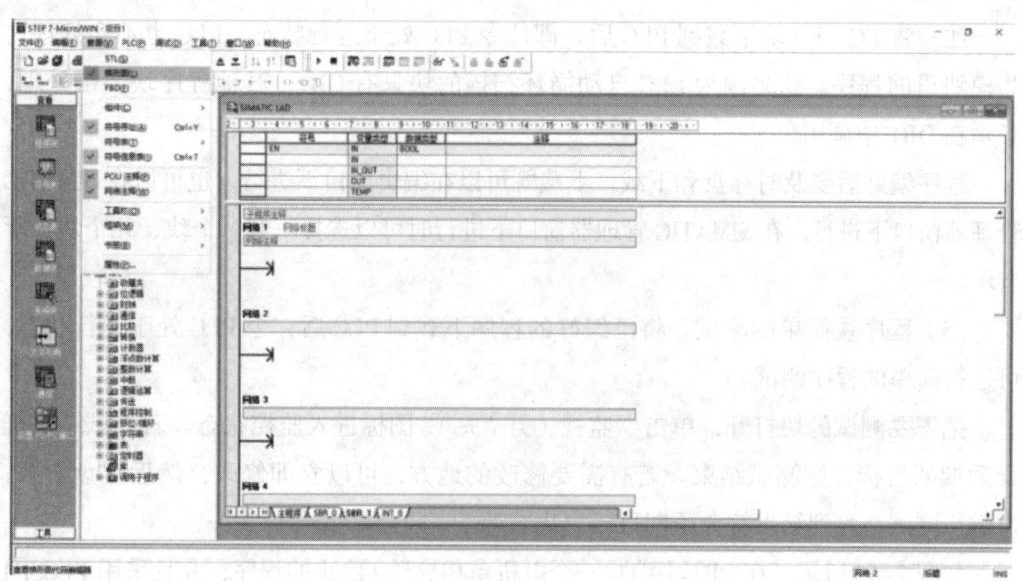

图2-58 在编辑器中选择编程语言

如果选择 LAD 或者 FBD，则编辑时常用的元件会出现在工具条中。用单击或者拖拉的方法可将元件插入到光标所在的位置。工具条中没有的元件可以通过单击"总揽开/关"图标展开详细的编程元件表获得。编程元件表如图2-59所示。

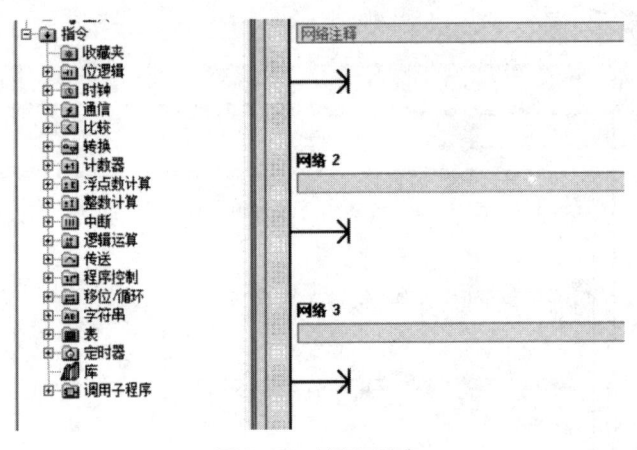

图2-59 编程元件表

如果用STL语言编程，则只需要用键盘将指令输入即可。

一个程序编完之后，单击新程序段图标即可插入新段以便继续编程。整个块编写完毕后，需要单击保存图标保存程序。

（4）程序块的下载。把编辑好的程序保存后，单击下载，就可以把已经编好的当前块下载到PLC中。

注意将FC、FB块下载到PLC后，即使令PLC处于运行状态，PLC也不会处理这些模块里的程序。这是因为PLC自动循环扫描的块只有OB1，其他程序块要被处理，必须在OB1中调用。

程序编好后要及时存盘和下载。下载既可以在编辑窗口下进行，也可以在SIMATIC管理器窗口下进行。在SIMATIC管理器窗口下进行时可以选择下载一个块、几个块、所有块。

（5）程序块简单的测试。将已编好的程序下载到PLC后，令PLC处于运行状态，可进行简单的程序测试。

把需要测试的块打开，单击"监视（开/关）"图标进入监控状态。若测试结果符合预期的目标，则测试结束。若有需要修改的地方，可以立即修改，然后存盘下载，再进行测试，直到结果符合预期目标为止。

如图2-60所示，在OB1中编写一个电机单相启动/停止的程序，并且采用PLCSIM仿真。启动按钮I0.0是常开按钮，停止按钮I0.1是常闭按钮，驱动电机的接触器是Q0.1。程序编辑完成后，把程序下载到PLC中并让其运行，测试所写程序是否符合控制要求。

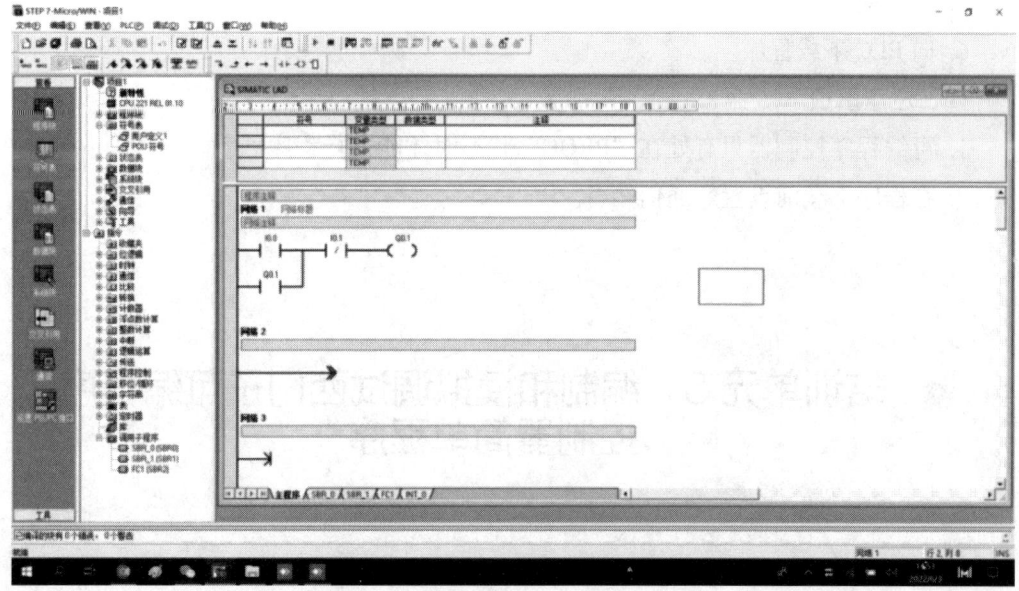

图 2-60 电机单向启动/停止程序测试

技能要求

使用编程软件西门子 STEP7 向 PLC 下载程序

一、操作要求

1. 使用西门子 STEP7 编程软件输入程序。
2. 将输入的程序传送到 PLC 中。
3. 对程序进行监控。

二、操作准备

1. 西门子 S7-300 可编程序控制器。
2. 编程电缆。
3. 计算机。
4. 按钮、指示灯以及连接导线。
5. 电工常用工具。

三、操作步骤

1. 启动编程软件西门子 STEP7。
2. 新建一个程序文件。
3. 在梯形图视图中输入提供的梯形图程序。
4. 切换到指令语句表视图对程序进行修改,并切换回梯形图视图进行查阅。

5. 保存程序文件。

6. 向 PLC 下载程序。

四、注意事项

1. 可编程序控制器只有处在"PROG"状态时才能进行程序下载。

2. 在程序下载前设置好通信端口。

培训单元 5 编制和模拟调试西门子可编程序控制器简单程序

培训重点

1. 熟悉西门子 S7-300 的编程语言及应用程序的编写方法。
2. 熟悉西门子 S7-300 系列可编程序控制器的基本逻辑指令的应用。

知识要求

一、西门子 S7-300 的编程语言

1. PLC 编程语言的国际标准

IEC 61131-3 是由国际电工委员会制定的 PLC 编程语言国际标准,也是第一个为工业自动化控制系统的软件设计提供标准化编程语言的国际标准,于 1993 年正式颁布,是过程控制领域、分散型控制系统(DCS)、基于 PLC 的控制、运动控制和 SCADA 系统上的标准。随着 PLC 技术的不断进步,该标准也在不断被补充和完善。

IEC 61131-3 国际标准得到了包括美国 AB 公司、德国西门子公司等世界知名大公司在内的众多厂家的推动和支持。它极大地改进了工业控制系统的编程软件质量,提高了软件开发效率;其定义的一系列图形化语言和文本语言,不仅给系统集成商和系统工程师的编程提供了很大的方便,还为最终用户带来了很大的便利;其在技

术上的实现是高水平的，有足够的发展空间和变动余地，能很好地适应未来的工控要求。

IEC 61131-3 国际标准已被越来越多的厂商采用，著名的自动化设备制造商如西门子、罗克韦尔、施耐德等公司均推出了与其兼容的产品。国内近年来开发的 PLC 也几乎都符合这个标准。

2. STEP7 的编程语言

STEP7 是 S7-300/400 系列 PLC 的应用设计软件包，所支持的 PLC 编程语言非常丰富。该软件的标准版支持以下的编程语言。

（1）指令表 IL（instruction list）

西门子称为语句表（STL）。STL 是一种类似于计算机汇编语言的文本编程语言，由多条语句组成一个程序段。语句表可供习惯汇编语言的用户使用，在运行时间和要求的存储空间方面最优。在设计通信、数学运算等高级应用程序时建议使用语句表。语句表比较适合经验丰富的程序员使用，可以实现某些不能用梯形图或功能块图表示的功能。

（2）结构文本 ST（structured text）

西门子称为结构化控制语言（SCL）。SCL 是一种类似于 Pascal 的高级文本编辑语言，用于 S7-300/400 和 C7 的编程，可以简化数学计算、数据管理和组织工作。

（3）梯形图 LD（ladder diagram）

西门子简称为 LAD。LAD 是使用最多的 PLC 图形编程语言，与继电器控制电路图表达方式相仿，具有直观易懂的优点，很容易被工厂电气人员掌握，特别适用于开关量逻辑控制。

在 S7-300 中，触点和线圈等组成的独立电路称为网络（Network），中文版的 STEP7 称为程序段。STEP7 可自动为程序段编号，用户可以在程序段号的右边加上程序段的标题，在程序段的下面为程序段加上注释。如果将两块独立电路（可以分开的电路）放在同一个程序段内，将会出错。

（4）功能块图 FBD（function block diagram）

FBD 使用类似于布尔代数的图形逻辑符号来表示控制逻辑，一些复杂的功能用指令框表示。FBD 比较适合有数字电路基础的编程人员使用，这些人很容易掌握。功能块图用类似于与门、或门的方框来表示逻辑运算关系，方框的左侧为逻辑运算的输入变量，右侧为输出变量，输入和输出端的小圆圈表示"非"运算，方框被"导线"连接在一起，信号自左向右流动。

（5）顺序功能图 SFC（sequential function chart）。对应西门子的 S7-Graph。

（6）顺序功能图 Graph。Graph 是 STEP7 标准编程功能的补充，适用于顺序控制的编程。Graph 可以清楚、快速地组织和编写 S7 PLC 系统的顺序控制程序。它根据功能将控制任务分解为若干步，其顺序用图形方式显示出来，可形成图形文件和文本文件。同时，Graph 还表达了顺序的结构，以方便进行编程、调试和查找故障。

（7）HiGraph（图形编程语言）。HiGraph 属于可选软件包，允许用状态图描述生产过程，将自动控制下的机器或系统分成若干个功能单元，并为每个单元生成状态图，然后利用信息通信将功能单元组合在一起形成完整的系统。

STL（语句表）、LAD（梯形图）及 FBD（功能块图）3 种基本编程语言在 STEP7 中可相互转换。专业版附加对 Graph（顺序功能图）、SCL（结构化控制语言）、HiGraph（图形编程语言）、CFC（连续功能图）等编程语言的支持。

二、西门子 S7-300 系列可编程序控制器的基本逻辑指令

基本逻辑指令包括"与""或""异或"和"取反"指令。

1. 逻辑"与"指令

逻辑"与"指令有 STL 和 FBD 两种指令形式，用 LAD 也可以实现逻辑"与"运算。逻辑"与"指令的格式及示例见表 2-6。STL 指令中的"A"表示对原变量（常开触点）执行逻辑"与"操作，"AN"表示对反变量（常闭触点）执行逻辑"与"操作。

表 2-6　逻辑"与"指令的格式及示例

指令形式	STL	FBD	LAD
格式	A　位地址 1 A　位地址 2	位地址1、位地址2 &	位地址1　位地址2
示例 1	A　I0.0 A　I0.1 =　Q4.0 =　Q4.1	I0.0、I0.1 & Q4.0 / Q4.1	I0.0　I0.1　Q4.0 Q4.1
示例 2	A　I0.2 AN　M8.3 =　Q4.1	I0.2、M8.3 & Q4.1	I0.2　M8.3　Q4.1

在示例 1 中，当 I0.0 和 I0.1 都为 1 时，Q4.0 和 Q4.1 为 1（继电器线圈得电，Q4.0 和 Q4.1 的触点动作），否则，Q4.0 和 Q4.1 为 0（继电器线圈失电，Q4.0 和 Q4.1 的触点复位）。在示例 2 中，当 I0.2 为 1（常开触点闭合）且 M8.3 为 0（常闭触点闭合）时，Q4.1 为 1，否则，Q4.1 为 0。

2. 逻辑"或"指令

逻辑"或"指令有 STL 和 FBD 两种指令形式，用 LAD 也可以实现逻辑"或"运算。逻辑"或"指令的格式及示例见表 2-7。STL 指令中的"O"表示对原变量（常开触点）执行逻辑"或"操作，"ON"表示对反变量（常闭触点）执行逻辑"或"操作。

表 2-7 逻辑"或"指令的格式及示例

指令形式	STL	FBD	LAD
格式	O 位地址1 O 位地址2	位地址1 >=1 位地址2	位地址1 位地址2
示例 1	O I0.2 O I0.3 = Q4.2	I0.2 >=1 Q4.2 I0.3 =	I0.2 Q4.2 I0.3
示例 2	O I0.2 ON M10.1 = Q4.2	I0.2 >=1 Q4.2 M10.1 =	I0.2 Q4.2 M10.1

在示例 1 中，I0.2 和 I0.3 只要有一个为 1，Q4.2 即为 1；I0.2 和 I0.3 均为 0 时，Q4.2 才为 0。在示例 2 中，I0.2 为 1 或 M10.1 为 0 时，Q4.2 为 1；I0.2 为 0 且 M10.1 为 1 时，Q4.2 才为 0。

3. 逻辑"异或"指令

逻辑"异或"指令有 STL 和 FBD 两种指令形式，用 LAD 也可以实现逻辑"异或"运算。逻辑"异或"指令的格式及示例见表 2-8。STL 指令中的"X"表示对原变量（常开触点）执行逻辑"异或"操作，"XN"表示对反变量（常闭触点）执行逻辑"异或"操作。

表2-8 逻辑"异或"指令的格式及示例

指令形式	STL	FBD	LAD
格式	X 位地址1 X 位地址2 XN 位地址1 XN 位地址2	位地址1 —[XOR] 位地址2 — 位地址1 —o[XOR] 位地址2 —o	位地址1 位地址2 —┤├—┤/├— 位地址1 位地址2 —┤/├—┤├—
示例1	X I0.4 X I0.5 = Q4.3 XN I0.4 XN I0.5 = Q4.3	I0.4 —[XOR]— Q4.3 I0.5 — I0.4 —o[XOR]— Q4.3 I0.5 —o	I0.4 I0.5 Q4.3 —┤├—┤/├—( )— I0.4 I0.5 —┤/├—┤├—
示例2	X I0.4 XN I0.5 = Q4.3	I0.4 —[XOR]— Q4.3 I0.5 —o	I0.4 I0.5 Q4.3 —┤├—┤├—( )— I0.4 I0.5 —┤/├—┤/├—

在示例1中，I0.4 和 I0.5 为逻辑"异或"的关系，当 I0.4 和 I0.5 不同时，输出位 Q4.3 为 1，否则 Q4.3 为 0。在示例2中，I0.4 和 I0.5 为逻辑"同或"的关系，当 I0.4 和 I0.5 相同时，输出位 Q4.3 为 1，否则 Q4.3 为 0。

4. 逻辑块的操作

逻辑"与""或"指令可以任意组合，CPU 的扫描顺序是先"与"后"或"，遇到括号时则先扫描括号内的指令，再扫描括号外的指令。对于 SIL，先"与"后"或"操作可不使用括号，先"或"后"与"操作必须使用括号来改变自然扫描顺序。逻辑块的操作的格式及示例见表2-9。

表2-9 逻辑块的操作的格式及示例

实现方式	LAD	FBD	STL
先"与"后"或"	I1.0 I1.1 M3.1 Q4.4 —┤├—┤├—┤├—( )— I1.3 M3.0 —┤├—┤/├— M3.2 —┤├—	I1.0 —[&] I1.1 — M3.1 —[>=1] I1.3 —[&] M3.0 —o M3.2 —o —[=]— Q4.4	A I1.0 A I1.1 A M3.1 O A I1.3 AN M3.0 ON M3.2 = Q4.4

续表

实现方式	LAD	FBD	STL
先"或"后"与"	I1.4 I1.5 M3.4 Q4.5 M3.3 I1.6	I1.4, M3.3 >=1; I1.5, I1.6 >=1; M3.4 (取反) → & → Q4.5 =	A (O I1.4 O M3.3) A (O I1.5 O I1.6) AN M3.4 = Q4.5

5. 信号流取反指令

RLO 为逻辑操作结果，RLO 的状态能表示有关信号流的信息，RLO 状态为 1，表示有信号流通，为 0 则表示无信号流通。信号流取反指令的作用就是对逻辑串的 RLO 值取反，信号流取反指令的格式及示例见表 2-10。示例中，当 I0.0 和 I0.1 同时为 1 时，Q4.0 为 0，否则 Q4.0 为 1。

表 2-10 信号流取反指令的格式及示例

指令形式	LAD	FBD	STL
格式	─| NOT |─	=（取反）	NOT
示例	I0.0 I0.1 NOT Q4.0	I0.0, I0.1 → & → 取反 → Q4.0 =	A I0.0 A I0.1 NOT = Q4.0

技能要求

编写电动机时间控制正反转控制程序并进行模拟调试

一、操作要求

1. 使用基本逻辑指令编写电动机时间控制正反转控制程序。
2. 用按钮、指示灯、监控软件对程序进行模拟调试。

二、操作准备

1. 西门子 S7-300 可编程序控制器。
2. 编程电缆。
3. 计算机。
4. 按钮、接触器、电动机以及连接导线。
5. 电工常用工具。

三、操作步骤

1. 启动 S7-300 Step7 并新建一个文件。
2. 使用基本逻辑指令，编写能实现电动机正反转控制的应用程序。
3. 在 S7-300 Step7 的梯形图视图中输入所编写的应用程序。
4. 将程序下载到可编程序控制器。
5. 在可编程序控制器的 I/O 端口上连接按钮及指示灯。
6. 调试程序。
7. 程序运行正确后保存程序文件，并向指导教师演示程序的运行。

四、注意事项

1. 梯形图的编程规则和技巧。
2. 将继电控制电路替换成可编程序控制器梯形图时应注意的问题。

培训项目二　常见电力电子装置维护

 培训单元1　软启动器的识别与接线

培训重点

1. 了解软启动器的基本结构、基础知识。
2. 识别软启动器的操作面板、电源输入端、输出端、控制端。
3. 熟悉软启动器的工作原理及参数设置。

知识要求

一、软启动器的工作原理

1. 软启动器概述

三相异步电动机以其性能优良、结实耐用、结构形式简单和免维护等优点，在各行各业中得到广泛的应用。当三相异步电动机采用全压直接启动的启动方式时，电动机的启动电流很大，一般为电动机额定电流的 7~8 倍，会对供电电网造成较大冲击影响。同时，直接启动时启动转矩和启动应力也较大，也会对负载设备造成较大机械冲击影响，使负载设备的使用寿命降低。为了减小电动机的启动电流，一般采用星形/三角形（Y/△）启动、自耦减压启动、电抗器减压启动等传统减压启动方法。但是，这些减压启动方法都是有级减压启动方法，虽然可以起到减小电动机启动电流的作用，但是启动过程存在二次冲击电流，对供电电网和负载设备仍有冲击影响。另外，三相异步电动机停机时，一般传统的控制方法都是通过瞬间停电完成的，无法实现软停车。但是在部分应用场合，使交流电动机瞬间停电、停机并不合适。

随着微电子技术、电力电子技术、传动控制技术及计算机技术的快速发展，电子式软启动器（简称软启动器）得到了广泛的关注和应用。软启动器是一种采用晶闸管为主要功率器件、微处理器（或单片机）为控制核心的智能型电动机启动设备，集软启动、软停车、轻载节能和多功能保护于一体。

软启动器具有良好的人机交互界面，便于操作与调试；可以设置多种启动模式和停止模式，具体应用时可以根据电动机负载的特性选择合适的启动模式和停止模式，并可以对启动时间、软停时间进行设置；具有完善的保护功能，可灵活设置相关保护参数，并具有故障信号报警等功能；具有控制信号输入和输出等多种功能；有些型号软启动器还具有先进的 RS485 等通信功能，可以与 PLC 等构成自动化控制系统。

2. 软启动器的启动与停止方式

（1）软启动器的工作原理

软启动器主要由串接于三相交流电源与被控电动机之间的三相反并联晶闸管及其电子控制电路构成，如图 2-61 所示。

软启动器主电路就是采用相位控制的三组反并联晶闸管组成的交流调压电路，在每一相中均拥有两个反并联接法的晶闸管，其中一个晶闸管用于正半周，另一个用于负半周。软启动器中电子控制电路以微处理器（或单片机）为控制核心器件，控制晶闸管的触发脉冲控制角 α 的大小来调节晶闸管的导通角，从而改变软启动器输出电压，即三相交流电动机定子电压的大小，从零以预设函数关系逐渐上升，直至启动结束。此时，晶闸管完全导通，电动机在额定电压下运行，从而实现软启动。由于异步电动机的启动电流与异步电动机定子电压成正比，异步电动机的启动转矩与异步电动机定子电压的平方成正比，所以控制异步电动机定子电压就可以控制异步电动机的启动电流和启动转矩。在软启动过程中，电动机启动转矩逐渐增加，转速也逐渐增加，从而实现无冲击而平滑的启动。

对于带内置旁路接触器的软启动器或外置旁路接触器的软启动器，如图 2-62 所示，在电动机完成启动加速之后，电动机将在额定电压下运行。由于在运行过程中没有必要调节电动机定子电压，因此将通过内部安装的旁路触点或旁路接触器将晶闸管短接，这样就可在连续运行过程中，减少晶闸管损耗功率以及所产生的热量排放，因此也可降低设备周围环境的温度，延长软启动器的使用寿命。

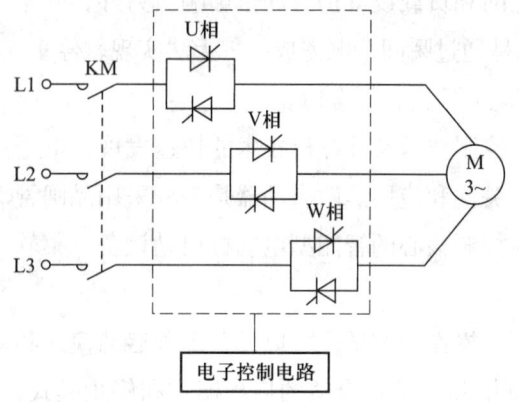
图 2-61 软启动器的工作原理

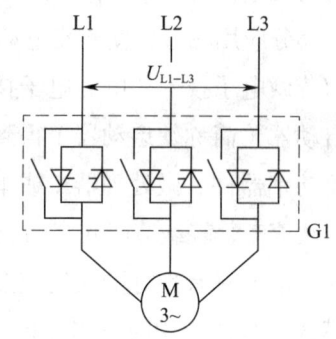
图 2-62 带内置旁路接触器的软启动器的原理图

软启动器除了软启动功能外，还具有软停车功能。软停车与软启动过程相反，软启动器得到停机指令后，晶闸管从全导通状态逐渐地减小导通角，输出电压逐渐降低，电动机转速逐渐下降到零。

由以上分析可知，软启动器实际上是采用相位控制的交流调压电路，仅仅改变了输出电压，而频率是不变的。

（2）软启动器的启动方式

软启动器一般有下面几种软启动方式。

1）电压斜坡软启动方式。这种启动方式最简单，不具备电流闭环控制，仅调整晶闸管导通角，使导通角随时间成一定函数关系增加。用户可以预先设置一个启动电压和启动时间。在加速斜坡时间内，电动机的定子电压从某一个可设置的启动电压均匀升高到电源电压，然后由延时控制，旁路接触器闭合，电机启动过程结束，进入运行阶段。电压斜坡升压软启动曲线如图 2-63 所示。

采用电压斜坡软启动方式时，应选择合适的启动电压和启动时间。启动电压的大小决定了电动机的启动电流和启动转矩的大小，较小的启动电压会产生较小的启动转矩和较小的启动电流。启动时间的长短可决定在什么时间内将电动机电压从所设置的启动电压升高到电源电压。当启动时间较长时，电动机启动过程中产生的加速转矩较小，电动机加速时间较长，电动机达到其额定转速的时间也较长。当启动时间太短，也就是启动时间在电动机完成加速之前就已结束时，将会出现很大的启动电流。

一般而言，电压斜坡软启动方式适用于对启动电流要求不高而对启动平稳性要求较高的场合。

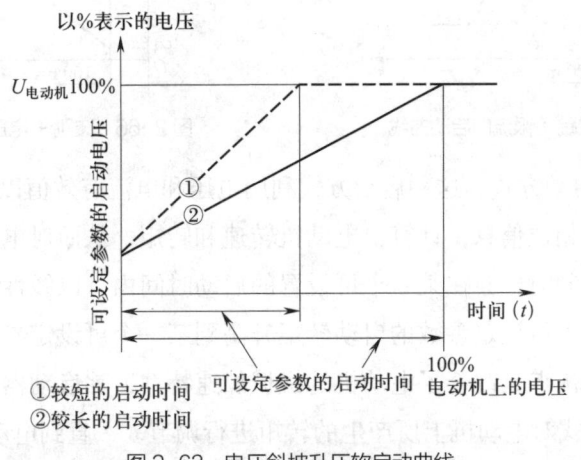

图 2-63 电压斜坡升压软启动曲线

2）限电流软启动方式。电动机用这种启动方式时，输出电压会迅速增加，直到电动机电流达到设定的限流值 I_1，并保持电动机电流不大于 I_1，然后随着输出电压的逐渐升高，电动机逐渐加速；当电动机达到额定转速时，旁路接触器吸合，输出电流迅速下降到电动机额定电流 I_e 或以下，启动完成。启动过程中，电流上升变化的速率可以根据电动机负载调整设定，电流上升速率越大，则启动转矩越大，启动时间越短。限电流软启动曲线如图 2-64 所示。

一般而言，限电流软启动方式适用于对电流限制要求较高的场合，如具有较大惯性质量且因此具有较长启动时间的通风机、泵类负载的启动。

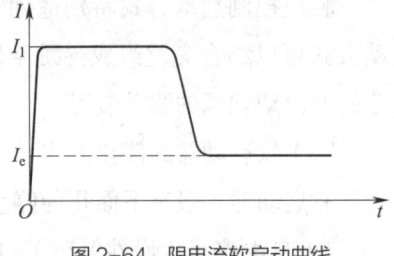

图 2-64 限电流软启动曲线

3）突跳+限流或突跳+电压启动方式。这种启动方式是在启动开始阶段，先对电动机施加一个较高的固定电压并维持有限的一段时间，以克服电动机负载的静摩擦力使电动机转动，然后按限电流或电压斜坡的方式启动。此种启动方式适用于带较重负载启动或负载静摩擦力较大的场合。突跳+限流的启动曲线如图2-65所示，突跳+电压的启动曲线如图2-66所示。

在采用突跳+限流或突跳+电压启动方式前，应先采用非突跳方式启动电动机，只有当电动机因静摩擦力太大不能转动时，才选用此启动方式，否则应避免采用此方式，以减少不必要的大电流冲击。

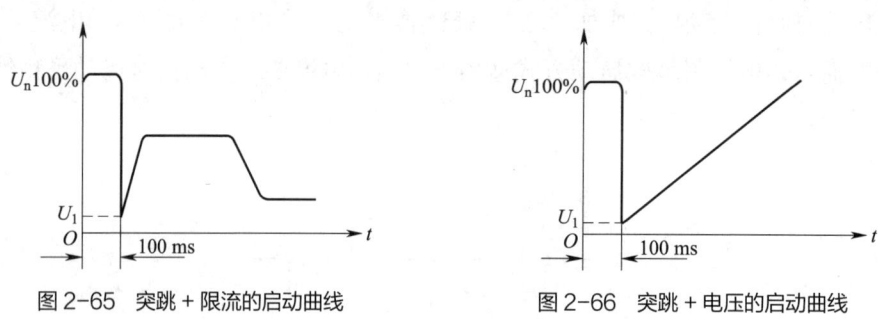

图2-65　突跳+限流的启动曲线　　　　图2-66　突跳+电压的启动曲线

4）转矩控制启动方式。这种启动方式利用电压和电流有效值以及电源电压和电动机电流之间的相应相位信息，计算出电动机转速和转矩，从而对电动机电压进行相应调节。进行转矩控制时，会在某一个可设置的启动时间内，以线性方式将电动机中所产生的转矩从某一个可设定参数的启动转矩升高到某一个可设定参数的最终转矩。与电压斜坡相比，其优点是改善了电动机的机械加速特性，软启动器可根据所设置的参数，以连续线性方式对电动机上所产生的转矩进行调节，一直到电动机完成加速为止。启动转矩的大小可决定电动机的启动电流的大小，较小的启动转矩值会产生较小的启动电流。极限转矩的大小用来确定在加速过程中电动机产生的最大转矩的大小。启动时间的长短可决定将启动转矩升高到最终转矩的时间长短。

当启动时间较长时，电动机启动过程中产生的加速转矩较小，这样就可实现较长时间的电动机软加速。转矩控制启动曲线如图2-67所示。

转矩控制启动方式特别适用于负载需要均匀、平稳驱动的启动情况。转矩控制启动方式可以结合突跳组成突跳+转矩控制启动方式，典型的应用如磨碎机、破碎机或者带有滑动轴承的驱动装置。

（3）软启动器的停止方式

软启动器一般有下面几种停止方式。

1）自由停止（慢性停车）。在这种停止方式下，软启动器接到停止命令后即断开

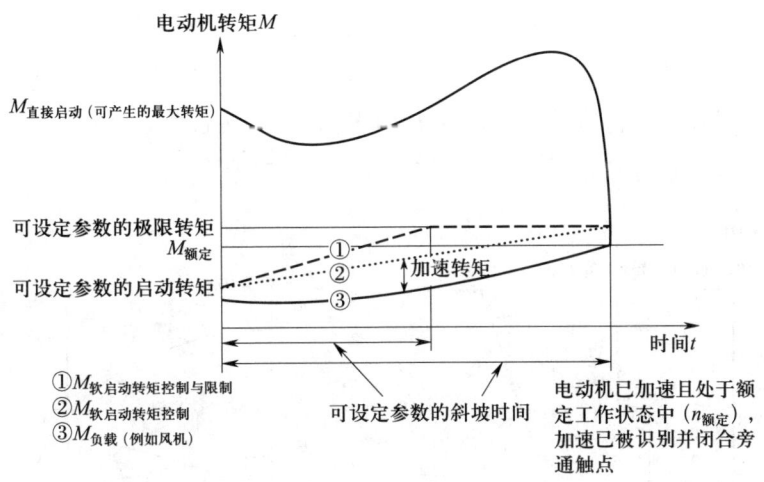

图 2-67 转矩控制启动曲线

旁路接触器并禁止晶闸管的调压输出,电动机依负载惯性逐渐停车。自由停止方式适用于对停车时间和停车距离无要求的负载设备。

2)软停止/泵停止。在这种停止方式下,电动机的供电由旁路接触器切换到晶闸管调压输出,输出电压由全压逐渐减小,使电动机转速平稳降低,直至停止。软停止/泵停止方式适用于对停车时间有要求和柔性停机要求的泵类负载。

3)直流制动停止。软启动器接到停机信号后,由旁路接触器切换为晶闸管供电,由晶闸管主电路向电动机输入(可控)直流电流,从而加快制动,制动时间可调。直流制动停止方式适用于对停车时间和停车距离有要求的工作场合,在一定程度上代替了反接制动停车。一般软启动器不具备此种功能。

上述三种停止方式曲线如图 2-68 所示。

(4)软启动器与传统减压启动方法的区别

三相异步电动机传统的减压启动方法都属于有级减压启动,如星-三角减压启动,启动电压为三相 220 V,运行电压为三相 380 V,电动机只能在此两个电压点上运行,为有级减压启动模式。同时,这些启动方法在电压切换过程中都会出现冲击电流,对负载设备造成机械和电气冲击。

软启动器的软启动与上述传统减压启动方法的不同之处如下。

1)软启动器的输出电压可连续调节,无冲击电流。在电动机启动过程中,软启动器

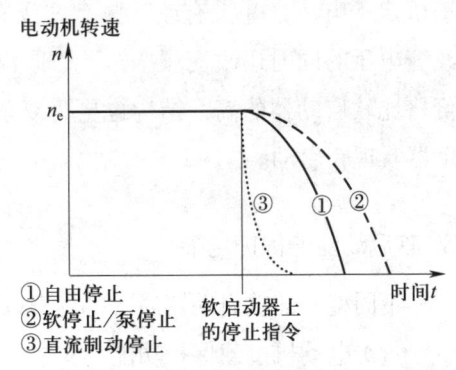

图 2-68 停止方式曲线

通过逐渐增大晶闸管导通角,可以使电动机定子电压从零线性上升至额定电压,减小电动机的启动电流和启动转矩,从而减小对电动机及负载设备造成的机械和电气冲击,提高了供电可靠性,平稳启动,延长机器使用寿命。不同启动方法的电动机启动电压、启动电流和启动转矩分别如图 2-69、图 2-70、图 2-71 所示。

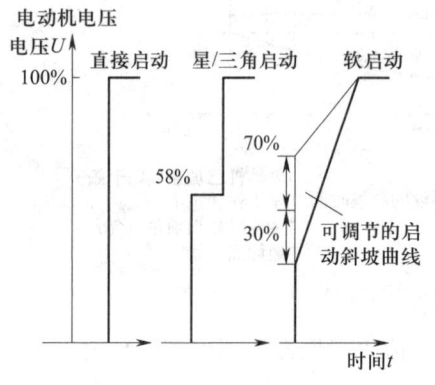

图 2-69 不同启动方法的电动机启动电压

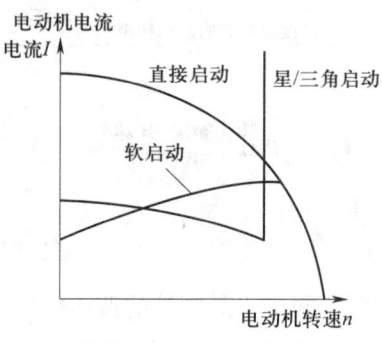

图 2-70 不同启动方法的电动机启动电流

2)软启动器具有多种软启动模式,可以根据负载设备及工艺要求选择,并且可以设置启动电压、启动时间等参数,以满足不同的生产工艺要求。

3)软启动器具有软停车功能,即平滑减速,逐渐停机,可以克服瞬间断电停机的弊病,减轻对重载机械的冲击,避免高程供水系统的水锤效应,减少设备损坏。

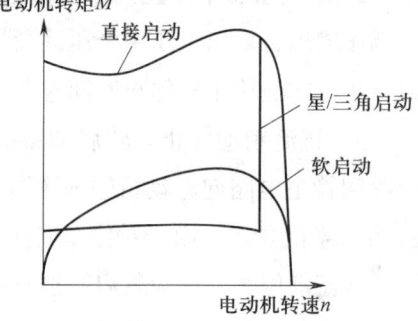

图 2-71 不同启动方法的电动机启动转矩

软启动器和变频器都可以实现软启动,但是软启动器和变频器的工作原理完全不同。软启动器实际上是一个相位控制的交流调压器,用于电动机启动时,只是改变电动机定子电压,并没有改变频率,没有调速的功能。而变频器是一个变压变频装置,改变电压的同时还改变频率,所以既能实现软启动,又能进行调速控制。但变频器的价格比软启动器的高,结构也更为复杂,在不需要调速控制的场合,尽可能采用软启动器实现软启动。

3. 软启动器的保护功能

不同型号的软启动器通常都具有以下保护功能。

(1)电动机过载保护功能

通过软启动器中的互感器测量电流,随时跟踪检测电动机工作过程中的电流,从所设置的电动机额定电流计算出绕组的升温温度，以电动机绕组的温度为依据来实现过载保护功能。当电动机过载时，就会通过软启动器发出警告或者跳闸信号。有些型号的软启动器除可以通过内部电子集成式电动机过载函数来计算绕组温度，还可通过连接一个电动机热敏电阻器来测定绕组温度，因而可以将这两种形式组合使用，对电动机进行全面的过载保护。

（2）缺相保护功能

通过软启动器中的互感器测量电流，随时检测三相线电流的变化，一旦发生断流，即可作出缺相保护反应。软启动器还可以进行三相电流不平衡保护。

（3）软启动器装置的过热保护功能

通过软启动器中的互感器测量三根相线中的电流，实现软启动器装置的过热保护功能，也可通过用晶闸管散热体上的温度传感器直接测定温度的方式，来实现装置的过热保护功能。当温度超过所设定的报警极限时，就会在软启动器上发出报警信号；当温度达到所设定的切断值时，软启动器就会自动关闭。

（4）软启动器装置晶闸管的过电压保护功能

软启动器装置晶闸管产生过电压的原因，首先是接通或断开交流电源时，出现暂态过程而引起的操作过电压和遭受雷击侵入的雷击过电压；其次是晶闸管从导通到截止时，线路上电感释放能量产生截止过电压。软启动器装置晶闸管的过电压保护一般采用压敏电阻器和阻容过电压吸收电路来实现。

（5）软启动器装置的过电流保护功能

通过软启动器中的互感器测量三根相线中的电流，实现软启动器装置的过电流保护功能。当电流超过所设定的电流极限值时，就会在软启动器上发出报警信号。这里要特别注意，为了防止晶闸管因短路而损坏（例如电路损坏或者电动机中的绕组间短路），应用软启动器装置时必须串联半导体保护熔断器（快速熔断器）进行保护。

二、软启动器的应用

软启动器最主要的优点是能实现软启动和软停止，转换无中断，不会使电网承受电流峰值，对电动机及负载设备的电气、机械冲击小。凡是不需要进行转速调节或者对启动转矩要求特别高的应用场合，均可使用软启动器。软启动器特别适用于各种泵类负载或风机类负载需要软启动与软停车的场合，主要应用在水处理、水泥、隧道、冶金、造纸、石化、空调、造船、矿山机械、建筑机械等行业，具体应用设备如带式输送机、滚柱式输送机、风机、水泵、液压泵、搅拌装置、破碎机等。

1. 软启动器的性能规格

目前有许多型号的软启动器,例如西门子软启动器、施奈德软启动器、ABB 软启动器等。西门子软启动器有 3RW30 系列、3RW40 系列、3RW44 系列等,外形分别如图 2-72、图 2-73、图 2-74 所示。

图 2-72　3RW30 软启动器

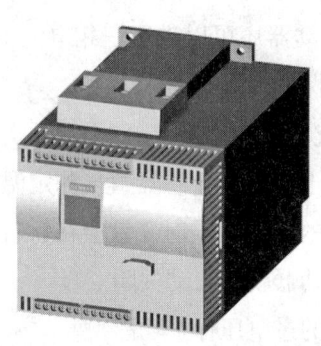

图 2-73　3RW40 软启动器

图 2-74　3RW44 软启动器

3RW 系列软启动器,设备已经内置有旁路接触器,因此无须单独选择外置旁路接触器。3RW 系列软启动器启动完成后,有持续运行和旁路运行两种运行方式供用户选择。3RW 系列软启动器启动完成后,晶闸管处于全导通状态,系统进入全压恒速运行状态,此时最好采用旁路运行方式,即当启动结束达到全电压后,将主回路切换至与晶闸管并联的旁路接触器上。旁路运行方式可减少晶闸管的运行时间,提高晶闸管使用寿命,从而降低维护成本,同时又可降低晶闸管导通时的热损耗,有利于设备散热,有效降低设备功耗。3RW30 系列软启动器为标准型软启动器,采用的是两相控制技术和获得专利的"相位平衡"控制原理,其功率范围为 11～55 kW。3RW40 系列软启动器采用创新的控制原理,使其能够在 55 kW(400 V)至 250 kW(400 V)的功率范围内进行两相控制。3RW44 软启动器为高性能型软启动器,功能强大,采用转矩控制原理,可以用于额定功率高达 710 kW(400 V)的驱动系统中(标准接线方式)或额定功率高达 1 200 kW 的驱动系统中(内三角接线方式),而且操作方便、舒适。

ABB 软启动器有 PSR 紧凑型、PSS 通用型和 PST(PSTB)智能型系列软启动器,分别如图 2-75、图 2-76、图 2-77 所示。

图 2-75　PSR 紧凑型软启动器

 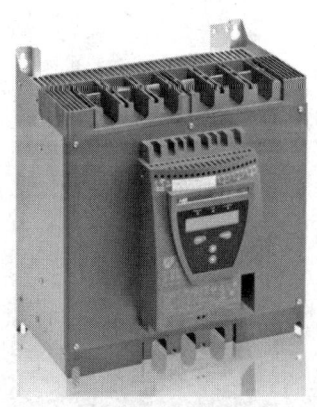

图 2-76 PSS 通用型软启动器　　图 2-77 PST 智能型软启动器

PSR 紧凑型软启动器是 ABB 软启动器家族的最新成员,具有设计独特、安装调试方便、外形紧凑的特点,尤其适用于安装空间有限的场合。PSR 紧凑型软启动器电流范围为 3.9~105 A（400 V,1.5~55 kW）,主回路电压范围为 AC208~600 V,控制回路电压范围为 DC24 V 或 AC100~240 V。所有 PSR 紧凑型软启动器均带有一个运行信号继电器,25 A 及以上的 PSR 紧凑型软启动器还带有一个全压信号继电器。PSR 软启动器采用一体化设计,除了与 ABB 手动电动机启动器实现完美的配合外,还可安装 ABB 的总线适配器（FBP）实现遥控操作,其启动能力达到每小时 10 次以上,如安装了辅助冷却风扇则可启动 20 次以上。PSR 紧凑型软启动器技术数据见表 2-11。

PSS 通用型软启动器适用于电流为 18~515 A 的电动机,是一种应用很灵活的软启动器,提供了内接或外接两种不同的接线方式供用户选择,如图 2-78 所示。采用"内接"方式时,可减少 42% 流经软启动器的电流,即用户有可能用 58 A 的软启动器来启动和运行 100 A 的电动机。该系列软启动器设置简单,用三个旋钮便可在应用中设定。

PST（PSTB）智能型软启动器是基于微处理器的软启动器,设计应用了最新技术,为电动机提供软启动和软停止功能。PST 软启动器覆盖电动机电流为 30~1 810 A,其中外接接线方式电流等级为 30~1 050 A,内接接线方式电流等级为 52~1 810 A。PST（PSTB）智能型软启动器可使用或不使用旁路接触器,大规格的 PSTB370~PSTB1050 软启动器内置有旁路接触器。PST（PSTB）智能型软启动器具有独特的转矩控制功能、中文文本菜单、完善的电动机保护功能、模拟量输出信号、可编程信号继电器以及可配置的强大通信功能,引导式菜单可帮助用户选择最佳的设置并快速排除故障。

表2-11 PSR紧凑型软启动器技术数据

		PSR3	PSR6	PSR9	PSR12	PSR16	PSR25	PSR30	PSR37	PSR45	PSR60	PSR72	PSR85	PSR105
额定绝缘电压 U_i		600 V												
额定工作电压 U_N		208~600 V												
额定供电电压 U_s		AC100~240 V 或 DC24 V												
功耗	AC100~200 V / DC24 V	12 VA / 5 W	12 VA / 5 W	12 VA / 5 W	12 VA / 5 W	12 VA / 5 W	12 VA / 5 W	12 VA / 5 W	10 VA / 5 W	10 VA / 5 W	10 VA / 5 W	10 VA / 5 W	10 VA / 5 W	10 VA / 5 W
额定工作电流 I_N		3.9 A	6.8 A	9 A	12 A	16 A	25 A	30 A	37 A	45 A	60 A	72 A	85 A	105 A
启动能力		$4 \times I_N$ (6 s)												
每小时启动次数	标准	10 [$4 \times I_N$ (6 s)]												
	带风扇	20 [$4 \times I_N$ (6 s)]												
工作系数		100%												
环境温度	运行时	−25 ℃至+60 ℃												
	储存时	−40 ℃至+70 ℃												
海拔		4 000 m												
防护等级	主回路	IP20	IP20	IP20	IP20	IP20	IP20	IP20	IP10	IP10	IP10	IP10	IP10	IP10
	控制回路	IP20	IP20	IP20	IP20	IP20	IP20	IP20	IP20	IP20	IP20	IP20	IP20	IP20

续表

			PSR3	PSR6	PSR9	PSR12	PSR16	PSR25	PSR30	PSR37	PSR45	PSR60	PSR72	PSR85	PSR105
接线	主回路		1×0.75~2.5 mm²					1×2.5~10 mm²		1×6~35 mm²			1×10~95 mm²		
			2×0.75~2.5 mm²					2×2.5~10 mm²		2×6~16 mm²			2×6~35 mm²		
	控制回路		1×0.75~2.5 mm²												
			2×0.75~2.5 mm²												
信号继电器	运行信号	电阻性负载	240 V、2 A					250 V、5 A							
		AC-15（接触器）	240 V、0.5 A					250 V、0.5 A							
	全压信号	电阻性负载	—					250 V、2 A							
		AC-15（接触器）	—					250 V、0.5 A							
LED	得电/就绪		绿色												
	运行/全压		绿色												
设定	启动		1~10 s												
	停止		0~20 s												
	初始和结束电压 U_{ini}		30%~70%												

2. 软启动器的选用

（1）软启动器分类

软启动器可分为在线型软启动器、旁路型软启动器及内置旁路型软启动器。

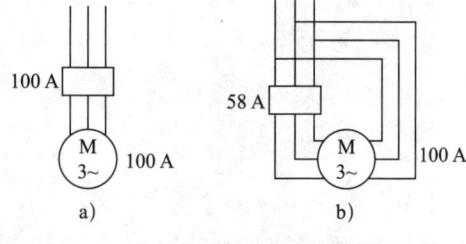

图 2-78 PSS 软启动器的内接和外接的接线方式
a）外接方式 b）内接方式

1）在线型软启动器。早期软启动器产品大部分为在线型软启动器，在电动机启动结束后继续参与运行，晶闸管处于全导通状态，电动机全电压运行。在线型软启动器的晶闸管由于长期在线运行，存在功耗大、热损耗大等问题，容易使晶闸管损坏，同时晶闸管导通时的热损耗大，需要风冷等冷却设备，增加了维护成本，并造成能源浪费。

2）旁路型软启动器。针对在线型软启动器存在的缺点，旁路型软启动器对在线型软启动器进行改进，在软启动器晶闸管两端并联外接旁路接触器，如图 2-79 所示。旁路型软启动器在电动机启动结束后、电动机全电压运行时，用外接旁路接触器将软启动器内部晶闸管短接，减少晶闸管的运行时间，提高晶闸管使用寿命，从而降低维护成本，同时又可降低晶闸管导通时的热损耗，有利于设备散热，有效降低设备功耗。

3）内置旁路型软启动器。内置旁路型软启动器是在软启动器内部晶闸管两端并联旁路接触器，如图 2-80 所示。内置旁路型软启动器的工作原理与旁路型软启动器相同，在电动机启动结束后、电动机全电压运行时，用内置旁路接触器将软启动器内部晶闸管短接，减少晶闸管的运行时间，提高晶闸管使用寿命，从而降低维护成本，同时又可降低晶闸管导通时的热损耗，有利于设备散热，有效降低设备功耗。内置旁路

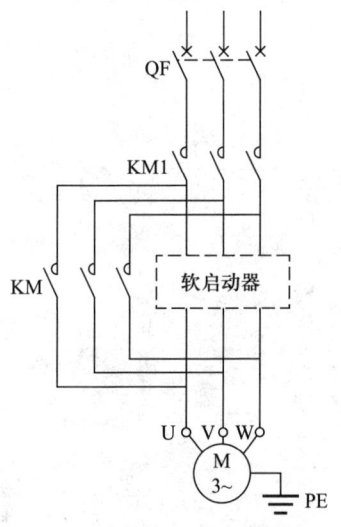

图 2-79 旁路型软启动器主电路

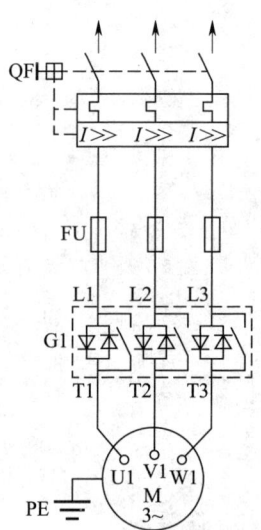

图 2-80 内置旁路型软启动器主电路

型软启动器将外部旁路接触器移到软启动器的内部,组成一个整体,由于晶闸管和旁路接触器组合一体化设计,使内置旁路型软启动器性能优于旁路型软启动器。内置旁路型软启动器的体积小,占用空间小,便于成套安装。

(2)软启动器的选用方法

选择软启动器时,首先应考虑软启动器能否满足负载工作情况。例如在负载工作需要进行电动机调速控制的情况下不能选择软启动器,因为软启动器没有调速的功能,此时应选择变频器。对于特殊负载,尤其是启动转矩大、加速转矩大、启动时间长的重载情况,也应充分考虑软启动器能否满足负载特性。

当确定采用软启动器时,首先应考虑软启动器类型,一般情况应采用内置旁路型软启动器或旁路型软启动器。其次应确定负载类型,根据负载类型选用软启动器型号。对于启动转矩小、启动时间少于20 s的常规负载,如一般风机、泵类负载,可选择标准型软启动器;对于启动转矩大、启动时间长的重载,如破碎机、提升机、罗茨式风机等,应选择高性能型软启动器。之后应根据电动机额定电流、额定电压选择软启动器具体型号规格和容量。选择软启动器具体容量时,应根据电动机额定电流来选择,并留有一定的余量;电动机功率可作为参考数据,但不能作为主要选择依据;一般情况下,软启动器的额定电流应稍大于电动机工作电流。此外,还应考虑软启动器保护功能是否完备,例如缺相保护、短路保护、过载保护、逆序保护、过压保护、欠压保护等。

最后,还应根据所选择的软启动器的控制电压、现场环境温度、通风散热情况、海拔高度、每小时启动次数等参数与现场实际情况进行校核。对于高温、高海拔、高启动频率的应用环境,应考虑适当选择更高的规格和容量。

3. 软启动器的安装、接线及其调试

(1)软启动器的安装

1)安装环境。为了保证软启动器正常运行,对其使用环境和安装的场所有以下要求。

①环境温度。运行时:-25~+60 ℃(在40~60 ℃的范围内,软启动器额定电流每度递减0.8%)。储存时:-40~+70 ℃。

②环境湿度:95%(无冷凝)。

③海拔高度:海拔1 000 m以下。当使用环境为海拔1 000 m以上时,软启动器的额定容量应相应降低。

2)安装方法。软启动器在运行中会产生热量,因而安装时,要考虑软启动器的通风及散热。为了便于通风散热,软启动器应垂直安装,请勿倒置、斜装、水平安装,应使用螺钉安装在牢固的结构上。软启动器周围应留有足够空间,如图2-81所示。

（2）软启动器的接线。按软启动器系统原理图或接线图对软启动器进行接线时要注意，如采用旁路型软启动器，软启动器的主电路接线时要注意外接旁路接触器相序不能接错。为了安全和减少噪声，软启动器的金属外壳必须良好接地。

（3）软启动器的通电调试与运行。在进行软启动器的通电调试与运行以前，首先进行软启动器的参数设置，根据负载类型设置启动方式及其相关参数，设置停止方式及其相关参数；有些软启动器还需设置电动机保护功能及相关参数。其次应确认软启动器的输入相数、额定输入电压值与交流电源的相数、电压值一致。在进行通电调试与运行时，不能采用以主电路电源开/关的方法来控制软启动器的运行和停止，应待软启动器通电以后，用软启动器上的控制端子的启动/停止来控制软启动器的运行和停止。

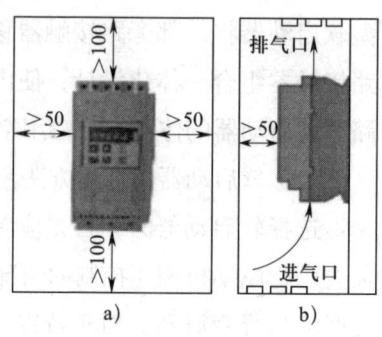

图2-81 软启动器安装空间
a）正面 b）侧面

1）初始电压（启动电压）的大小决定了电动机的启动电流和启动转矩的大小。较小的初始电压（启动电压）会产生较小的启动转矩和较小的启动电流。如电动机启动速度太快，则应降低初始电压（启动电压）的设置值。

2）启动时间的长短决定了在什么时间内将电动机电压从所设置的启动电压升高到电源电压。当启动时间较长时，电动机启动过程中产生的加速转矩较小，电动机加速时间较长，电动机达到其额定转速的时间也较长。当启动时间太短，也就是启动时间在电动机完成加速之前就已结束时，将会出现很大的启动电流。

如电动机启动太快、转矩大、电流高，应增加启动时间或减少初始电压（启动电压）。

三、软启动器的参数设置

软启动器的参数设置基本包括保护参数、启动参数、控制参数和系统参数几大类。

系统参数一般是厂家内部的一些参数，用户不需要设置。保护参数有欠压保护、缺相保护、过流保护、相电流不平衡保护，这些参数出厂时基本已设置好，用户不需要做大的改动。启动参数要根据实际启动负载做相应的调整，包括启动方式、初始电压、启动时间、限流倍数、软停时间等。启动方式一般有电压斜坡起动、限流起动、斜坡限流起动、突调电压起动等。初始电压太小，软启动器启动电机，电机只嗡嗡响而不转，这说明力矩太小；初始电压太大，软启动器启动电机则太猛，失去了软启动的效果。所以初始电压大小应根据负载轻重做适当的调整。限流倍数是指启动电机时，将瞬间电流控制在额定电流的倍数内，例如，将 75 kW 软启动器的限流倍数设置成 3，380 V、75 kW 软启动器的额定电流是 150 A，则启动时，电动机电流应控制在 450 A 以内。限流倍数设置过大，对电网冲击较大，设置过小，电机启动不起来，所以要根据实际情况设置。

技能要求

软启动器的接线

一、操作要求

1. 进行软启动器的接线。
2. 进行软启动器的操作应用。

二、操作准备

操作所需设备、工具和材料见表 2-12。

表 2-12 操作所需设备、工具和材料

序号	名称	规格型号	数量
1	软启动器装置	PSR 系列软启动器装置	1 套
2	三相异步电动机	P_N=1.5 kW，U_N=380 V，n_N=1 460 r/min，f_N=50 Hz	1 台
3	万用表	指针式万用表或数字式万用表	1 只

三、操作步骤

1. 按软启动器系统原理图及相关要求在软启动器装置上完成接线。

按如图 2-82 所示的软启动器系统原理图进行接线。在确定接线无误的情况下，检查后接通电源开关。

2. 按设备及工艺要求，在软启动器装置上完成通电调试与运行。

接线完成后，在经过检查确定接线无误的情况下，可接通电源开关进行通电调试。调试时首先应根据负载类型及生产工艺要求，进行软启动器的参数设置。PSR 系列软启动器主要设定启动时间、停止时间、初始电压等参数，各工艺参数示意图如图 2-83 所示。

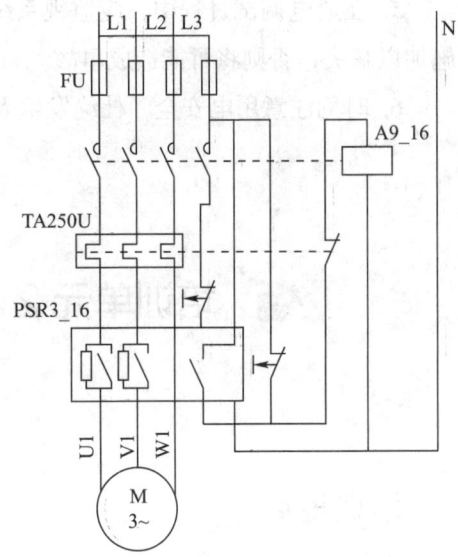

图 2-82 PSR 系列软启动器系统原理图

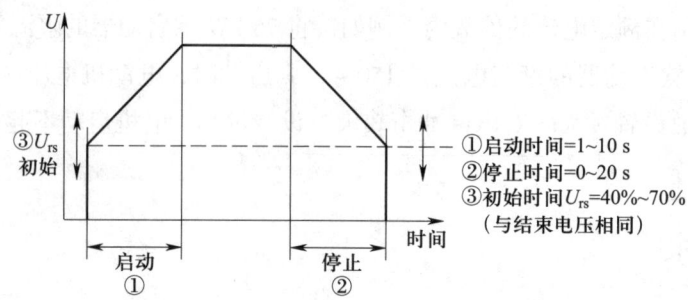

图 2-83　PSR 系列软启动器工艺参数示意图

软启动器参数设置完成后，可以进行试运行。根据电动机启动情况调整启动时间及初始电压等参数，使电动机实现软启动。

四、注意事项

1. 软启动器的主电路电源端子 1L1、3L2、5L3 通过带隔离开关熔断器组、接触器连接至三相交流电源，不需考虑连接相序。

2. 软启动器的输出端子 2T1、4T2、6T3 需按正确相序连接至电动机。如电动机的旋转方向不符，则可换接输出端子 2T1、4T2、6T3 中任意两相的接线。软启动器输出端不能连接电容器。

3. 软启动器和电动机之间的电缆线很长时，电线间的分布电容会产生较大的高频电流，可能造成软启动器过电流跳闸、漏电流增加、电流显示精度差等问题。因此，建议电动机连接线不要超过软启动器说明书中的规定长度。

4. 接线完成后必须认真检查接线，只有接线正确后才能进行通电调试。

5. 在通电调试过程中，应监视系统运行状况，如有不正常现象应立即采取相应措施加以解决，否则将可能造成事故。

6. 时刻注意用电安全，杜绝发生人身和设备的安全事故。

培训单元 2　软启动器的故障检修

培训重点

1. 熟悉软启动器的使用方法。

2. 掌握判断、排除软启动器故障的方法。

知识要求

1. 软启动器的维护

软启动器是一种静止型电力电子装置，在日常的运行中，引发软启动器故障或运行不正常的主要原因有软启动器使用操作问题、软启动器通风散热问题以及软启动器部分损耗件的老化和磨损问题等。日常检查与维护时主要针对软启动器运行情况（如电源电压和控制电压、输出电流）、软启动器通风散热情况、软启动器部分损耗件（如通风扇等）的老化和磨损情况等问题。

例如，要经常检查软启动器控制柜通风机以及软启动器内部通风机工作情况，检查软启动器冷却通道是否被脏物和灰尘堵塞。在停电时可检查通风机的转动叶片，应无阻碍、转动灵活。

2. 软启动器的故障及其分析处理

（1）按启动信号时，电动机不启动故障

此时首先应检查软启动器三相交流电源是否正常，有无缺相。如果软启动器三相交流电源不正常，有缺相现象，则重点检查软启动器三相交流电源，包括输入端快速熔断器是否熔断开路、晶闸管是否开路、晶闸管线是否接触良好等。然后检查软启动器输出三相交流电压是否正常，有无缺相。如果软启动器输出三相交流电压不正常，有缺相现象，则应检查输出回路及电动机连接线，包括晶闸管线是否接触良好、晶闸管是否损坏等。如果是带旁路接触器的软启动器，还应检查旁路接触器及其控制电路工作是否正常。

除上述软启动器主电路原因外，还有控制电路原因，应检查软启动器控制电路电源电压是否正常、启动信号是否正常、热过载保护继电器是否脱扣及断开主接触器控制电路等。

（2）无启动信号时，电动机嗡嗡欲动故障

此时应重点检查软启动器输出三相交流电压，软启动器中一个或多个晶闸管可能已击穿而损坏。如果是带旁路接触器的软启动器，还应检查旁路接触器及其控制电路工作是否正常、旁路接触器是否卡在闭合位置上。

（3）软启动器过热故障

此时应首先检查冷却风扇工作是否正常，同时检查冷却风道是否被脏物和灰尘堵塞。软启动器启动过于频繁或电动机功率与软启动器不匹配，也会引起软启动器过热故障。

软启动器常见故障诊断及排除方法见表 2-13。

表 2-13 软启动器常见故障诊断及排除方法

故障类型	原因	排除方法
1. 电源故障	电源电压丢失	检查熔断器/检查主接触器
	1 或 2 相丢失	1. 检查主接触器 2. 检查 L1、L2 和 L3 电压
	主电路有谐波	1. 检查主电路（相序、相位不平衡、谐波） 2. 减少谐波发生点
	电源电压太低	检查电源电压并作调整
	负载丢失	接上电动机
2. 晶闸管故障	1 或 2 个晶闸管击穿 旁路接触器的 3 极没有全部闭合	1. 检查晶闸管，如损坏则更换，完好的晶闸管电阻应大于 100 kΩ 2. 检查旁路接触器
3. 过载	散热片过热	1. 检查环境温度 2. 检查第 6 个 DIL 开关环境温度/额定电流设置是否与实际相符 3. 检查软启动器型号（额定电流） 4. 检查负载是否堵转 5. 检查启动频率是否太高
	工作电流或启动电流太大	检查负载是否堵转
	负载侧短路	检测电动机主电路
4. 综合故障	旁路接触器闭合后马上断开	检查旁路接触器
	旁路接触器没有分断	检查旁路接触器
	晶闸管导通故障	检查主电路（相序、相位不平衡、谐波）
	软启动器控制单元与功率单元不匹配	更换软启动器控制单元
	EEPROM 故障	检查电动机电流是否大于 $0.2 I_e$。 面板直接设置时，将第 8 个 DIL 开关拨至 OFF 外接 PC 设置时，将设置参数存入 EEPROM 如果参数设置失效，更换控制单元
	热敏电阻短路或断路	检查热敏电阻
5. 启动受阻	散热片短暂过热（冷却后可继续使用）	在 LED 停止闪烁之前不要再次启动 检查启动频率是否太高

技能要求

软启动器的应用与故障检修

一、操作要求

1. 进行软启动器的操作应用。
2. 对软启动器进行故障分析与检修。

二、操作准备

1. 软启动器。
2. 按钮、接触器、电动机以及连接导线。
3. 电工常用工具。

三、操作步骤

1. 按照软启动器系统原理图及相关要求在软启动器装置上完成接线。
2. 按设备及工艺要求，在软启动器装置上进行参数设置并进行通电调试与运行。
3. 设置故障，观察软启动器运行状态。
4. 分析故障原因。

四、注意事项

参见本模块培训项目二、培训单元 1 的注意事项。

培训单元 3　充电桩的使用

培训重点

1. 了解充电桩的系统结构及功能特点。
2. 掌握充电桩电路的工作原理。
3. 掌握充电桩的使用方法。

知识要求

一、充电桩的结构及工作原理

1. 交流充电桩的结构

电动汽车交流充电桩,俗称"慢充",是固定安装在电动汽车外、与交流电网连接,为电动汽车车载充电机提供交流电源的供电装置,同时具备计量计费功能。交流充电桩只提供电力输出,没有充电功能,需连接车载充电机才能为电动汽车动力电池充电,相当于一个控制电源。常用交流充电桩可分为一桩一充式、一桩双充式以及壁挂式。一桩一充式交流充电桩只提供一个充电接口,适用于车辆密度不高的室内和路边停车位;一桩双充式交流充电桩提供两个充电接口,可同时为两辆车充电,适用于停车密度较高的停车场所;壁挂式交流充电桩提供一个充电接口,适用于地面空间拥挤、周边有墙壁等固定建筑物的场所,例如地下停车场。

基于其基本功能,交流充电桩由桩体、控制系统、人机交互单元、IC卡读写单元、电能计量单元、保护电路、电源模块和充电连接装置等组成,此外还设有急停按钮、指示灯等器件。交流充电桩部分模块结构框图如图2-84所示,下面对交流充电桩各模块进行详细介绍。

(1) 桩体

由于交流充电桩主要在户外环境中使用,防护等级需要为IP54,同时壳体需要进

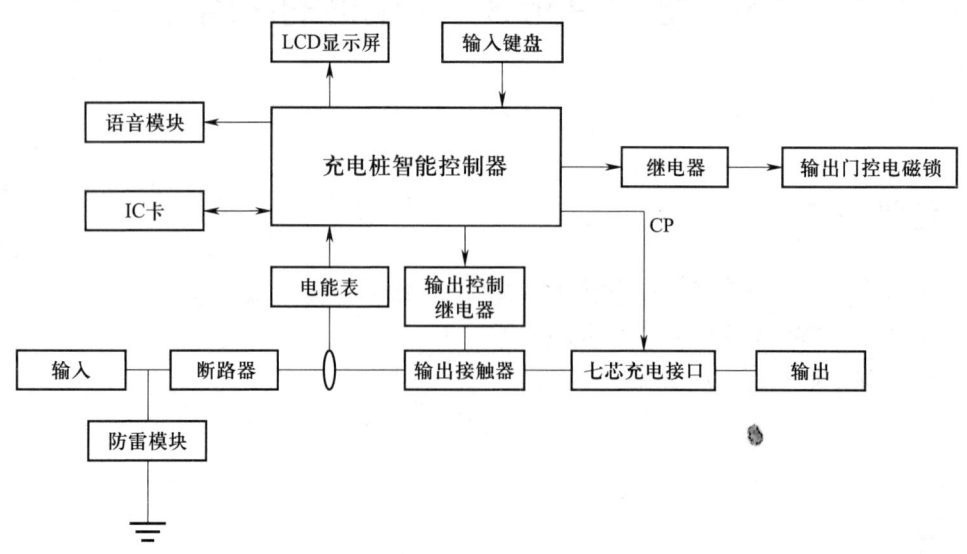

图2-84 交流充电桩部分模块结构框图

行三防保护（防潮湿、防霉变、防烟雾）等处理，外壳采用抗氧化、耐冲击的材质，保证充电桩在使用时不容易生锈而且能抵抗外力破坏。

（2）控制系统

控制系统为交流充电桩的核心部件，在整个系统中起着至关重要的作用。控制模块负责交流接触器的控制、指示灯的控制、历史数据的存储、桩体内的通信（如刷卡模块的通信、电表的通信、显示模块的通信等）、与桩体外的通信（如CAN通信、以太网通信）、充电枪连接状态的AD采集等。交流充电桩的控制模块主要由嵌入式ARM处理器完成，用户可自助刷卡进行用户鉴权、余额查询、计费查询等操作，也可提供语音输出接口，实现语音交互。

（3）人机交互单元

交流充电桩通过触摸屏来实现人机交互功能。触摸屏是一种可接收触点等输入信号的感应式液晶显示装置，当人体接触了屏幕上的图形按钮时，屏幕上的触觉反馈系统可根据预先编制的程式驱动各种连接装置，可用以取代机械式的按钮面板，并借由液晶显示屏制造出生动的影音效果。

人机交互单元还设计了语音提示功能，使用户能够更清晰地掌握操作过程。可实现断电记忆音量和播放曲目功能，可放置SD卡，SD卡内存储提示语音，语音内容包括欢迎语音、余额不足语音、提示操作语音、用错卡片提示语音以及谢谢使用语音等。

交流充电桩人机交互单元采用LCD触摸屏，触摸屏使用2路RS232通信端口实现与ARM处理器的通信，可以显示用户IC卡信息、可充电方式、操作提示信息、充电状态信息等内容。

（4）IC卡读写单元

IC卡读写单元使用非接触式射频卡（IC卡）。由于交流充电桩安装在室外，粉尘多，湿度大，而IC卡与读写单元之间不需要机械接触，可避免由于接触读写而产生的各种故障，如粗暴插卡、非卡外来物插入、灰尘以及意外漏电对人身的安全威胁等。读写器固定在交流充电桩壳体内，支持RS485通信方式，用户进行读卡操作时，读写器接收信号，读取此卡卡号，并辨别是否为有效卡。若是有效卡，用户可以进行下一步操作；若为非有效卡，提示用户换卡。结束充电时，提示用户将卡放在读卡区域，确认放好后，ARM处理器将剩余电量、卡上余额等信息写入卡内，并在LCD显示屏上显示。

（5）电能计量单元

电能计量单元中，电能表是实现充电过程中电能计量功能的主要部分。智能电表是全电子式电能表，除具备计量功能外，还带有通信接口等硬件，是高可靠性、高安全性、大存储容量的电能计量装置。在电能计量单元中，电能表记录充电电量并传输给 ARM 处理器，ARM 处理器对充电电量进行处理，得到此次充电所需费用，并把充电电量和充电费用在 LCD 屏上显示出来，供用户查看。

（6）电源模块

在控制回路中，电源模块为需要电源的器件提供电源。控制回路的模块设备所需电源均为直流 24 V 电压，故电源模块为 24 V 直流稳压源。

（7）充电连接装置

1）电动汽车充电用连接装置。根据 GB/T 20234.1—2015《电动汽车传导充电用连接装置 第 1 部分：通用要求》中相关规定要求，电动汽车充电时，连接电动汽车和电动汽车供电设备的组件，除电缆外，还可能包括供电接口、车辆接口、缆上控制保护装置和帽盖等部件。电动汽车充电用连接装置示意图如图 2-85 所示。

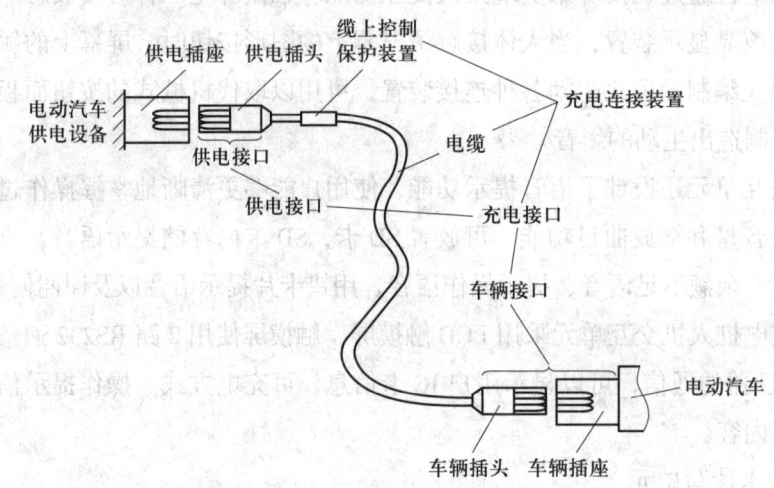

图 2-85 电动汽车充电用连接装置示意图

2）电动汽车与交流充电桩的接口。根据 GB/T 20234.2—2015《电动汽车传导充电用连接装置 第 2 部分：交流充电接口》中相关规定要求，电动汽车与交流充电桩的接口包含 7 对触头，接口示意图如图 2-86 所示，各接口的解释如下：

①动力 L1 线：交流供电装置 L1 线。

②动力 L2 线：交流供电装置 L2 线。

③动力 L3 线：交流供电装置 L3 线。

④中线 N：交流供电装置 N 线。

⑤保护地线 PE：使电动汽车车身通过交流充电桩可靠接地的连线。

⑥充电连接确认线 CC：确认电动汽车与交流充电桩可靠连接的连线。

⑦充电控制导引线 CP：实现交流充电桩控制导引电路功能的连线。

2. 交流充电桩的工作原理

交流充电桩工作原理如图 2-87 所示。主回路由输入保护断路器、交流控制接触器和充电接口连接器组成；二次回路由控制继电器、交流智能电流表、急停按钮、运行状态指示灯、充电桩智能控制器和人机交互设备（显示、输入与刷卡）组成。

主回路输入保护断路器具备过载短路和漏电保护功能，交流控制接触器控制电源的通断，充电接口连接器提供与电动汽车连接的充电接

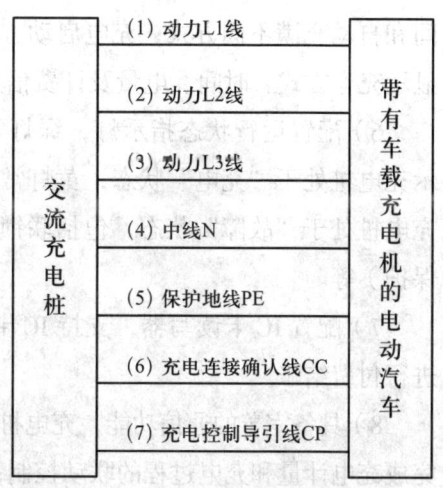

图 2-86 电动汽车与交流充电桩的接口示意图

口，具备锁紧装置和防误操作功能。二次回路提供"启停"控制与"急停"操作，交流智能电能表进行交流充电计量；指示灯提供"待机""充电"与"充满"状态指示，人机交互设备则提供刷卡、充电方式设置与启停控制操作。

交流充电桩功能特点如下。

1）交流输入配置漏电保护开关，具备输出侧的过载保护、短路保护和漏电保护功能。

2）交流输入配置 D 级防雷器，具备感应雷、防操作过电压的保护功能。

3）交流输出配置交流智能表进行交流充电计量，可将计量信息通过 RS485 分别上传给充电桩控制模块和用电采集终端。

4）充电桩控制模块具备对充电桩运行状态的综合测量、控制和保护功能，如运行状态监测、故障状态监测、充电计量与计费以及充电过程的联动控制等。

5）配置 LCD 触摸屏人机操作界面，充电计费方式可设置按电量、按金额、按时

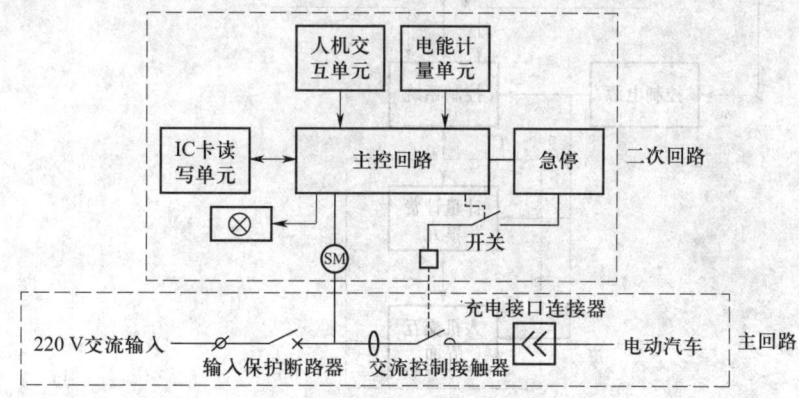

图 2-87 交流充电桩工作原理图

间和自动充满不同方式；充电启动方式可选择立即充电和预约充电；充电过程中实时显示充电方式、时间、电量及计费信息。

6）配置运行状态指示灯，绿灯常亮指示充电桩处于"待机"状态，红灯常亮指示充电桩处于"充电"状态，黄灯常亮指示充电桩处于"充满"状态，黄灯闪烁指示充电桩处于"故障"状态，包括联锁失败、断路器跳闸（过载保护、短路保护或漏电保护）等。

7）配置IC卡读写器，支持IC卡付费，按照"预扣费与实结账"相结合的方式，进行付费结账。

8）具备完善的通信功能，充电桩控制模块通过RS485获取智能电能表的计量信息，完成充电计量和充电过程的联动控制；通过CAN、以太网或GPRS/CDMA无线网络将用户信息、设备状态信息上传给后台监控系统，获取并执行后台监控系统的控制命令。

3. 直流充电桩的结构

电动汽车直流充电桩，俗称"快充"，是固定安装在电动汽车外、与交流电网连接，为电动汽车动力电池提供直流电源的供电装置。直流充电桩可以实时监测并控制被充电电池状态，同时可以对充电电量进行计量。

直流充电桩由功率单元、控制系统、动力电源接口、车辆插头、计量计费单元和人机交互界面等构成，如图2-88所示。

（1）功率单元

功率单元指直流充电模块，主要包括输入整流装置和功率变换器。输入整流装

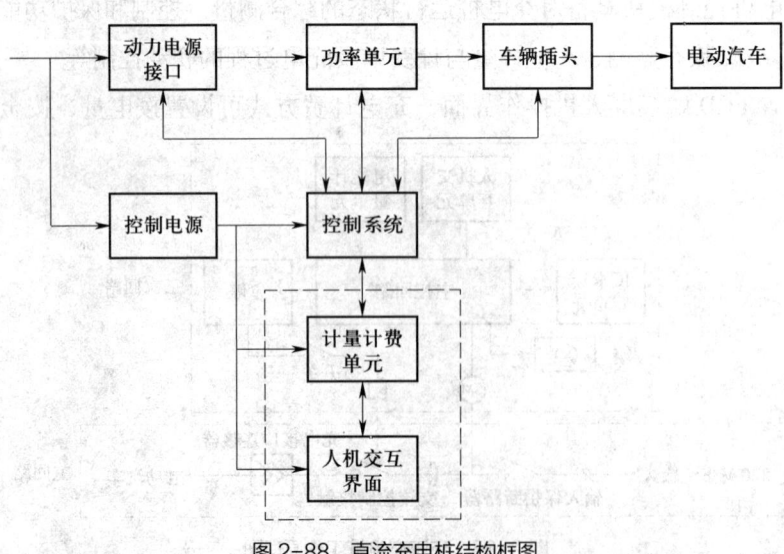

图2-88 直流充电桩结构框图

置将三相交流电进行整流，滤波后，形成稳定的直流母线电压，以提供给后级功率变换器。根据不同充电等级要求，功率变换器在控制系统的控制下，采用脉宽调制（PWM）技术，提供恒定电流输出或恒定电压输出，满足蓄电池组的充电要求。

（2）控制系统

充电控制管理系统作为直流充电桩的顶层控制系统，是整个直流充电桩的控制核心，管理着整个充电桩的操作流程，其功能主要包括处理人工输入或其他设备发来的控制指令，通过驱动电路生成的信号来控制直流充电桩的启停动作。控制系统主要包括中央处理器及其外围电路、数字处理电路、模拟量处理电路、RS485 通信接口、CAN 通信接口、按键输入电路及显示电路等部分。同时，系统还能够对充电模块的串、并联均流进行控制，并可将直流充电桩的实时运行数据进行显示或传输给上层监控计算机。

（3）计量计费单元

充电设施与电动汽车用户之间的计量结费采用现场缴费和储值卡预付费等方式，推荐使用储值卡预付费方式。电能计量装置应根据电能计量点的位置及充电设备的额定电流选取。电动汽车直流充电桩宜选用直流电能表计量，安装在直流充电桩直流输出与电动汽车之间，所用的直流电量均在人机交互的液晶显示屏上显示，具有电力系统远程自动抄表、计费和支付自动化的功能。

（4）充电连接装置

根据 GB/T 20234.1—2015《电动汽车传导充电用连接装置 第 1 部分：通用要求》中相关规定要求，电动汽车充电时，连接电动汽车和电动汽车供电设备的组件，除电缆外，还可能包括供电接口、车辆接口、缆上控制保护装置和帽盖等部件。充电连接装置示意图如图 2-89 所示。

根据 GB/T 20234.3—2015《电动汽车传导充电用连接装置 第 3 部分：直流充电接口》中相关规定要求，车辆插头和车辆插座分别包含 9 对触头，如图 2-90 所示。

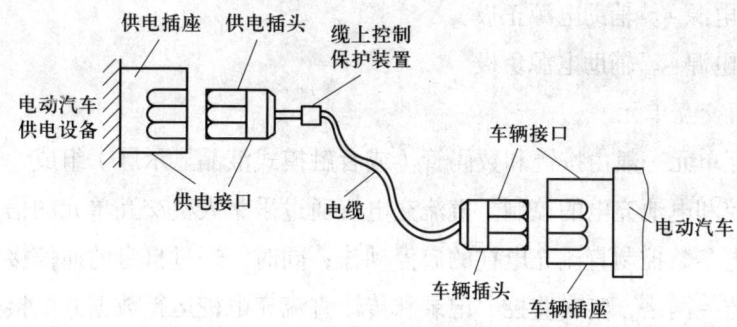

图 2-89 充电连接装置示意图

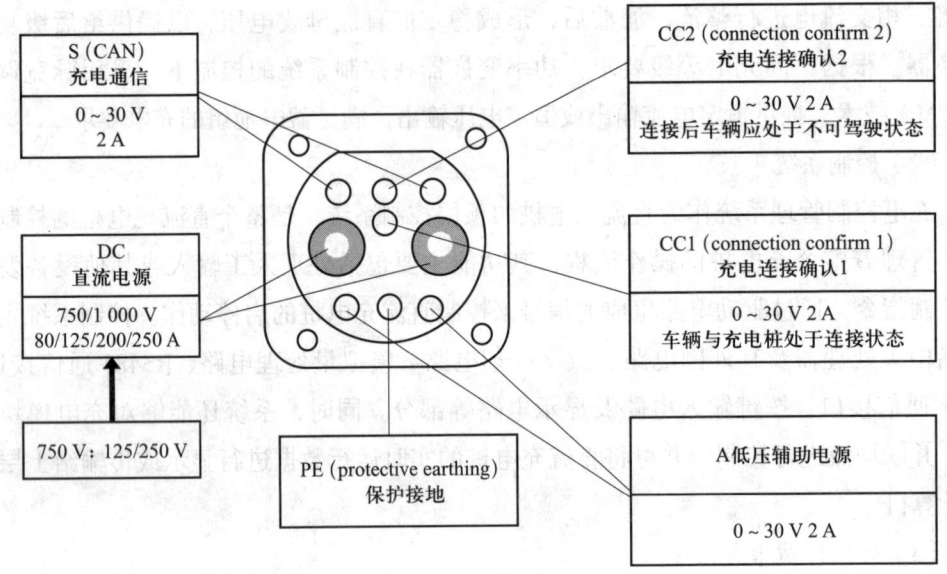

图2-90 接口触头

车辆插头和车辆插座在连接过程中触头耦合的顺序为：保护接地，充电连接确认，直流电源正与直流电源负，低压辅助电源正与低压辅助电源负，充电通信，充电连接确认；在脱开的过程中则顺序相反。

直流充电桩与电动汽车的各接口解释如下。

1）直流+。直流正极。

2）直流-。直流负极。

3）保护接地。使动力电池系统通过直流充电桩可靠接地。

4）控制导引线1。实现直流充电桩充电控制导引电路功能的连线1。

5）控制导引线2。实现直流充电桩充电控制导引电路功能的连线2。

6）通信CAN-H。与动力电池系统通信的CAN总线。

7）通信CAN-L。与动力电池系统通信的CAN总线。

8）辅助电源+。辅助电源正极。

9）辅助电源-。辅助电源负极。

（5）人机交互单元

人机交互单元一般由按键和数码管（或者触摸式液晶显示屏）组成，主要用于计算机远程监控和电池充电的控制。直流充电桩通过采集人机交互单元的信息，按照人为设定的充电参数控制直流充电柱的启停动作；同时，通过自身的通信接口与上位机组成计算机监控网络，实时监控、记录和传输直流充电桩运行数据并能接受远程运行参数设置、启动及停机控制等操作。

直流充电桩在发生运行故障时，也能够通过人机交互单元与充电站的监控网络通信，由监控系统自动、及时地对操作人员、蓄电池组、直流充电桩自身提供可靠的保护，同时在液晶显示屏上显示故障相关信息和处置方法等。

4. 直流充电桩的工作原理

直流充电桩通过内部的AC-DC充电模块将交流电转换成直流电，给电动汽车内的动力电池充电，其电气部分由主回路和二次回路组成。主回路的输入是三相交流电，经过输入断路器、三相电表之后由整流模块（充电模块）将三相交流电转换为电池可以接受的直流电，再连接熔断器和充电枪，给电动汽车充电。二次回路由充电桩控制器、读卡器显示屏、直流电表等组成，提供"启停"控制与"急停"操作，信号灯提供"待机""充电"与"充满"状态指示，显示屏作为人机交互设备则提供刷卡、充电方式设置与启停控制操作。

直流充电桩进行充电时，在电池两端加直流电压，先以恒定大电流对电池充电，电池的电压渐渐上升，上升到一定程度，电池电压达到标称值，电池状态（SOC）达到95%（不同电池有差异）以上，继续以恒压小电流对电池充电。电压上升，但电量没有充满，就是没有充实，可以改用小电流充实。

直流充电桩的功能特点如下。

1）能与车载电池管理系统通信，接受电池的充电参数，自动对充电过程进行调整以保证充电期间电池组的单体电池电压不超过其充电电压的上限。

2）当电池管理系统检测到电池故障后能立刻自动停止充电。

3）具有人机交互操作面板和远程操作功能，并能和充电站监控系统连接，在监控计算机上能完成除闭合和切断输入电源外的所有功能。

4）具有在输入欠压、输入过压、输出短路、过温、电池反接及电池故障等情况下的保护功能，能通过远程网络向监控计算机传送电池管理系统的数据，具有故障报警功能，能主动向监控系统发送并记录故障信息，为事故分析和运行测试提供历史数据。

5）对于拥有多台直流充电桩的充电站，直流充电桩还需要为充电站监控系统提供事件记录数据。

6）直流充电桩内包含一条充电电缆连接确认信号线，当充电插头连接到车辆后，车辆控制逻辑系统可根据此信号来禁止车辆驱动系统在充电期间工作，以保证充电安全。此外，在充电期间，该信号线还与充电线缆形成闭锁，以保证人员的安全，如果直流充电桩与电池管理系统的连接脱离，直流充电桩会停止充电。

二、充电桩的使用方法

1. 交流充电桩的使用方法

交流充电桩通过非接触式 IC 卡刷卡进行认证和收费。在使用时，用户只需要将其充电枪插入电动汽车充电枪座，并进行刷卡认证后就可以使用自选充电模式对电动汽车进行充电，当汽车充满后会自动停止充电，用户也可以直接刷卡进行结算以停止充电。

在使用交流充电桩进行充电之前，用户需要了解一些充电安全事项和准备工作，再开始充电操作。

（1）充电安全事项

1）交流充电桩为高电压、大功率设备，为确保设备及人身安全，在操作前应认真阅读操作说明，并按说明步骤进行操作。

2）保持手指、触摸笔干燥。

3）不要使用尖锐物品触击触摸屏。

4）操作时应按界面提示正确操作。

（2）充电准备工作

1）确认车辆停靠在正确的车位。

2）操作前必须确认充电桩的充电插座不带电，并确认电动汽车上的插头定义与充电桩插座的插孔定义一致。

3）操作前必须确认电动汽车电源已经关闭。

4）确认电动汽车是交流单相 220 V 充电，且最大功率不大于 7 kW。

（3）交流充电桩充电操作步骤

1）充电桩与车辆连接。按下充电枪按钮，将充电枪插入车辆充电枪座，松开按钮，充电桩与车辆连接。

注意：充电过程中不要移动车辆；充电过程中出现紧急情况应立即按下急停按钮。

2）立式充电桩充电操作。充电桩待机界面如图 2-91 所示。

用户刷卡，进入充电通路（充电枪）选择界面，如图 2-92 所示。

图 2-91 待机界面

选择充电通路,按确认键继续,出现的信息界面如图 2-93 所示。

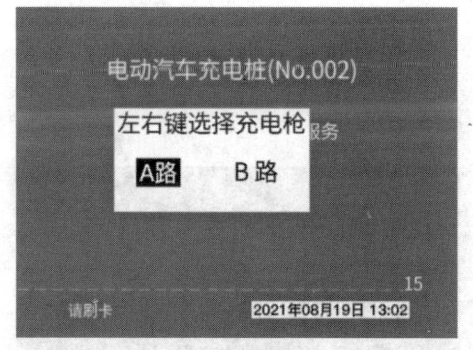

图 2-92 充电通路选择界面

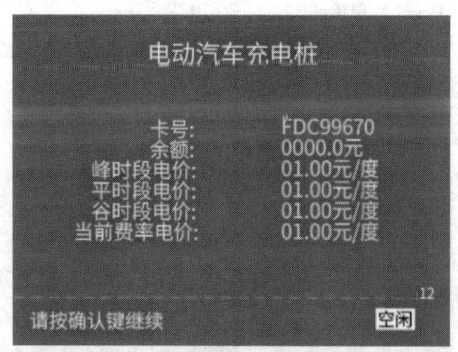

图 2-93 信息界面

出现该界面的同时充电桩发出语音提示,见表 2-14。

表 2-14 语音提示界面表

欢迎语音	"欢迎使用电动汽车充电服务!"
余额不足时提示	"A. 您的余额不足,请尽快充值" "B. 您当前没有余额"

用户按"确认"键,屏幕显示的界面如图 2-94 所示。

在需要的充电模式界面,按"←""→"和"↑""↓"键设定金额/电量/时间值。

如果设定预约时间,则先不按"确定"键,通过"↑""↓"键选择其他充电模式,到预约时间后再启动该模式。

用户插入充电插头,插好后通过键盘选择充电模式并确认。

选择充电模式后,发出语音提示"充电准备就绪""充电即将开始,请勿移动车辆"。

充电时,屏幕显示的界面如图 2-95 所示。

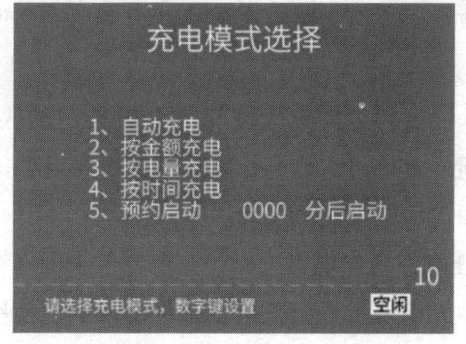

图 2-94 充电模式选择界面

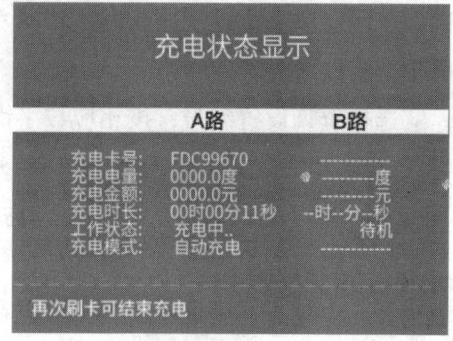

图 2-95 充电状态显示界面

用户需要结束充电时，再次刷卡，屏幕显示的界面如图2-96所示，同时出现语音提示"谢谢使用，再见"。

3）充电桩管理员模式。同时按下"↑""↓"键，可进入设备管理模式，屏幕显示的界面如图2-97所示。

图2-96 充电结束界面

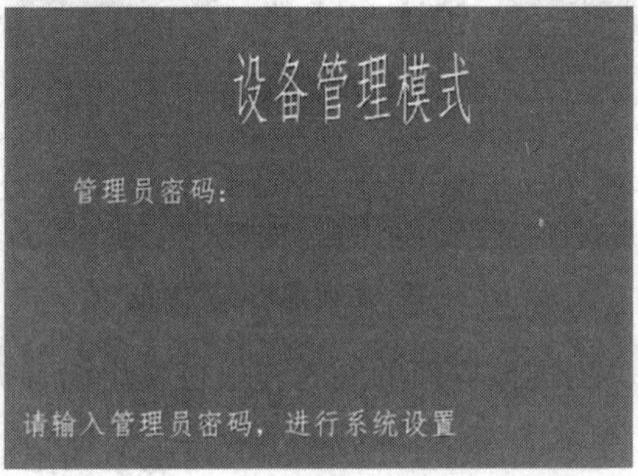

图2-97 设备管理模式界面

输入管理员密码（默认为123123）后，进入系统设置界面如图2-98所示。

按"↑""↓"键选择要进入的系统功能。

①选择查询充电记录，按"确认"键进入查询充电记录界面。按"←""→"键可翻页查看充电记录，充电记录最多可存储160条，如需删除充电记录，同时按"↑""↓"键。

②选择设置系统电价，按"←""→"和"↑""↓"键设定金额，按"确认"键退出设备管理模式界面。

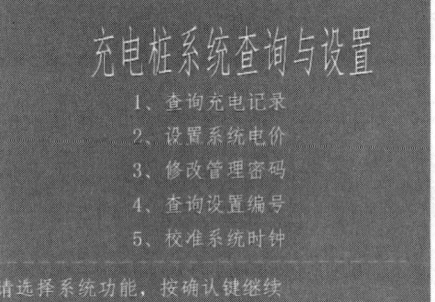

图2-98 系统设置界面

③选择修改管理密码，系统的默认原始密码为123123，输入正确后进入修改密码界面，密码修改需要连续输入两次相同六位数密码才算有效，密码修改成功后退回设备管理模式界面。

④选择查询设置编号，按相应数字键输入需要设置的充电桩ID号，并按"确认"键继续，ID号的设置不要超过255，且每台充电桩的ID号不可重复，如果充电桩的ID号重复，部分充点卡的充电保护（补扣金额）功能可能会失效。

系统新增消费保护功能，如果有IC卡在任意一台充电桩进行了充电，但未刷卡结账就离开充电地点，则这张卡将不可以在其他充电桩上进行充电。这种情况下，使用者应按照充电桩提示到相应充电桩补刷卡，补刷成功时，充电桩会提示补刷成功，之后才可以继续在任意充电桩进行刷卡充电。

⑤选择校准系统时钟，按"←""→"和"↑""↓"键设定日期和时间，按"确认"键退出设备管理模式界面。

4）断电操作。充电完成后，对充电桩进行断电操作，操作流程如下。

①刷卡结束充电。

②按下充电枪按钮，拔下充电枪，并将充电枪插入充电桩插座内。

③如果长期不使用，还需断开断路器开关，并拔下电源线。

（4）注意事项

1）若显示暂停服务，需联系工作人员。

2）插入 IC 卡，显示非有效卡，可能原因：此机有另一 IC 卡正在充电中、使用的 IC 卡非本系统用卡、此卡在另一机上尚未停止结算等。

3）充电插头无法拔出时，如果尚未开始充电，应先拔卡；如果已开始充电，应插入卡并停止充电。

4）若显示余额不足，应确认卡上金额并充值。

5）若显示请连接充电插头，应接上充电插头，并检查位置是否到位。

6）锁扣锁上后发现没有开始充电时，可能原因：没有单击开始充电；充电方式设置为定时启动，未到启动时间；接触器没有合上，应联系工作人员等。

7）停止充电后，充电插头无法拔出时，可能原因：没有单击停止充电；没有单击打印凭条或者不打印；电缆卡住锁扣，应将电缆插至正常位置等待解除锁扣。

2. 直流充电桩的使用方法

（1）在操作过程中，注意高压危险，避免产生人身伤害及财产损失。系统上电前必须良好接地，调试前必须进行启动准备检查和启动检查，见表 2-15、表 2-16。

表 2-15 启动准备检查内容

检查顺序	检查内容
1	确保系统前级开关没有闭合
2	闭合柜内所有开关
3	用万用表测量交流输入 L1、L2、L3、N、E 之间是否有短接
4	用万用表分别测量两个充电枪头的 DC+、DC-、PE 之间是否有短接
5	两个充电枪头挂在机柜两侧指定位置

续表

检查顺序	检查内容
6	断开充电系统交流输入塑壳断路器
7	闭合系统前级电源开关
8	用万用表测量充电系统柜内三相输入电源电压在系统允许的工作电压范围内

表 2-16 启动检查内容

启动顺序	检查内容
1	闭合充电系统交流输入总塑壳断路器，此时系统前门面板上的电源指示灯亮起，液晶屏点亮
2	10 s 后，系统自检正常后自动吸合交流输入接触器，电源模块风机启动

（2）刷卡充电步骤

1）点击刷卡。点击屏幕上"连接就绪"状态终端，进入"刷卡或扫描"界面，点击"返回"按钮或 60 s 无操作，可返回到主界面。根据动画演示，点击屏幕左侧"点击刷卡"，弹出"请刷卡"界面，10 s 无操作返回主界面。

2）刷卡。用户刷卡后弹窗"正在获取卡片信息，请稍后"动画界面。

3）选择充电方式。获取卡片信息后，若是普通 CPU 卡，会提示余额界面，若是后付费卡，则提示后付费用户卡界面。

充电方式有"自动充满"与"设置充电电量"两种方式，选择"自动充满"直接显示充电中，选择"设置充电电量"方式先输入本次充电电量（设置范围 1~999），点击"开始充电"按钮，提示"充电中"动画界面，待响应后返回"充电结果"提示界面。

（3）扫码充电步骤

1）扫描二维码。点击屏幕上"连接就绪"状态终端，进入"刷卡或扫描"界面，点击"返回"按钮或 60 s 无操作，可返回到主界面，根据动画演示，用手机扫描界面右侧二维码。

2）扫码应答。扫码应答后，直接返回主界面，若申请充电成功，则显示"充电中"状态提示。

3）待机界面状态说明。主界面的终端状态实时显示"待机""连接就绪""启动中""充电中""充电完成""故障"六个状态。

①充电终端"待机"状态。在"系统设置"中若选择"单枪"，则待机界面只显示"A 枪"，若选择"双枪"，则待机界面显示"A 枪"和"B 枪"。待机状态下点击

终端充电,将提示"充电枪未连接,请先插入充电枪",点击"返回"按钮或 5 s 无操作返回主界面。

②充电终端"充电中"状态。点击充电终端的"充电中"状态,会弹出 A 枪或 B 枪的充电信息界面,显示充电开始时间、预计结束时间、充电电量,点击"返回"按钮或 60 s 无操作返回主界面。在此界面可直接刷卡结束充电,用户刷卡提示"正在结束中"动画界面,结束充电后提示"结束充电成功"界面。

③充电终端"充电完成"状态。点击充电终端的"充电完成"状态,会弹出 A 枪或 B 枪的充电报告信息界面,显示充电开始时间、充电结束时间、中止原因,并提示"充电完成请拔枪并挂机",点击"返回"按钮或 60 s 无操作返回主界面。

④充电终端"故障"状态。单枪终端出现故障,即显示"A 枪故障";双枪终端出现故障有三种情况,"仅 A 枪故障""仅 B 枪故障""A 枪 B 枪都故障"。此时点击故障终端充电,若为 CCU(主控单元)离线导致的故障,则弹窗"CCUA 枪离线"或"CCUB 枪离线"提示,点击"返回"按钮或 5 s 无操作返回主界面。若为设备通信中出现的故障,则弹窗"故障信息"界面。若是充电中产生的故障中止充电,则产生充电报告,同时显示充电报告信息,点击"返回"按钮或 5 s 无操作返回主界面。

技能要求

正确使用充电桩

一、操作要求

1. 能正确识别充电桩类型。
2. 能正确使用充电桩。

二、操作准备

1. 电动汽车。
2. 充电桩。
3. 电工常用工具。
4. 万用表、钳形电流表。

三、操作步骤

1. 根据电动车充电需求,选择合适的充电桩。
2. 正确设置充电桩参数,连接充电桩。
3. 使用万用表和钳形表测量充电电压和充电电流。

四、注意事项

注意充电桩接口类型。

培训单元 4 充电桩电路的检修

培训重点

掌握充电桩电路的检修方法。

知识要求

一、直观法

直观法是指不使用任何仪器,仅根据电动汽车充电桩故障的外部表现寻找和分析故障的方法,包括不通电检查和通电观察。直观法是一种最基本、最简单的方法,要求维修人员具有丰富的实践经验。维修人员通过对故障发生时产生的各种光、声、味等异常现象的观察、检查,可将故障缩小到某个模块,甚至某块印制电路板。在检修中应首先进行不通电检查,利用人的感觉器官(眼、耳、手、鼻)检查有关插件是否松动、接触不良、虚焊脱焊、断路、短路、电器元件锈蚀、变焦、变色和熔断器熔体熔断等现象。

在进行直观法检修前,应向现场操作人员询问情况,包括故障外部表现、大致部位、发生故障时环境情况,如有无异常气体、明火、热源靠近电动汽车充电桩,有无腐蚀性气体侵入,有无漏水,是否维修过,维修的内容等。

实施直观法应坚持先简单后复杂、先外后内的原则,在实际操作时,首先要能准确地识别电动汽车充电桩内各种各样的电器元件、代表字母、电路符号,并掌握其在电路中的功能。采用直观法检修时,主要分为以下三个步骤。

1. 外观检查

观察电动汽车充电桩的外表,看有无碰伤痕迹,电动汽车充电桩上的按键、插口以及外部的连线有无损坏等。

2. 内部检查

观察线路板及电动汽车充电桩内的各种电器元件，检查熔断器的熔体是否熔断；电器元件有无相碰、断线；电阻有无烧焦、变色；电解电容器有无漏液、胀裂；变形印制电路板上的铜箔和焊点是否良好，有无维修过。在观察电动汽车充电桩内部时，可用手拨动一些电器元件，以便充分检查。

3. 通电后观察

通电后，眼要看电动汽车充电桩内部有无打火、冒烟现象；耳要听电动汽车充电桩内部有无异常声音；鼻要闻电动汽车充电桩内部有无烧焦味；手要摸一些晶体管、集成电路等是否烫手（在保证安全的前提下），如有异常发热现象，应立即关机。

直观法的特点是十分简便，不需要其他仪器，对检修电动汽车充电桩的一般性故障及电器元件损坏故障很有效果。直观法的综合性较强，与检修人员的经验、理论知识和专业技能等紧密相关，需要在大量的检修实践中不断积累经验，才能熟练地运用。直观法往往贯穿整个电动汽车充电桩检修的全过程，与其他检测方法配合使用时效果更好。

二、对比法

对比法是用正确的特性与错误的特性相比较来寻找故障原因的方法，怀疑某一电路存在问题时，可将此电路的参数与工作状态相同的正常电路的参数（或理论分析的电流、电压、波形等）一一进行对比，在没有电路原理图时最适用。采用对比法检修时，应把检测数据与图纸资料及平时记录的正常参数相比较来判断是否故障，对既无资料又无平时记录参数的电动汽车充电桩，可与同型号的正常电动汽车充电桩相比较，从中找出电路中的不正常情况，进而分析故障原因，判断故障点。

对比法可以是自身相同回路的类比，也可以是故障线路板与已知正常线路板的比较，可帮助检修人员快速缩小故障检查范围。

三、替换法

替换法是用规格相同、性能良好的电器元件或印制电路板，替换故障电动汽车充电桩上某个被怀疑而又不便测量的电器元件或印制电路板，从而判断故障的一种检测方法。故障比较隐蔽、某些电路的故障原因不易确定或检查时间过长时，可用相同规格型号且良好的电器元件进行替换，以便于缩小故障范围，进一步查找故障，并判断故障是否由此电器元件引起。运用替换法检查时应注意，当把电动汽车充电柱上怀疑有故障的电气电子元件或印制电路板拆下后，要认真检查该电气电子元件或印制电路板的外围电路，只有确定是由于该电气电子元件或印制电路板本身因素造成故障时，才能替换新的电气电子元件或印制电路板，以免替换后再次损坏。

另外，当某些电器元件的故障状态（例如电容器的容量减小或漏电等）用万用表不能确定时，应用相同规格的电器元件加以替换或是并联上相同规格的电器元件，观察故障现象是否有变化。若怀疑电容器绝缘不好或短路，检测时需将一端脱开。

若怀疑某个电容器的容量减小，可以采用直接并联的方式进行判断；若怀疑两个引脚的电器元件开路，可不必拆下电器元件，而是在印制电路板这个电器元件引脚上再焊接上一个同规格的电器元件，焊好后故障消失，则证明被怀疑的电器元件开路，此时再将故障电器元件剪除。

1. 替换法注意事项

替换法在确定故障原因时准确性较高，但操作时比较麻烦，有时对印制电路板有一定的损伤。因此，使用替换法时要根据电动汽车充电柱故障具体情况，以及检修者现有的备件和替换的难易程度而定。在替换电气电子元件或印制电路板的过程中，连接要正确可靠，不要损坏周围其他电器元件，这样才能正确地判断故障，提高检修速度，同时避免造成人为的故障。

使用替换法应注意的事项如下。

（1）严禁大面积地使用替换法，这不仅不能达到修好故障电动汽车充电柱的目的，还可能会进一步扩大故障的范围。

（2）替换法一般是在其他检测方法运用后，对某个电器元件有重大怀疑时才采用。

（3）当所要替换的电气电子元件在底部时，要慎用替换法，若必须采用时，应充分拆卸，使电器元件暴露在外，有足够大的操作空间，以便于替换处理。

2. 更换备件板注意事项

当故障分析结果集中于某一印制电路板上时，由于电路集成度很高，要把故障范围缩小至某一区域乃至某一电气电子元件是十分困难的，为了缩短故障检查时间，在有相同备件板的条件下可以先将备件板换上，然后再检查、修复故障电路板。在更换备件板时应注意以下事项。

（1）更换任何备件都必须在断电情况下进行。

（2）许多印制电路板上都有一些开关或短路棒的设定以匹配实际需要，因此在更换备件板时一定要记录下原有的开关位置和设定状态，并将新板做好同样的设定，否则会产生报警而不能正常工作。

（3）某些印制电路板需在更换后进行某些特定操作以完成其中软件与参数的建立，此时需要仔细阅读相应印制电路板的使用说明。

（4）有些印制电路板不能轻易拔出，例如含有工作存储器或有备用电池的印制电路板，拔出后会丢失有用的参数或者程序。必须更换此类印制电路板时，应遵照有关说明操作，利用备用的同型号的印制电路板确认故障，缩小检查范围。

四、插拔法

插拔法是通过将功能印制电路板插件"插入"或"拔出"来寻找故障的常用方法，比较简单有效，能迅速找到故障的原因。

使用插拔法时，先将故障电动汽车充电桩和所有连接辅助电路的插件板拔出，再合上故障电动汽车充电桩电源开关，若故障现象仍出现，则应仔细检查主电路部分是否有故障。若故障消失，则仔细检查每块插件板，观察是否有相碰和短路故障（如碰线、短接、插针相碰等），若有则排除，若无，则插上检查后的插件板，再检查余下的插件板，直至找到故障插件板，然后根据故障现象和性质判断是哪一个集成电路或电气电子元件损坏。

五、系统自诊断法

系统自诊断法是故障诊断过程中最常用、最有效的方法之一。充分利用电动汽车充电桩的自诊断功能，根据电动汽车充电桩操作控制面板显示的故障信息及发光二极管的指示，可大致判断出故障的起因；进一步利用系统的自诊断功能，还能了解电动汽车充电桩与各部分之间的接口信号状态，找出故障的大致部位。

所有电动汽车充电桩都可以不同的方式给出故障指示，这对于检修人员是非常重要的信息。通常情况下，电动汽车充电桩会针对电压、电流、温度、通信等故障给出相应的故障信息，而且大部分采用微处理器或DSP处理器的电动汽车充电桩都能保存3次以上的故障报警记录。

六、参数检查法

电动汽车充电桩参数是保证其正常运行的前提条件，直接影响着电动汽车充电桩的性能。参数通常存储于系统存储器中，一旦电池电量不足或受到外界的干扰，就可能导致部分参数的丢失或变化，特别是长期未使用的电动汽车充电桩，参数丢失的现象经常发生，使电动汽车充电桩无法正常工作。通过核对、调整参数，有时可以迅速排除故障，因此，检查和恢复电动汽车充电桩参数是检修中行之有效的方法之一。另外，电动汽车充电桩在长期运行之后，由于环境温度、电器元件性能变化等原因，对有关参数也需重新调整。

电动汽车充电桩设置了许多可修改的参数以适应不同的应用和不同工作状态的要求，这些参数不仅能使电动汽车充电桩与具体负载相匹配，还能使电动汽车充电桩各项功能达到最佳化，因此任何参数（尤其是模拟量参数）的变化、丢失都是不允许的。而电动汽车充电桩长期运行会引起机械或电气性能的变化，打破最初的匹配状态和最佳化状态，从而需要重新调整相关的一个或多个参数。这种方法对维修人员的要求很高，不仅要对具体充电桩的主要参数十分了解，还要有较丰富的电气系统调试经验。

七、断路法

断路法是人为地把电路中的某一支路或某个电器元件的某条引脚焊开来查找故障的方法，又称开路法，是一种快速缩小故障范围的有效方法。如某台电动汽车充电桩辅助电源电路电流过大，可逐渐断开可疑部分电路，断开哪一部分电路电流恢复正常，则故障就出在这一部分。断路法用来检修电流过大、熔断器熔体熔断故障非常有效。

若遇到难以检查的短路或接地故障，可在换上新熔断器熔体后，逐步或重点地将各支路依次接入电源，重新试验。当接到某一电路时熔断器熔体又熔断，则故障就在刚刚接入的这条电路及其所包含的电器元件上。

对于多支路交联电路，应有侧重点地在电路中将某点断开，然后通电试验，若熔断器熔体不再熔断，则故障就在刚刚断开的这条电路上。然后将这条支路分成几段，逐段接入电路，当接入某段电路时熔断器熔体又熔断，则故障就在这段电路及其所包含的电器元件上。这种方法操作简单，但容易把损坏不严重的电器元件彻底烧毁。

八、短路法

电动汽车充电桩的故障大致可归纳为短路、过载、断路、接地、接线错误及外围电路故障等，其中出现较多的为断路故障，它包括导线断路、虚连、松动、触点接触不良、虚焊、熔断器熔体熔断等。对这类故障除用电阻法、电压法检查外，更为简单可靠的方法是短路法。短路法是用一根良好绝缘的导线，将所怀疑的断路部位短接起来，如短接到某处，电路工作恢复正常，则说明该处断路。

在应用短路法检测电路的过程中，对于低电位可用短接线直接对地短路；对于高电位应采用交流短路法，即用 20 μF 以上的电解电容对地短接，保证直流高电位不变；对电源电路，不能随便使用短路法。短路法实质上是一种特殊的分割法。

九、原理分析法

原理分析法是故障排除的最根本方法，其他检查方法难以奏效时，可以从电路的基本原理出发，逐步进行检查，最终确定故障原因。运用原理分析法要求检修人员有较高的水平，对整个系统或各部分电路有清楚、深入的了解，掌握各个时刻各点的逻辑电平和特征参数（如电压值、波形），然后用万用表、示波器测量，并与正常情况相比较，分析判断故障原因，缩小故障范围，直至找到故障。

总体来说，检修有故障的电动汽车充电桩要从外到内，由表及里，由静态到动态，由主回路到控制回路。虽然检修电动汽车充电桩故障的方法很多，但实际检修中究竟采用哪一种检查方法更有效，要视故障现象的具体情况而定。

每一种检测方法都可以用来检测和判断多种故障，同一种故障又可用多种检测方法来进行检修。检修时应灵活地运用各种方法，才能保证检修工作事半功倍。在检修电动汽车充电桩故障时通常先采用直观法，一些典型的故障往往采用直观法就能奏效，对较隐蔽的故障可以采用示波器法，对不便于测试的故障常采用替换法、短路法和回路分割法。这些方法的应用，往往能把故障压缩到较小范围之内，使维修工作的效率提高。

当找出电动汽车充电桩的故障点后，就要着手进行修复、试运行、记录等，然后交付使用。在整个检修流程中必须注意以下事项。

1. 在找故障点和修复故障时，不能把找出的故障点作为寻找故障的终点，必须进一步分析查明产生故障的根本原因。

2. 找出故障点后，一定要针对不同故障情况和部位采取正确的修复方法。

3. 在对故障点的维修工作中，一般情况下应尽量做到复原。

4. 故障修复完毕，需要通电试运行时，应按操作步骤进行操作，避免出现新的故障。

5. 每次排除故障后，应及时总结经验，并做好维修记录。记录的内容包括电动汽车充电桩型号、编号、故障发生的日期、故障现象、故障部位、损坏的电气电子电器元件、故障原因、修复措施及修复后的运行情况等。记录的目的是对检修经验进行总结，作为档案，以备日后检修时参考，并通过对历次故障的检修过程经验的积累，提高检修水平和检修的实际操作技能。

电动汽车充电桩的检修是一个综合性分析的过程，建立在对电路结构的深刻理解、正确无误地逻辑思维判断和熟练的操作技能之上。判定故障要有良好的技术知识作为基础，只有认真掌握检修的一般规律，不断地总结积累经验，才能准确、及时发现问题和解决问题。另外，查找故障时，尽量拓宽思路，把各方面能造成故障的因素都想到，仔细地分析、排除。在实际检修工作中，寻找故障原因的方法多种多样，具体选择使用哪种方法可根据设备条件、故障情况灵活掌握，对于简单的故障用一种方法即可找出故障点，但对于较复杂的故障则需采取多种方法互相补充、配合，才能迅速准确找出故障点。

技能要求

正确检修充电桩电路

一、操作要求

1. 能正确检测、判别充电桩故障类型。
2. 能正确排除充电桩常见故障。

二、操作准备

1. 电动汽车。
2. 充电桩。
3. 电工常用工具。
4. 万用表、钳形电流表。

三、操作步骤

1. 正确设置充电桩参数，将电动汽车与充电桩连接。
2. 观察充电桩与电动汽车的状态。
3. 观察故障现象，观察充电桩及电动汽车的参数状态。

4. 利用充电桩电路的检修方法排查故障，判断故障类别和部位并排除故障。
5. 重新测试，观察充电桩能否正常工作，若有问题继续排查。

四、注意事项

1. 注意万用表、钳形表的正确使用方法。
2. 注意区分交直流充电桩。

职业模块三 自动控制电路装调维修

- ✓ 培训项目一　传感器装调
- ✓ 培训项目二　专用继电器装调

培训项目一　传感器装调

培训单元 1　光电开关的识别和装调

培训重点

1. 了解光电开关的类型、引线识别方法。
2. 了解光电开关的基本工作原理和使用方法。
3. 掌握光电开关的安装和调试方法。

知识要求

利用传感器对接近物体的敏感特性达到控制开关通或断的目的，这就是接近开关。接近开关是一种非接触性的检测开关，也是一种无须与运动部件进行机械接触就可以操作的位置开关。当物体接近开关的感应面并达到动作距离时，不需要机械接触或施加任何压力，即可使开关动作，从而驱动继电器或给计算机装置提供控制指令。

根据不同的原理和不同的方法可以制成不同的传感器，而不同的传感器对物体的"感知"方法也不同，常见的有光电开关、磁性开关、电感式开关、电容式开关等。

一、光电开关的类型和基本结构

光电开关是一种通过把发光强度的变化转换成电信号的变化来实现控制的开关。光电开关在一般情况下由发射器、接收器和检测电路三部分构成，如图 3-1 所示。

发射器对准目标不间断地发射光束，发射的光束一般来源于发光二极管（LED）

或激光二极管。接收器由光电二极管或光电三极管组成，在接收器前端装有光学元件，如透镜和光圈等。接收器之后是检测电路，它能滤出有效信号，将该信号转换成开关信号并在放大后输出。

按照接收器接收光的方式，光电开关可分为对（透）射式、漫射式和反射式三种，如图 3-2 所示。

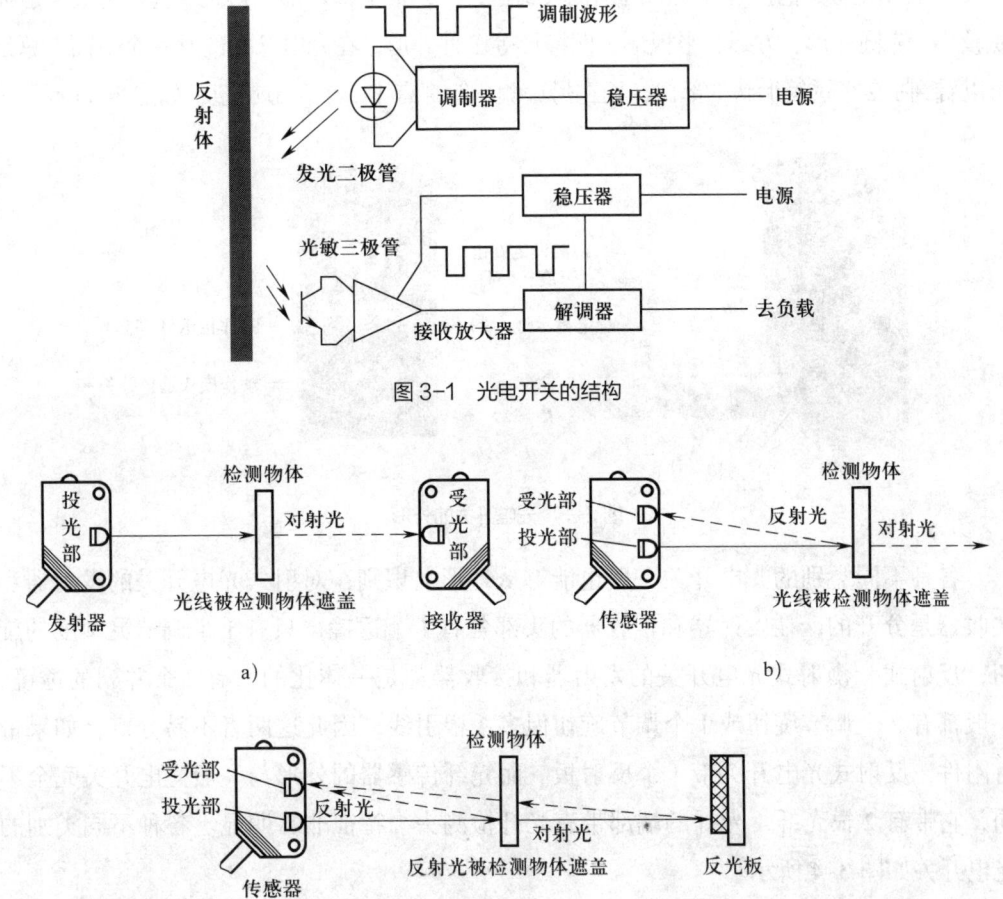

图 3-1 光电开关的结构

图 3-2 光电开关分类
a) 对（透）射式　b) 漫射式　c) 反射式

光电开关可以在特殊的环境中使用，检测微小的物体。光纤的出现扩大了光电开关的使用范围，把发光器发出的光用光纤引导到检测点，再把检测到的光信号用光纤引导到光接收器就组成了光纤式光电开关（光纤传感器）。按动作方式的不同，光纤式光电开关通常分成对射式和漫反射式等多种类型。

二、光电开关的识别方法

1. 光电开关类型的识别

光电开关与其他接近开关的区别比较明显，从外形上即可加以辨别。光电开关一般体积较小，有圆柱形、方形、平板形、凹槽形等多种外形，在光电开关的某一个平面上总是可以看到1~2个透镜形状的部位，而在另一侧一般都有1~2个调节旋钮，如图3-3所示。

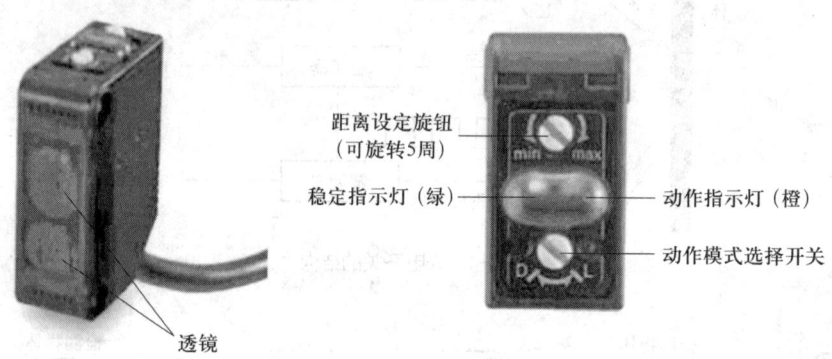

图3-3 光电开关的外形

各种不同类别的光电开关一般也能够从外形上识别：对射式光电开关的发射器和接收器是分开的，在发射器和接收器的头部各有1个透镜，只有1个调节灵敏度的旋钮；反射式和漫射式光电开关的发射器和接收器都是一体化的，有2个并列的透镜，一般都有2个调节旋钮或1个调节旋钮但多1根引线，因此这两者不易分辨，如果带有附件，反射式光电开关带1个反射板。而光纤传感器的外形与一般光电开关完全不同，它带有2根光纤，光纤的端部带有光纤检测头，特征非常明显。各种不同类别的光电开关如图3-4所示。

2. 光电开关引线的识别

光电开关引线的识别与接近开关类似，应按说明书或铭牌上的接线图中所标注的颜色来识别。一般情况下，反射式和漫射式的光电开关有3根引线：棕、黑、蓝，棕色与蓝色引线分别接电源的正极和负极，黑色引线是输出线。有的光电开关多了1根白色引线，是选择动作模式的控制线。对射式光电开关发射器和接收器是分开的，发射器有棕色与蓝色2根引线，分别是电源线的正和负；接收器有棕、黑、蓝3根引线，含义与一体化的光电开关相同，但一般不会有白色的控制线。

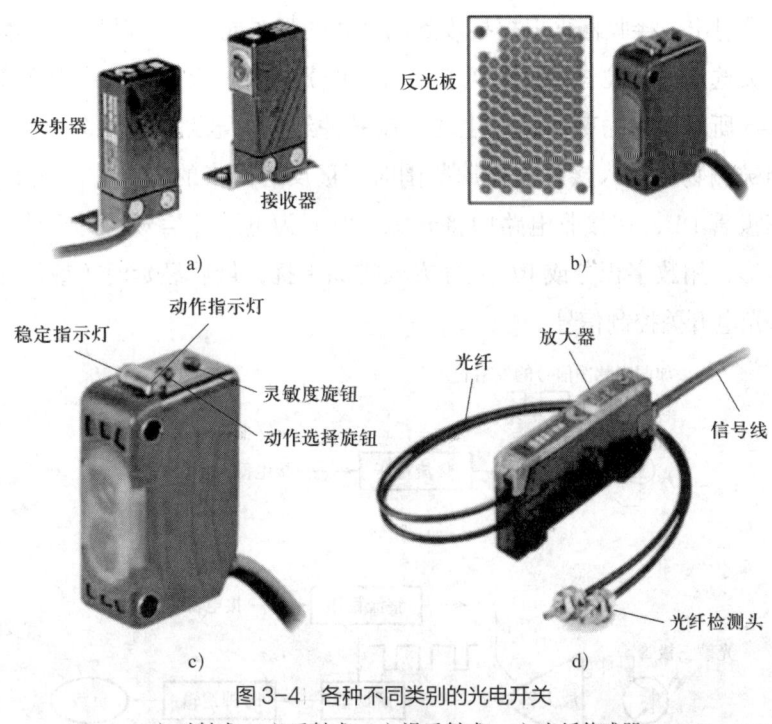

图 3-4 各种不同类别的光电开关
a）对射式　b）反射式　c）漫反射式　d）光纤传感器

3. 光电开关型号的识别

各种不同品牌、系列的光电开关的型号命名不同，具体需要根据厂商的产品样本或说明书确定，一般在型号中能大致反映出检测距离、输出形式等。例如某光电开关的型号为BM3M-TDT，可大致了解此开关的检测距离是3 m，NPN型输出；又如某光电开关型号为BJ300-DDT-P，可大致了解此开关的检测距离是300 mm，PNP型输出。一般型号中前半部分表示产品系列和检测距离（单位为m的数字后带M，不带M的单位是mm），第一个短横线后的部分往往表示光电开关类型、供电性质、输出形式等。如上述型号中的DDT-P，第1个字母D表示漫射式（T为对射式，M为反射式）；第2个字母D表示直流供电；第3个字母T表示晶体管输出；最后的P表示为PNP输出（NPN输出一般不标）。

三、光电开关的基本工作原理和使用

1. 光电开关的工作原理

光电开关利用被检测物体对光束的遮挡或反射而检测有无物体。被检测物体不限于金属，所有能遮挡或反射光线的物体均可被检测。光电开关将输入电流在发射器上转换为光信号射出，接收器再根据接收到的光线的强弱或有无，对目标物体进行探测。多数光电开关选用的是波长接近可见光的红外线光波型。反射式光电开关的工作原理框图如图3-5所示，由振荡回路产生的调制脉冲经发射电路后，由发光管GL辐射出光脉冲；当被测物体进入接收器作用范围时，被反射回来的光脉冲进入如图3-5b所示的光敏三极管DU；在接收电路中将光脉冲解调为电脉冲信号，再经放大器放大和同步选通整形，用数字积分或RC积分方式排除干扰，最后经延时（或不延时）触发驱动器输出光电开关控制信号。

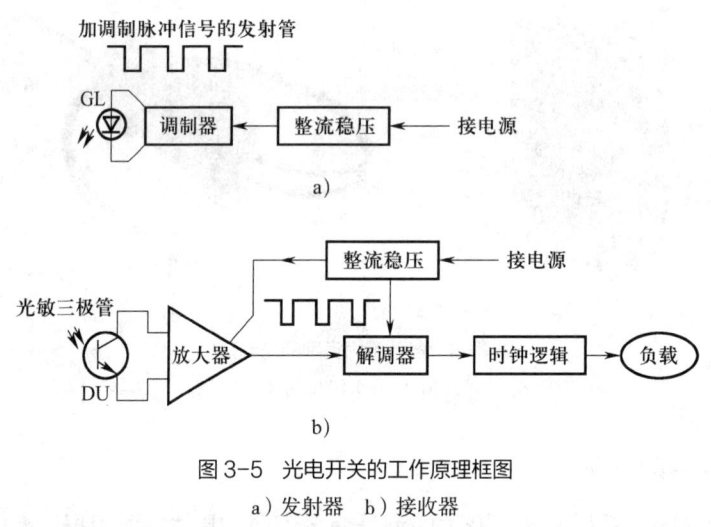

图3-5 光电开关的工作原理框图
a）发射器 b）接收器

光电开关一般都具有良好的回差特性，因而即使被检测物在小范围内晃动也不会影响驱动器的输出状态，从而可使其保持在稳定工作区。同时，自诊断系统还可以显示受光状态和稳定工作区，以随时监视光电开关的工作。

各种不同类型光电开关的工作情况如下。

1）对射式光电开光。由一个发射器和一个接收器组成的光电开关称为对射分离式光电开关，简称对射式光电开关。对射式光电开关的检测距离可达几米乃至几十米。把发射器和接收器分离开，就可使检测距离加大。使用时把发射器和接收器分别装在检测物通过路径的两侧，检测物通过时阻挡光路，接收器就动作，输出一个开关控制信号。

2）反射式光电开关。把发射器和接收器装入同一个装置内，在其前方装一块反射板，利用反射原理完成光电控制的装置称为反射式光电开关。反射板由很小的三角锥体反射材料组成，能够使光束准确地从反光板中返回，具有实用意义，可以在与光轴成0°~25°角的范围内改变发射角，使光束从一根发射线经过反射后，还是从这根发射线直线返回。正常情况下，发光器发出的光被反光板反射回来被接收器收到；一旦光路被检测物挡住，接收器收不到光时，光电开关就动作，输出一个开关控制信号。

3）漫射式光电开关。漫射式光电开关利用光照射到被测物体上后反射回来的光线工作，由于物体反射的光线为漫射光，故称为漫射式光电开关。它的检测头里也装有一个发射器和一个接收器，但前方没有反光板。正常情况下发射器发出的光接收器收不到，当检测物通过时挡住了光，并把部分光反射回来，接收器就收到光信号，输出一个开关控制信号。

2. 光电开关的使用

（1）光电开关的动作模式

光电开关的动作有"暗动（Dark ON）"和"亮动（Light ON）"两种模式。可通过选择开关或控制线进行选择（部分光电开关不能选择）。

1）暗动（Dark ON）：遮光动作。表示在进入接收器的光束减少到一定程度或被全遮挡时，输出三极管将导通输出。

2）亮动（Light ON）：受光动作。指进入接收器的光束增加到一定量时，输出三极管将导通输出。

（2）使用注意事项

光电开关可用于各种应用场合，在使用光电开关时，应注意环境条件，以使光电开关正常可靠地工作。

1）光电开关在环境照度较高时，一般都能稳定工作，但应避免将接收器光轴正对太阳光、白炽灯等强光源。在不能改变接收器光轴与强光源的角度时，可在光电开关上方四周加装遮光板或套上遮光筒。

2）在几组光电开关并列靠近安装时，相邻的光电开关应拉开间距，以防止相互干扰。对于对射式光电开关，防止相互干扰最有效的办法是使发射器和接收器交叉设置。

3）当被测物体有明亮光泽或有光滑金属面时，一般反射率都很高，有近似镜面的作用，这时应使发射器与检测物体成10°~20°的夹角，以使其光轴不垂直于被检测物体，从而防止误动作。

4）使用漫反射式发射器、接收器时，有时由于目标体离背景物较近或者背景为光滑的、反射率较高的物体时，可能会使光电开关不能稳定检测。此时可以采用使目标体远离背景物、拆除背景物、将背景物涂成无光黑色、使背景物粗糙灰暗等方法排除背景物的影响。

5）光电开关的透镜可用擦镜纸擦拭，禁用稀释溶剂等化学品擦拭，以免永久损坏透镜。

6）高压线、动力线和光电传感器的配线不应放在同一配线管或线槽内，否则会由于感应而造成光电开关的误动作或损坏。

技能要求

识别和装整对射式、漫射式光电开关

一、操作要求

1. 识别光电开关及其引线。
2. 利用万用表、直流电源测试光电开关。
3. 光电开关能正确动作,输出信号。

二、操作准备

操作所需设备、工具和材料见表3-1。

表3-1 操作所需设备、工具和材料

序号	名称	规格型号	数量	备注
1	万用表	MF368型(指针式)	1台	其他型号也可
2	直流电源	DC24 V	1台	附导线2根(红、黑各1根,一端带鳄鱼夹)
3	对射式光电开关	Autonics BF3RX,光纤型号 FT-420-10	1个	其他型号也可
4	漫射式光电开关	Autonics BYD100-DDT	1个	其他型号也可
5	PLC	三菱 FX_{2N} 型或松下 FP1 型	1台	交流电源已连接好,由开关控制
6	十字旋具	75 mm	1个	
7	剥线钳		1个	
8	压接钳		1个	
9	U型冷压接线端子	UT1-3	10个	
10	软导线	$0.8\ mm^2$	共3 m	分红、蓝、黑等几种颜色

三、操作步骤

1. 识别光电开关

观察如图3-6所示2个光电开关,如图3-6a所示的光电开关在一侧有并列2个透镜形状的部位,在另一侧有1个旋钮和1个指示灯,因此初步判断其为反射式或漫反射式光电开关。如图3-6c所示的光电开关有2根光纤,且2根光纤头上各带1个检测头,可判断其为对射式的光纤传感器。

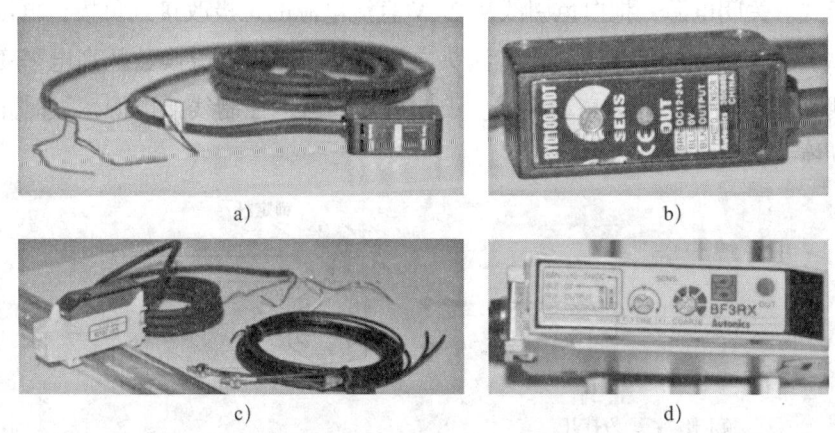

图 3-6 识别光电开关

a) 漫射式光电开关　b) 光电开关的铭牌　c) 光纤传感器　d) 光纤传感器的铭牌

再观察 2 个光电开关的铭牌，如图 3-6b 所示，型号为 BYD100-DDT；如图 3-6d 所示，型号为 BF3RX，所配光纤型号为 FT-420-10。对照产品说明书，可知 BYD100-DDT 为 BYD 系列光电开关，检测距离为 100 mm，DDT 表示为漫射式、直流供电、NPN 型晶体管集电极开路输出；BF3RX 是 BF3 系列光纤传感器，RX 表示光源是红色，NPN 型输出，所配 FT 型光纤为对射式（若配 FD 型光纤即为漫射式）。

2. 利用万用表、直流电源测试光电开关

步骤 1　测试光纤传感器

用万用表 R×10 kΩ 挡测棕、蓝、黑 3 根引线相互之间的电阻值，均应在 0.5 MΩ 至无穷大之间。

将光纤传感器上棕色和白色的引线并在一起接到 24 V 直流电源的正极，将 1 根一端带鳄鱼夹的导线接到电源负极，用鳄鱼夹把蓝色引线和 10 kΩ 电阻的一端夹在一起，另外用 1 个鳄鱼夹把电阻的另一端和接近开关上的黑色引线夹在一起，如图 3-7 所示。扳下光纤传感器前端的锁定杆，把光纤插入 2 个插孔中，插到底后将锁定杆关闭，如图 3-8 所示。接通电源，有 1 根光纤上的检测头会发出红光。将万用表调到直流电压 50 V 挡，测量电源正极和黑色引线之间的电压，注意红表棒应放在电源正极上。把检测头发光的光纤对准另一根光纤的检测头，这时电压读数会从高电平变为低电平；再用一张不透光的纸插入 2 个检测头之间遮挡红光，电压读数从低电平变为高电平，说明这个光纤传感器

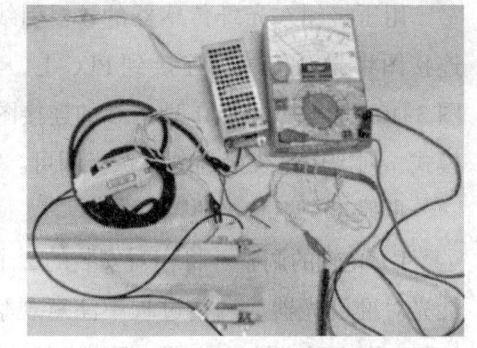

图 3-7　光纤传感器的测试

是暗动模式。关闭电源，把白色引线从 24 V 直流电源的正极改接到负极，再接通电源重新测试。将不透光的纸插入 2 个检测头之间，可以看出电压读数从高电平变为低电平，说明光纤传感器已变为亮动模式。由此可知，白色控制线接电源正极时光电传感器为暗动模式，接负极时为亮动模式。

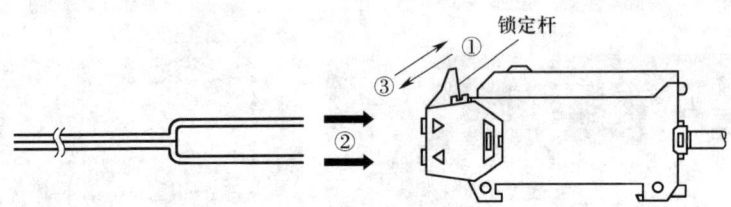

①锁定杆 "↷" 为打开。
②要慢慢地、紧密地将光纤插入放大器中。（深度：15 mm）
③锁定杆 "↶" 为关闭。

图 3-8　光纤与放大器的连接

步骤 2　测试漫反射式光电开关

按照同样的接法（无白色引线）把 BYD100-DDT 型漫反射式光电开关接到直流电源上，用万用表测量电源正极和黑色引线之间的电压。把一张不透光的纸靠近光电开关的透镜处时，电压读数从 1 V 以下（低电平）变到 23 V 以上（高电平），而把纸移开时，电压又变为 1 V 以下，说明此光电开关为亮动模式（固定模式，不能改变）。

3. 光纤传感器的安装、接线和调试

步骤 1　安装光纤传感器

按如图 3-9 所示的步骤进行安装，其中光纤放大器导轨可放置在检测位置附近。对射式光纤传感器应安装 2 个检测头，分别设在与被检测物体相对的两边，2 个检测头应相向对准。在用螺母紧固检测头时，不要用力过大，也不能用榔头敲击。连接光纤时应注意不要刮伤光纤的切面，也不要用力强拉光纤。弯曲光纤的曲率半径至少应为光纤半径的 30 倍。

步骤 2　连接光纤传感器

用压接钳在光纤传感器的 4 根引线上压接叉形冷压接线端头，按如图 3-10 所示连接图将光纤传感器连接到 PLC 上，其中图 3-10a 为与三菱 FX_{2N} 型 PLC 的连接图，图 3-10b 是与松下 FP0 型 PLC 的连接图。图中白色引线接为暗动模式，若要接为亮动模式，则把白色线接到电源负极即可。

步骤 3　调试光纤传感器

1）光轴的调整。将相对安装的 2 个光纤检测头上下左右移动，直到发射器发出的红光对准受光器。调整过程中注意观察 PLC 的输入端口 LED，若 LED 指示灯从亮到熄灭，则表示光轴已对准，可将光纤检测头紧固在固定支架上。

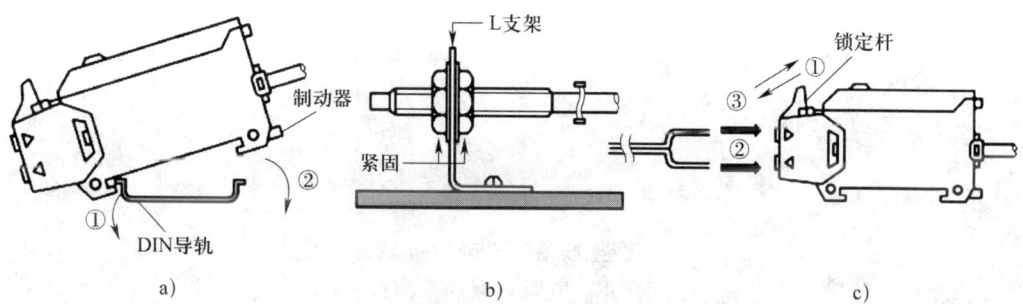

图 3-9 光纤传感器的安装步骤

a) 安装放大器　b) 安装光纤检测头　c) 把光纤插入放大器

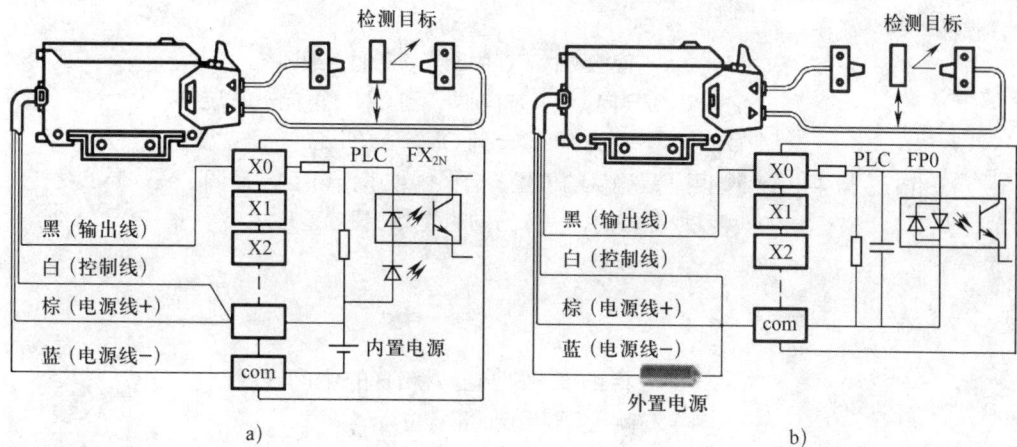

图 3-10 光纤传感器与 PLC 的连接

a) 与三菱 FX_{2N} 型 PLC 的连接　b) 与松下 FP0 型 PLC 的连接

2) 灵敏度的调节。BF3RX 型光纤传感器有 2 个灵敏度调节旋钮，其中一个是粗调（Coarse），另一个是细调（Fine）。调节灵敏度的方法见表 3-2。

表 3-2　光纤传感器灵敏度调节方法

顺序	探测类型		调整	VR	
	漫反射式	对射式		粗调 Coarse	细调 Fine
1	初步设置		将粗调 VR 设置到 Min 位置，将细调 VR 设置到中间位置（▼）	Min.	(−) (+)
2	接收光	接收光	检测状态在接收光状态时，将粗调 VR 慢慢地向右调整到 ON 的位置	ON Min.	(−) (+)

续表

顺序	探测类型		调整	VR	
	漫反射式	对射式		粗调 Coarse	细调 Fine
3	接收光	接收光	调整细调VR向（-）的方向调整到OFF位置，然后，再向（+）的方向调到ON时，这个A就是确认的位置		ON A OFF (-) (+)
4	中断光	中断光	使检测状态在中断光状态时，细调VR向（+）方向调节到ON，再向（-）方向调节到OFF，这个B就是确认的位置，向（+）方向调不到ON时，（+）方向的最大位置就是B位置	以后不需要粗调了	OFF B ON (-) (+)
5	—	—	将细调VR调到A和B的中间，这就是所要设定的最佳位置		A B (-) (+)
6	接收光	接收光	如果按以上方法不能完成调整，调节细调VR向（+）的位置到最大，再重新设置一次	Min.	(-) (+) Max.

4. 漫反射式光电开关的安装、接线和调试

步骤1　安装、连接漫反射式光电开关

先在需检测的位置上安装好固定支架，然后用2个3 mm螺钉把光电开关固定在支架上，如图3-11所示。

漫反射式光电开关有3根引线：棕、蓝、黑，可参照如图3-12所示的接法，用叉形冷压接线端头接到PLC上即可。

步骤2　调试漫反射式光电开关

调节方法同表3-2。

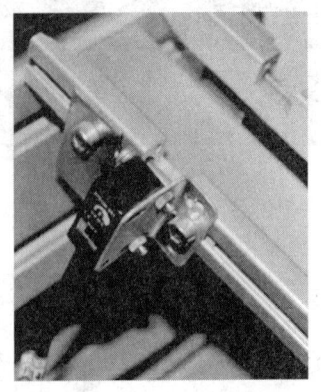

图3-11　漫反射式光电开关的安装

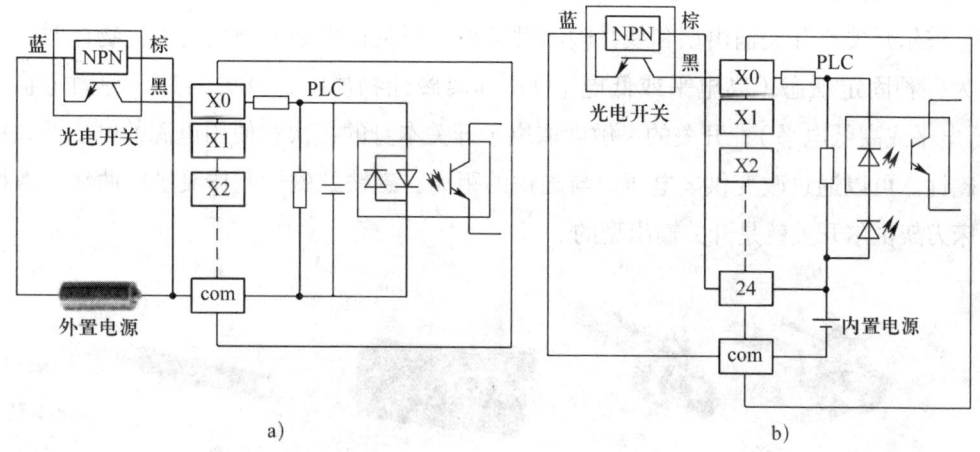

图 3-12 光电开关与PLC的连接

培训单元 2 磁性开关的识别和装调

培训重点

1. 了解磁性开关的类型、引线识别方法。
2. 掌握各种磁性开关的识别方法。
3. 了解磁性开关的基本工作原理和使用方法。
4. 了解霍尔型磁性开关的工作原理和使用方法。
5. 掌握磁性开关的安装和调试方法。

知识要求

一、磁性开关的类型

磁性开关是一种对磁性物体敏感的接近开关,经常使用的有两类,一类是用霍尔元件做成的接近开关,即霍尔型磁性开关,也叫作霍尔开关;另一类是用舌簧开关(干簧管)做成的接近开关,即干簧管磁性开关,主要用来检测汽缸活塞位置,即检测活塞的运动行程。霍尔型磁性开关和干簧管磁性开关如图 3-13 所示。

霍尔开关有开关输出型和线性输出型两种。开关输出型是当接近磁性物体时，开关为一种固定状态（高电平或低电平）；远离磁性物质时，开关为另一种固定状态（低电平或高低电平）；开关的灵敏度取决于开关本身的挡次和使用电源的电压及磁铁的磁性。可以通过改变供电电压、与磁铁的距离、磁铁的磁性制作灵敏度曲线。数控机床刀架霍尔开关就是开关输出型的。

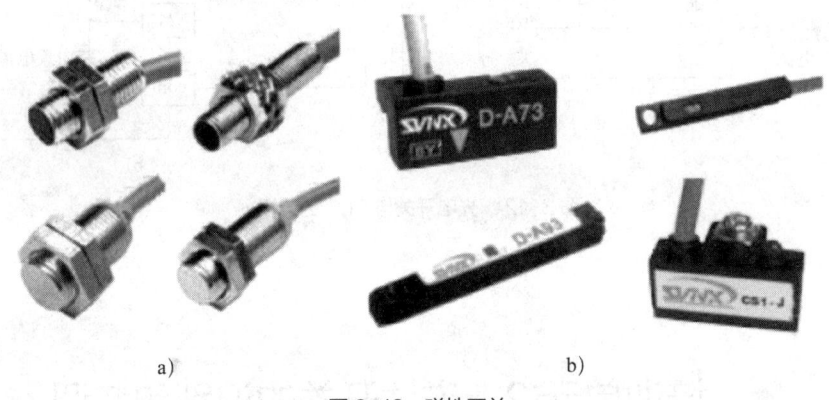

图 3-13 磁性开关
a）霍尔型磁性开关 b）干簧管磁性开关

线性输出型是随与磁性物体的距离不同，传感器的输出信号电压连续变化，距离越远，输出越低（或越高）。

在绘制电气原理图时，磁性开关、接近开关、光电开关都要用规定的图形符号来表示。国家标准规定磁性开关、接近开关、光电开关的图形符号如图 3-14 所示。

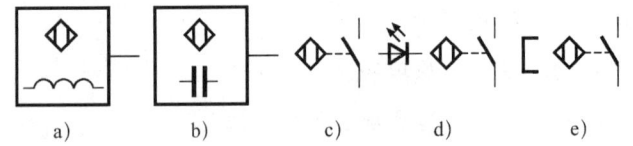

图 3-14 磁性开关、接近开关、光电开关的图形符号
a）电感式接近开关方框符号 b）电容式接近开关方框符号 c）接近开关动合触点
d）光电开关动合触点 e）磁性开关动合触点

二、磁性开关及引线的识别

霍尔型磁性开关和干簧管磁性开关的识别比较容易。霍尔型磁性开关的外形一般为螺纹圆柱形，也有一些为方形，以金属为外壳材料；而干簧管磁性开关一般体积较小，外形有方形和圆柱形，大多以塑料为外壳材料，一般都有直径为 3~4 mm 的圆孔

供螺钉固定用。

磁性开关的引线有 2 根或 3 根。2 根引线一般是棕色和蓝色，使用时串接负载后接到电源上，如使用直流供电时，棕色引线是正极，蓝色引线是负极；3 根引线的一般是棕色、黑色和蓝色，棕色和蓝色引线分别接电源正极和负极，黑色引线是输出线。

三、磁性开关的基本工作原理和使用

1. 干簧管磁性开关

干簧管磁性开关的内部主要是 1 个干簧管，如图 3-15 所示。干簧管磁性开关是一根密封的玻璃管，管中装有两个铁质的弹性舌簧，舌簧端面互叠但留有一条细间隙；舌簧端面触点镀有一层贵金属（如铑或钌），使开关具有稳定的特性，使用寿命极长；管中还灌有惰性气体以防止触点氧化和碳化；此外，在干簧管上还串联了 LED 指示灯和稳压管作保护用。平时，玻璃管中的两个舌簧触点是分开的，当有磁性物质靠近玻璃管时，在磁场磁力线的作用下，管内的两个簧片被磁化而互相吸引接触，簧片就会吸合在一起，使触点所接的电路连通；外磁力消失后，两个簧片由于本身的弹性而分开，线路也就断开了。

在实际运用中，通常用永久磁铁控制这两个舌簧触点的接通与否，所以干簧管又被称为"磁控管"。

干簧管磁性开关的原理框图如图 3-16 所示，此为二线制的干簧管磁性开关，可以交、直流两用。此外还有三线制的干簧管磁性开关，其输出元件为晶体管，与接近开关类似，也有 NPN 型和 PNP 型之分。

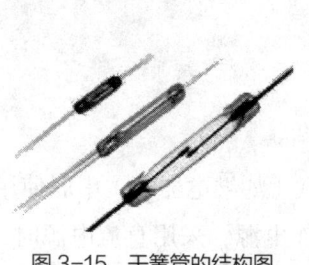

图 3-15　干簧管的结构图

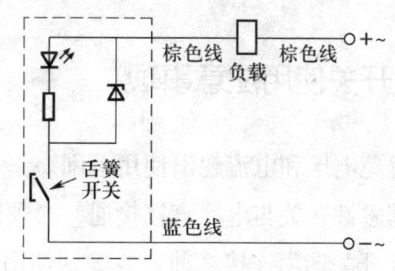

图 3-16　干簧管磁性开关的原理框图

干簧管磁性开关具有结构简单、体积小、便于控制等优点，可以安装在金属中，甚至可以穿过金属去检测是否有磁性物体接近。实际使用时通常将干簧管磁性开关固定在汽缸外壳上，来检测汽缸内活塞的位置。使用干簧管磁性开关时，尽量远离强磁场或周围有导磁金属环境，避免产生干扰。

2. 霍尔型磁性开关

霍尔元件是一种磁敏元件，当磁性物件移近霍尔型磁性开关时，开关检测面上的霍尔元件因产生霍尔效应而使开关内部电路状态发生变化，由此识别出附近有磁性物体存在，进而控制开关的通断。霍尔型磁性开关的检测对象必须是磁性物体，一般是用磁钢 S 极驱动有字的那面，磁钢 N 极驱动无字的那面。霍尔开关是有源磁电转换器件，基于霍尔效应原理，集成封装和组装工艺制作而成，它可以方便地将磁信号转换为电信号，在实际中也有工业方面的应用。

当一块通有电流的金属或半导体薄片垂直地放在磁场中时，薄片的两端就会产生电位差，这种现象称为霍尔效应，霍尔效应的灵敏度高低与磁场的磁感应强度成正比。霍尔型磁性开关的感应面有 1 个霍尔元件，当磁性物体接近时，磁感应强度 B 增大。当 B 值达到一定的程度时，霍尔型磁性开关内部的触发器翻转，其输出电平状态也随之翻转。输出端一般采用三极管输出，和接近开关类似，有 NPN 型、PNP 型、常开型、常闭型、锁存型、双信号输出之分。霍尔型磁性开关的原理框图如图 3-17 所示。

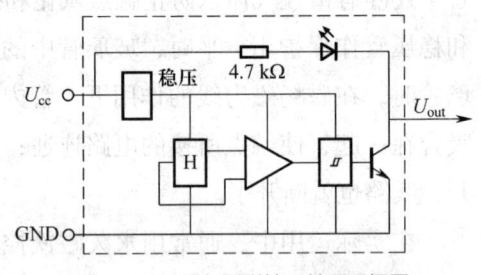

图 3-17　霍尔型磁性开关原理框图

霍尔型磁性开关的功能与干簧管磁性开关相似，但是比干簧管磁性开关寿命长、响应快且无磨损，可安装在金属中，穿过金属进行检测，还可并排紧密安装。但在安装时要注意磁铁的极性，若磁铁极性装反则无法工作。

四、磁性开关使用注意事项

1. 应避免电压和电流超出使用范围。
2. 严禁磁性开关与电源直接接通，必须同负载（如继电器等）串联使用。
3. 磁性开关选用连接之前，要确认使用的工作电源，采用直流电源时，磁性开关的棕色引线串负载后接电源的正极，蓝色引线接电源的负极。
4. 应避免在有强磁场、大电流的环境使用磁性开关。磁性开关附近有强磁场时，例如高功率步话机、低频噪声源、中短波发射器等，必须加上屏蔽装置，否则会产生干扰。
5. 高压线、动力线和磁性开关的配线不应放在同一配线管或线槽内，否则会由于感应而造成磁性开关的损坏。

6. 磁性开关可以串联或并联，就像机械触点一样，但需注意磁性开关上的压降。在串联使用时磁性开关上的总压降等于磁性开关上的压降乘以磁性开关的串联个数，连接到 PLC 上时，若总压降太大，可能会使 PLC 不能产生正确的输入信号。

技能要求

识别和装调磁性开关

一、操作要求

1. 识别磁性开关及其引线。
2. 利用万用表、直流电源测试磁性开关的引线。
3. 使磁性开关正确动作，输出信号。

二、操作准备

操作所需设备、工具和材料见表 3-3。

表 3-3 操作所需设备、工具和材料

序号	名称	规格型号	数量	备注
1	万用表	MF368 型（指针式）	1 台	其他型号也可
2	直流电源	DC24 V	1 台	附导线 2 根（红、黑各 1 根，一端带鳄鱼夹）
3	直线汽缸	SMC CDJ2B16-60-B	1 只	带 2 个 D-C73 型磁性开关，其他型号也可
4	磁铁	橡胶磁	2 个	其他型号也可
5	继电器	HH54P，DC24 V	1 个	连插座，其他型号也可
6	PLC	三菱 FX_{2N} 型或松下 FP1 型	1 个	交流电源已连接好，由开关控制
7	十字旋具	75 mm	1 个	
8	剥线钳		1 个	自选
9	压接钳		1 个	自选
10	U 型冷压接线端子	4 mm	10 个	
11	软导线	$0.8 mm^2$	共 3 m	分红、蓝、黑等几种颜色

三、操作步骤

1. 识别磁性开关

对提供的磁性开关进行识别。根据其外形（见图 3-18）可以看出，此开关是用黑色塑料为外壳，其上有 1 个 4 mm 直径的圆孔和 1 个指示灯，体积较小，外形尺寸为 26 mm×11 mm×8 mm，输出引线只有 2 根。在外壳上看到型号为 D-C73，DC24 V/5~40 mA，AC100 V/5~20 mA。根据其外形特点、输出引线和外壳标注的交直流两用的特点，可初步判断此磁性开关为干簧管磁性开关。

2. 利用万用表、直流电源测试磁性开关的引线

用万用表 R×10 kΩ 挡测 2 根引线之间的电阻，正反向都应为∞。将一块磁铁靠近磁性开关，可以看到万用表的电阻读数减小，且黑表棒接棕色引线、红表棒接蓝色引线时阻值较大，约为 20 kΩ；而红表棒接棕色引线、黑表棒接蓝色引线时阻值较小，约为 8 kΩ（此阻值与所使用的万用表类型和选择的量程有关，用数字万用表测量时测得的阻值与此值相差较大）。使用 DC24 V 电源，将电源正极通过 1 个 DC24 V 的继电器线圈后接磁性开关棕色引线，电源负极接蓝色引线。接通电源，在未放磁铁时 2 根引线间电压为 24 V；在磁铁靠近时，指示灯点亮，串接的继电器得电吸合，测得 2 根引线间电压变为 3 V 左右，此电压即为磁性开关的压降。

3. 磁性开关的安装、接线

步骤 1　磁性开关的机械安装

干簧管磁性开关一般用于检测汽缸中活塞的位置。在汽缸内的活塞头上装有环型磁铁，磁性开关在汽缸外紧贴缸壁安装。根据不同的型号，磁性开关可以安装在缸体壁的槽内以紧固螺钉固定，也可以用专用固定钢带把磁性开关固定在缸壁上，如图 3-19 所示。

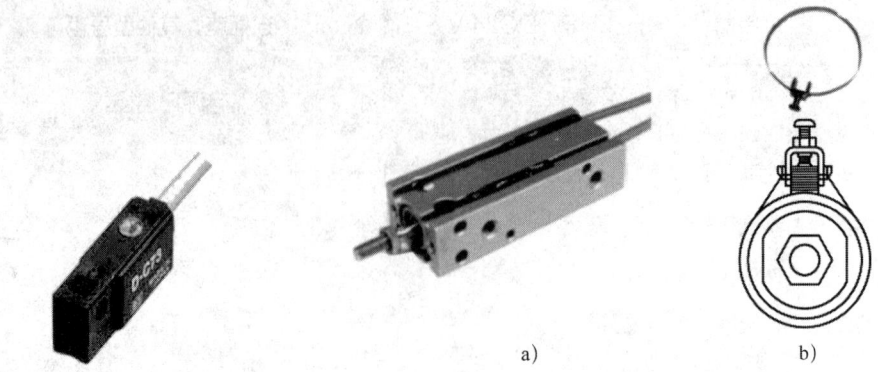

图 3-18　D-C73 型磁性开关　　　图 3-19　将磁性开关固定在汽缸壁上
a）紧固螺钉安装　b）固定钢带安装

步骤 2　磁性开关的接线

将安装在汽缸上的 2 个磁性开关的引线接到控制电路中 PLC 的输入端子上。使用压接钳在引线头上压接叉型冷压接线端头后，把棕色引线接到 PLC 输入端子上螺钉的垫圈下，把螺钉拧紧，蓝色引线接到 PLC 输入端的公共端子 COM 上即可。若使用松下 FP0 系列的 PLC，应将内置电源正极端子"24+"与 COM 端相连。磁性开关与 PLC 的接线如图 3-20 所示。

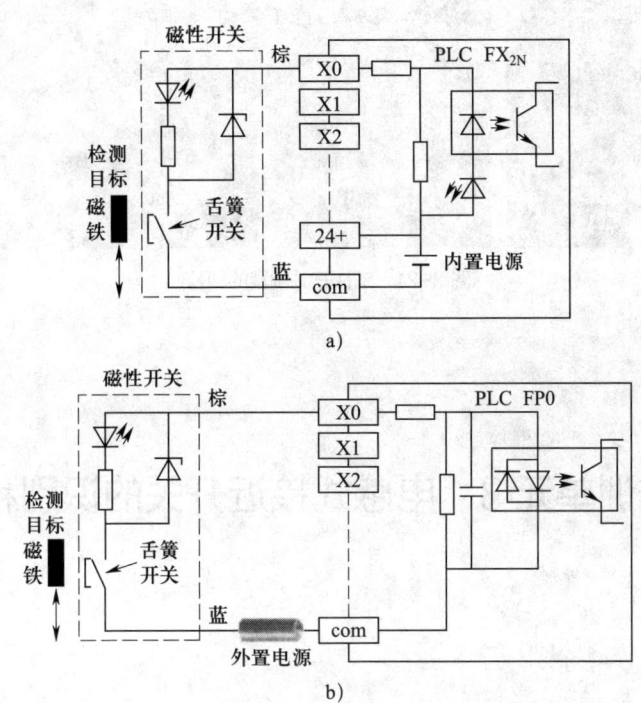

图 3-20　磁性开关与 PLC 的接线
a）与三菱 FX_{2N} 系列 PLC 的连接　b）与松下 FP0 系列 PLC 的连接

步骤 3　磁性开关的位置调整

在汽缸两端分别有缩回限位和伸出限位两个极限位置，自动控制中往往需要这两个位置的信息以实现控制功能。获取位置信息的方法是在这两个极限位置处分别安装一个磁性开关，汽缸的活塞（或活塞杆）上装有磁环，汽缸的活塞杆运动到哪一端时，这一端的磁性开关就动作并发出电信号。在 PLC 的自动控制中，可以利用该信号判断汽缸的运动状态，以确定活塞杆是被推出还是返回。

调整时，可以调整磁性开关的安装位置。接通 PLC 的电源，松开 2 个磁性开关固定钢带上的紧固螺栓。先将活塞杆推到缩回限位位置，滑动缩回限位磁性开关，当磁性开关上 LED 亮时，缩回限位磁性开关到达指定位置，可旋紧缩回限位磁性开关的紧固螺栓。再将活塞杆拉到伸出限位位置，滑动伸出限位磁性开关，当磁性开关上 LED 亮时，伸出限位磁性开关到达指定位置，可旋紧伸出限位磁性开关的紧固螺栓。然后重复将活塞杆推进和拉出几次，观察 2 个磁性开关上 LED 能否可靠动作，若有不稳定的状况，可以将相应磁性开关的位置再调整一下，如图 3-21 所示。

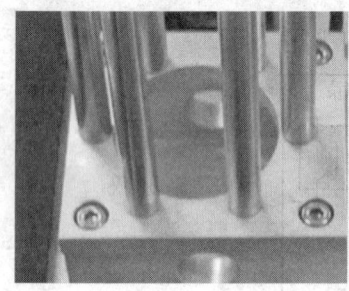

图 3-21　磁性开关位置的调整

培训单元 3　电感式接近开关的识别和装调

培训重点

1. 了解电感式接近开关的类型、引线识别方法。
2. 了解电感式接近开关的基本工作原理和使用方法。
3. 掌握电感式接近开关的安装和调试方法。

知识要求

一、电感式接近开关的类型和基本结构

电感式接近开关是一种利用电涡流检测的传感器，由三大部分组成：振荡器、开关电路及放大输出电路。电感式接近开关有很多类别，根据形状可分为圆筒形、方形和槽形等。电感式接近开关的电路功能图如图 3-22 所示。

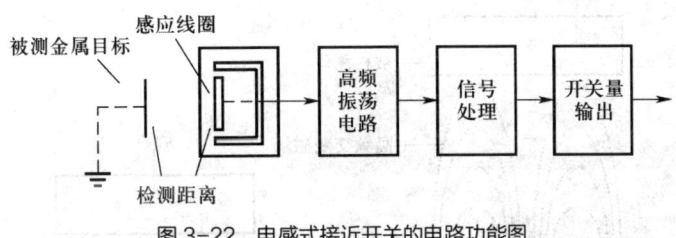

图 3-22 电感式接近开关的电路功能图

二、电感式接近开关引线的识别

1. 两线制接近开关

电感式两线制接近开关接线特别简单，把接近开关和负载串联，然后接上电源，用匹配的检测对象物质接近接近开关，接近开关就会动作。

2. 三线制接近开关

三线制接近开关引线有颜色标识，电源正极引线为红或棕、电源负极引线为蓝、信号引线为黄或黑。

三线制接近开关分 PNP 型和 NPN 型两种，其接线有区别。NPN 型的接近开关接线，应先找到接近开关信号引线，接上负载，然后负载再接接近开关电源正极引线。PNP 型接近开关接线，同样应先找到接近开关信号引线，接上负载，然后负载再接接近开关电源负极引线。

三、电感式接近开关的工作原理和使用

1. 电感式接近开关的工作原理

电感式接近开关中的振荡器产生一个交变磁场，当金属目标接近这一磁场，并达到感应距离时，在金属目标内会产生涡流，从而导致振荡衰减，以至停振，如图 3-23 所示。振荡器振荡及停振的变化被后级信号电路处理并转换成开关信号，经放大后触发驱动控制器件，从而达到非接触式检测目的。如图 3-24 所示为 PNP 型放大输出电路，图中 R_L 为所接负载。

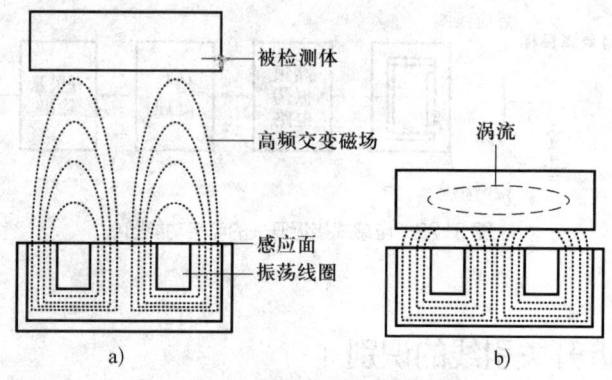

图 3-23 金属目标对交变磁场的影响

a）金属被检测体在检测距离之外 b）金属被检测体在检测距离之内

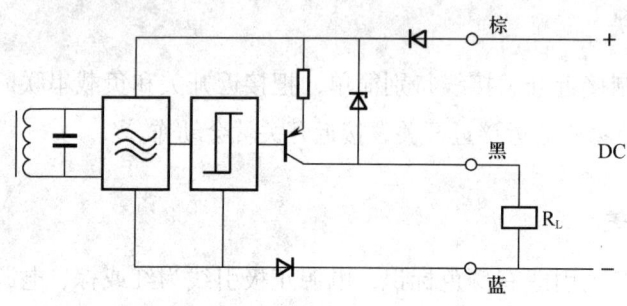

图 3-24 PNP 型放大输出电路

2. 电感式接近开关的使用

电感式接近开关是理想的电子开关量传感器，当金属检测体接近开关的感应区域，开关就能无接触、无压力、无火花并迅速地发出电气指令，准确反映出运动机构的位置和行程。电感式接近开关广泛应用于机床、冶金、化工和印刷等行业，在自动控制系统中可作为限位、计数、定位控制和自动保护装置。

技能要求

识别和装调电感式接近开关

一、操作要求

1. 识别电感式接近开关及其引线
2. 利用万用表、直流电源测试电感式接近开关。
3. 使电感式接近开关正确动作，输出信号。

二、操作准备

1. 电感式接近开关。
2. 直流电源。

3. PLC。

4. 连接导线、电阻。

5. 万用表。

6. 电工常用工具。

三、操作步骤

1. 识别电感式接近开关的引线

棕、蓝引线分别接电源正、负极，黑色的是输出引线，黑、蓝引线之间接负载。

2. 利用万用表、直流电源测试电感式接近开关的引线

（1）测试接近开关的类型。

（2）测试接近开关的输出形式，当被测物体未靠近接近开关时，电压 23 V 以上（高电平），而当被测物体靠近接近开关时，电压为 1 V 以下（低电平），说明此接近开关为 NPN 常开型，当被测物体靠近接近开关时，电压由低电平变为高电平，与 NPN 型相反，则说明是 PNP 常开型的接近开关。

3. 电感式开关的安装接线

接近开关有两线制和三线制之区别，三线制接近开关又分为 NPN 型和 PNP 型，它们的接线是不同的。

两线制接近开关的接线比较简单，接近开关与负载串联后接到电源即可。

三线制接近开关的接线：红（棕）线接电源正端，蓝线接电源负端，黄（黑）线为信号，应接负载。而负载的另一端，对于 NPN 型接近开关应接到电源正端；对于 PNP 型接近开关，则应接到电源负极端。

四、注意事项

1. 正确使用万用表

（1）在通电情况下进行测量时，不能用电阻挡测量电路中电器元件的电阻，而应使用测量电压、电流后计算电阻的方法进行测量。

（2）测量前应先估计被测量的大致范围，使所选万用表挡位的量程大于可能出现的最大值。使用指针式万用表时，指针处于刻度的中间偏右位置较为准确。

（3）测量电压时应与被测电器元件并联，测量电流时应与被测电器元件串联。

（4）注意表棒颜色所代表的极性。测量电压、电流时红表棒应置于电位较高的一侧，测量电阻时表棒之间有电压输出，对指针式万用表，黑表棒为正极，红表棒为负极；而数字式万用表则相反，红表棒为正极，黑表棒为负极。

2. 按规范要求进行安装、接线

（1）防止短路。

（2）注意电源正负极和电压大小。

（3）防止误配线。

（4）电源复位时间。

（5）采用金属配线管。

（6）被检测物体不应接触电感式接近开关，以免因摩擦及碰撞而损伤电感式接近开关。

（7）用手拉拽电感式接近开关引线会损坏电感式接近开关，安装时最好在引线距开关 100 mm 处用线卡牢固固定。

（8）安装时，不要用榔头等敲击，固紧螺母时不要用力过度，拧紧时务必使用垫圈。

3. 电感式接近开关的输出极 NPN 型和 PNP 型的区别

（1）对提供常开触点的接近开关来说，输出极为 NPN 型的在目标体靠近时为低电平输出；而 PNP 型的为高电平输出。

（2）NPN 型输出的负载接在电源正极与输出线之间，负载电流从输出线流进接近开关；PNP 型输出的负载接在输出线与电源负极之间，负载电流从输出线流出接近开关。

培训单元 4　电容式接近开关的识别和装调

培训重点

1. 了解电容式接近开关的类型、引线识别方法。
2. 了解电容式接近开关的基本工作原理和使用方法。
3. 掌握电容式接近开关的安装和调试方法。

知识要求

一、电容式接近开关的类型和基本结构

电容式接近开关的形状及结构随用途的不同而各异。如图 3-25 所示是应用最多

的圆柱形电容式接近开关的结构图，主要由检测电极、检测电路、引线及外壳等组成。电容式接近开关的核心是以单个极板作为检测端的电容器，检测电极设置在接近开关的最前端，测量转换电路安装在接近开关壳体内，并用介质损耗很小的树脂充填、灌封。

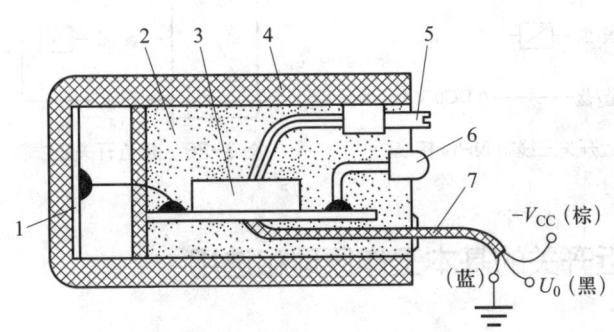

图 3-25　圆柱形电容式接近开关的结构图
1—检测电极　2—树脂　3—测量转换电路　4—外壳　5—电位器　6—工作指示灯　7—引线

二、电容式接近开关引线的识别

1. 接近开关两线制

接近开关两线制接线特别简单，把接近开关和负载串联，然后接上电源，用匹配的检测对象物质接近接近开关，接近开关就会动，如图 3-26 所示。

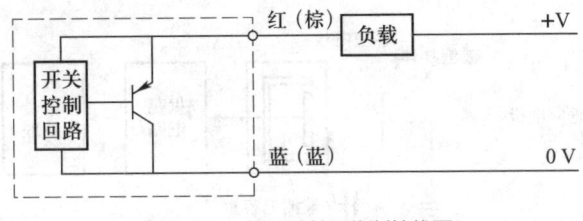

图 3-26　接近开关两线制接线图

2. 接近开关三线制引线有颜色标识

接近开关三线制引线有颜色标识，电源正极线颜色（红或棕）、电源 0 V 线颜色（蓝）、信号线颜色（黄或黑）。

接近开关三线制接线，因为接近开关三线制有 PNP 型 NPN 型两种，所以它的接线有区别。如果是 NPN 型的接近开关接线，找到接近开关信号线，接上负载，然后负载再接接近开关电源正极线。如果是 PNP 型接近开关同样找到接近开关信号线，接上负载，然后负载再接接近开关电源 0 V 线，如图 3-27、图 3-28 所示。

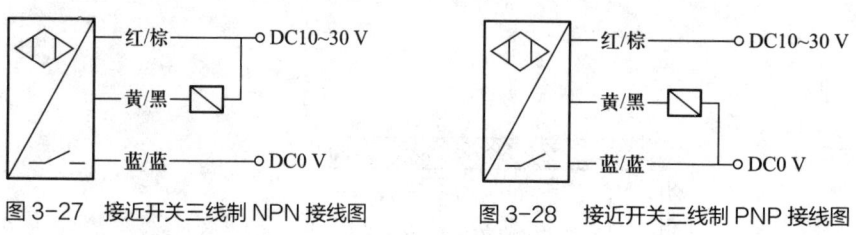

图 3-27　接近开关三线制 NPN 接线图　　图 3-28　接近开关三线制 PNP 接线图

三、电容式接近开关的基本工作原理和选用

1. 电容式接近开关的工作原理

电容式接近开关内部电路同样由振荡器、信号处理电路及放大输出电路三大部分组成。电容式接近开关的感应面由两个同轴金属电极构成一个电容，串接在 RC 振荡回路内，如图 3-29 所示。电源接通时，RC 振荡器不振荡，当被测物体朝着电容器的感应电极靠近时，电容器的容量增加，振荡器开始振荡；通过后级电路的处理，停振和振荡两种状态被转换成开关信号，从而达到了检测有无物体存在的目的。

电容式接近开关能检测金属物体，也能检测非金属物体，对金属物体可以获得最大的动作距离，对非金属物体，动作距离取决于材料的介电常数，材料的介电常数越大，可获得的动作距离越大。

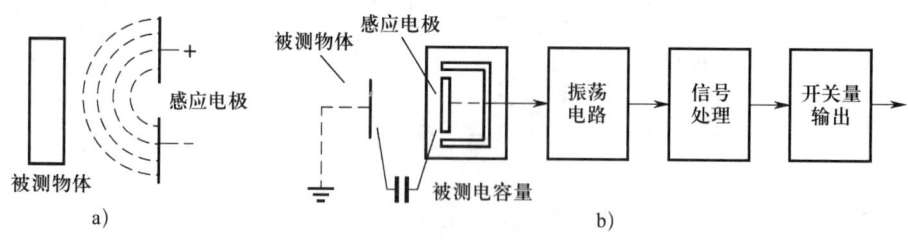

图 3-29　电容式接近开关的工作原理
a）感应电容示意图　b）内部电路功能图

2. 电容式接近开关的选用

对于不同材质的检测目标和不同的检测距离，应选用不同类型的接近开关，以使其在系统中具有较高的性价比，并取得预期的效果。

当检测目标为金属材料时，应选用电感式开关，该类型接近开关对铁镍、A3 钢类材料的检测灵敏度最高，而对铝、黄铜和不锈钢类材料的检测灵敏度相对低一些。

当检测目标为非金属材料时，如木材、纸张、塑料、玻璃和水等，应选用电容式开关。

金属体和非金属要进行较远距离检测和控制时，应选用光电开关或超声波型接近开关。

检测体为磁性材料或对汽缸活塞检测行程时，可选用价格低廉的磁性开关。

技能要求

识别和装调电容式接近开关

一、操作要求

1. 识别电容式接近开关及其引线。
2. 利用万用表、直流电源测试电容式接近开关。
3. 使电容式接近开关正确动作，输出信号。

二、操作准备

1. 电容式接近开关。
2. 直流电源。
3. PLC。
4. 连接导线、电阻。
5. 万用表。
6. 电工常用工具。

三、操作步骤

1. 识别电容式接近开关及其引线
2. 利用万用表、直流电源测试电容式接近开关的引线
3. 电容式接近开关的安装接线

电容式接近开关分交流和直流的，直流的又分 NPN 型和 PNP 型。如果是交流的就是 220 V 电源继电器和接近开关串联就可以。如果是直流 NPN 型的就是把继电器的线圈接在接近开关的正极和输出，再由继电器的触点控制信号灯。如果是 PNP 型的就把继电器的线圈接在负极和输出，再由继电器的触点控制信号灯。

四、注意事项

同电感式接近开关安装、调试的注意事项。

培训项目二　专用继电器装调

培训单元 1　速度继电器装调

培训重点

1. 能够正确选用速度继电器。
2. 能够正确使用速度继电器。
3. 能正确安装、调试速度继电器。

知识要求

一、速度继电器的结构和原理

速度继电器又称反接制动继电器，是用来反映转速和转向变化的继电器，主要用于三相异步电动机反接制动的控制电路中。在制动时，控制电路将三相电源的相序改变，产生与实际转子转动方向相反的旋转磁场，从而产生制动力矩，使电动机在制动状态下迅速降低转速。在电动机转速接近零时，速度继电器发出信号，切断电源使之停车（否则电动机将开始反方向启动）。

速度继电器应用广泛，可以用来监测船舶、火车的内燃机引擎，监测气体、水和风力涡轮机，还可以用于造纸业、箔的生产和纺织业生产。在船用柴油机以及很多柴油发电机组的应用中，速度继电器可作为一个二次安全回路，当发生紧急情况时，迅速关闭引擎。

常用的 JY1 系列速度继电器外形如图 3-30 所示，速度继电器的图形符号如图 3-31 所示。

图 3-30　JY1 系列速度继电器外形

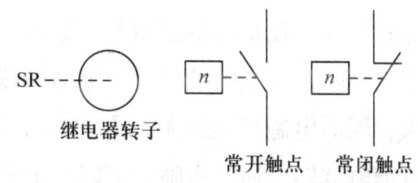

图 3-31　速度继电器的图形符号

1. 速度继电器的结构

速度继电器的基本工作方式和主要作用是依靠旋转速度的快慢为指令信号，通过触点的分合传递给接触器，从而实现对电动机的反接制动控制。速度继电器主要由定子、转子、端盖、可动支架、触点系统等组成，如图 3-32 所示。

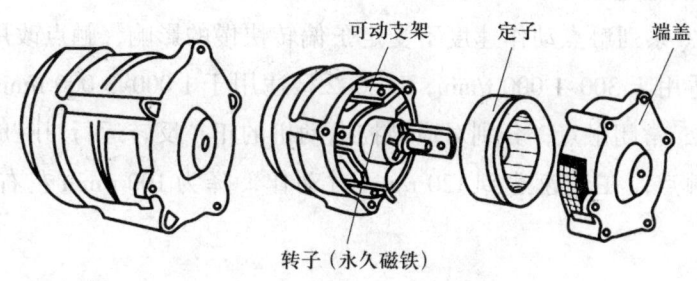

图 3-32　速度继电器的结构

如图 3-33 所示为速度继电器的动作机构示意图，可以看出，定子由硅钢片叠成并装有笼型的短路绕组（同笼型转子绕组相似），定子与转轴同心，定、转子间有一很小的气隙，并能独自偏摆；转子是用一块永久磁铁制成，固定在转轴上；支架的一端固定在定子上，可随定子偏摆；顶块与支架的另一端由小轴连接在一起，转轴与小轴分别固定，顶块可随支架偏转而动作。

2. 速度继电器的工作原理

当电动机转动时，与电动机同轴连接的速度继电器转子也转动，这样，永久磁铁制成的转子产生的磁场就由静止磁场变为在空间移动的旋转磁场。此时，定子内的短路绕组（导体）因切割磁感线而产生感应

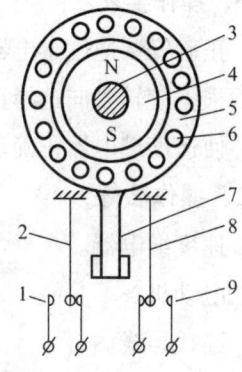

图 3-33　速度继电器的动作机构示意图
1—正向偏转静触点　2—正向偏动触点弹簧片　3—转轴　4—永久磁铁　5—定子　6—短路绕组　7—顶块与支架　8—反向偏动触点弹簧片　9—反向偏转静触点

电动势和电流，载流短路绕组与磁场相互作用便产生一定的电磁转矩，于是定子便顺着转轴的转动方向偏转。定子的偏转带动支架和顶块，当定子偏转到一定程度时，顶块推动动触点弹簧片，使常闭触点断开，继而常开触点闭合。常开触点闭合后，可产生一定的反作用力，阻止定子继续偏转。电动机转速越高，定子内的短路绕组（导体）产生的电流越大，因而电磁转矩越大，顶块对动触点簧片的作用力也就越大。电动机转速下降时，速度继电器转子速度也随之下降，定子内绕组产生的感应电流相应减小，从而使电磁转矩减小，顶块对动触点簧片的作用力也减小。当转子速度下降到一定数值时，顶块的作用力小于触点簧片的反作用力，顶块返回到原始位置，对应的触点复位。

二、速度继电器的选用

常用的速度继电器有 JY1 和 JFZ0 两个系列。JY1 系列能在 3 000 r/min 的转速下可靠工作；JFZ0 系列触点动作速度不受定子偏转快慢的影响，触点改用微动开，其中 JFZ0-1 型适用于 300~1 000 r/min，JFZ0-2 型适用于 1 000~3 000 r/min。速度继电器有两对常开、常闭触点，分别对应被控电动机的正、反转运行。一般情况下，速度继电器的触点，在转速达到 120 r/min 时动作，降为 100 r/min 左右时恢复正常位置。

技能要求

安装、调试速度继电器

一、操作要求

1. 正确安装速度继电器。
2. 根据旋转方向选择正确的触点。
3. 使速度继电器正确动作，输出信号。

二、操作准备

1. 速度继电器。
2. 电动机。
3. 连接导线。
4. 万用表。
5. 电工常用工具。

三、操作步骤

1. 正确安装速度继电器

（1）将速度继电器的转子轴和电机轴连接在一起，使两轴的中心线重合。将速度继电器的常开触点串接在反转控制接触器线圈的控制线路中。

（2）使金属外壳可靠接地。

2. 改变电动机速度、转向，观察、测试触点动作情况

四、注意事项

安装接线时应注意正反向触点不能接错，否则不能实现反接制动控制。

培训单元 2　温度继电器装调

培训重点

1. 能够正确选用温度继电器。
2. 能够正确使用温度继电器。
3. 能够正确安装、调试温度继电器。

知识要求

一、温度继电器的工作原理

电动机出现过载电流会使其绕组温升过高，而发热元件可间接地反映出绕组温升的高低，热继电器就可以起到电动机过载保护的作用。然而在实际应用中，即使电动机不过载，电网电压升高也会导致电动机的铁芯损耗增加而使铁芯发热，从而使绕组温升过高；电动机环境温度过高以及通风不良等因素同样会使绕组温度过高。出现后两种情况时，热继电器不能起到保护作用，因此，出现了按温度原则动作的继电器，即温度继电器。

温度继电器是一种对温度变化非常敏感的微型过热保护元件，可埋设在电动机发热部位，如电动机定子槽内、绕组端部等，可直接反映该处发热情况，无论是电动机本身出现过载电流引起电动机温度升高，还是其他原因引起电动机温度升高，温度继电器都可起保护作用。由此可见，温度继电器具有"全热保护"作用，还可用于其他

电气设备非正常情况下的过热保护以及介质温度控制。

当温度继电器用于电动机保护时,应将其预先埋入电动机绕组后再将绕组浸漆,以保证良好的热耦合性能;而当温度继电器用于介质温度控制时,应将其直接置入被控介质中。当有某种原因致使绕组温度或介质温度迅速升高时,温度继电器可以立即感受到温度升高,并通过外壳将温度传入内部的双金属元件,双金属元件感温而逐渐积蓄能量,当温度继电器感受到的温度达到额定动作温度时,双金属元件瞬时动作,断开常闭触点,切断控制电路,起到保护作用。当电动机绕组温度或介质温度冷却到继电器复位温度时,温度继电器又能自动复位,重新接通控制电路。

二、温度继电器的结构及选用方法

温度继电器大体上有两种类型,一种是双金属片式温度继电器,另一种是热敏电阻式温度继电器。下面以 JW6 双金属片式温度继电器为例介绍温度继电器的结构及相关动作特性。

JW6 系列温度继电器采用双金属片作为动作元件,结构简单小巧,外形结构如"鸭嘴形",如图 3-34 所示,双金属元件用环氧树脂封装于外壳内,外壳以 0.4 mm 厚的 H68 黄铜带拉伸而成,导热性能较好。

温度继电器的图形符号和文字符号如图 3-35 所示。

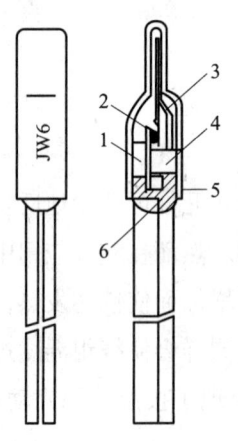

图 3-34　JW6 系列温度继电器结构示意图
1—绝缘垫　2—常闭触点　3—双金属元件
4—绝缘固定器　5—外壳　6—环氧树脂

图 3-35　温度继电器的图形符号和文字符号

JW 系列温度继电器的主要技术数据如下。

(1) 额定电压:交流 380 V。

（2）额定动作温度分为 50 ℃、60 ℃、70 ℃、80 ℃、90 ℃、100 ℃、105 ℃、115 ℃、125 ℃、135 ℃ 10 种规格，其动作特性见表 3-4。

表 3-4　JW 系列温度继电器的动作特性

产品型号	动作温度 /℃	复位温度 /℃
JW6-50	50±3	低于动作温度 5~20
JW6-60	60±3	低于动作温度 5~20
JW6-70	70±5	低于动作温度 5~20
JW6-80	80±5	低于动作温度 5~33
JW6-90	90±5	低于动作温度 5~33
JW6-100	100±5	低于动作温度 5~33
JW6-105	105±5	低于动作温度 5~33
JW6-115	115±5	低于动作温度 5~33
JW6-125	125±8	低于动作温度 5~33
JW6-135	135±8	低于动作温度 5~33

（3）控制触点为单断点常闭控制触点，瞬动结构，触点通断能力为交流 380 V、2 A。

（4）寿命不低于 1 000 次。

（5）温度耐受特性最低为 –10 ℃，最高不超过额定动作温度 20 ℃。

技能要求

安装、调试温度继电器

一、操作要求

1. 正确安装温度继电器。
2. 正确连接温度继电器。
3. 使温度继电器正确动作，输出信号。

二、操作准备

1. 温度继电器。
2. 热源。
3. 连接导线。
4. 万用表。
5. 电工常用工具。

三、操作步骤

1. 正确安装、连接温度继电器（见图 3-36）

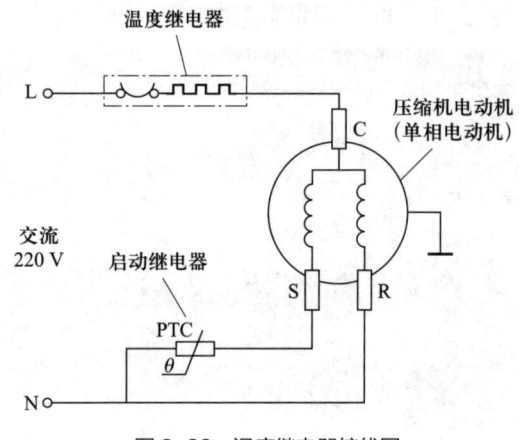

图 3-36　温度继电器接线图

2. 改变热源温度，观察、测试触点动作情况

当负载设备温度过高或流过的电流过大时，温度继电器断开，切断线路，进行设备及线路的保护。

正常温度下，交流 220 V 电源经温度继电源器内部闭合的触点，接通压缩机电动机的供电，启动继电器启动压缩机电动机工作，待压缩机电动机转速升高到一定值时，启动继电器断开启动绕组，启动结束，压缩机电动机进入正常的运转状态。

当压缩机电动机温度过高时，温度继电器的碟形双金属片受热反向弯曲变形，断开压缩机的供电电源，起到保护作用。

待压缩机电动机和温度继电器的温度逐渐降低后，双金属片又恢复到原来的形态，触点再次接通，压缩机电动机再次启动运转。

培训单元 3　压力继电器装调

培训重点

1. 能够正确选用压力继电器。

2. 能够正确使用压力继电器。

3. 能够正确安装、调试压力继电器。

知识要求

一、压力继电器的结构与工作原理

压力继电器是对液体或气体压力的高低进行检测并发出开关量信号的继电器，用于实现对机械设备提供某种保护或控制。如油液压力达到压力继电器的调定压力时，即发出电信号，以控制电磁铁、电磁离合器、继电器等电器元件动作，使油路卸压、换向，执行机构实现顺序动作，或关闭电动机，使系统停止工作，起到安全保护作用。

压力继电器主要由压力传送装置和微动开关等组成，其结构如图 3-37 所示，液体或气体经压力入口，通过缓冲器和橡皮膜推动顶杆，顶杆克服弹簧的反力向上运动；当压力达到给定值时，触动微动开关，其常开触点闭合、常闭触点断开，发出开关量控制信号；若压力减小，顶杆脱离微动开关，微动开关复位。旋转调压螺母，可以改变动作压力的大小，以适应控制系统的需求。按照压力位移转换部件的结构分类，压力继电器有柱塞式、膜片式、弹簧管式和波纹管式。压力继电器图形和文字符号如图 3-38 所示。

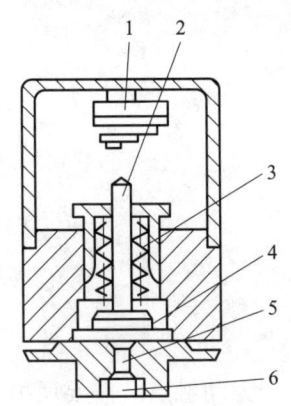

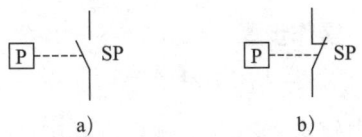

图 3-37 压力继电器结构原理示意图
1—微动开关 2—顶杆 3—弹簧 4—橡皮膜
5—缓冲器 6—液体或气体入口

图 3-38 压力继电器图形和文字符号
a) 压力继电器常开触点 b) 压力继电器常闭触点

二、压力继电器的选用方法

压力继电器靠阀内微动开关感应来自液压或气压系统的压力来传达电气信号，使其他液压（气压）元件改变动作，发出警告或关闭电路，从而保护系统。所以，在选用压力继电器时应注意以下几点。

（1）在压力继电器调定值内，多次升高或者降低其系统的开启压力的压力差值就称为重复精度。压力差值越小，就说明压力继电器重复精度越高，相应的可靠性、稳定性越高。

（2）灵敏度又称为返回区间，开启压力和闭合压力的差值就是压力继电器的灵敏度。灵敏度过小，系统压力波动，会使压力继电器时而断开，时而接通，所以要保证灵敏度在额定的范围内，不要过小。

（3）根据所测对象的压力来选用压力继电器。压力继电器能够发出电信号的最低工作压力和最高工作压力的差值称为调压范围，压力继电器也应在此调压范围内选择。

技能要求

安装、调试压力继电器

一、操作要求

1. 正确安装压力继电器。
2. 正确连接压力继电器。
3. 使压力继电器正确动作，输出信号。

二、操作准备

1. 压力继电器。
2. 压力源。
3. 连接导线。
4. 万用表。
5. 电工常用工具。

三、操作步骤

1. 正确安装压力继电器

压力继电器有 3 个触点，其中 2 个为静触点，1 个为动触点。需要压力到调定值时断开，就用常闭触点；需要压力到调定值时闭合，就用常开触电。

2. 改变压力源力度，观察、测试触点动作情况

基本电子电路装调维修

- 培训项目一 仪器仪表的使用
- 培训项目二 电器元件选用
- 培训项目三 电子线路装调维修

培训项目一　仪器仪表的使用

培训单元1　直流单臂电桥的使用

培训重点

1. 了解直流单臂电桥的工作原理。
2. 掌握直流单臂电桥测量中值电阻的方法。

知识要求

一、直流单臂电桥的结构

常见的直流单臂电桥有QJ23、QJ24型，均为电阻箱式结构。直流单臂电桥的面板如图4-1所示。

QJ24型直流单臂电桥的测量范围是0.001~999 000 Ω，准确度为0.1级，即在电桥100~99 990 Ω的基本量程内，误差不超过±0.1%，保证准确度的使用范围是20~99 990 Ω，其比例臂比例分别有0.001、0.01、0.1、1、10、100、1 000 7个挡位。比较臂由可调电阻箱串联而成，分为4个9进位盘组合，最大可调阻值为9 999 Ω，最小步进值为1 Ω，可得到在0~9 999 范围内变动的电阻值。

图4-1　直流单臂电桥的面板

QJ24型直流单臂电桥可以外接检流计。它的电源也有两种，一种为内附电源，由3节2号1.5 V电池构成；另一种为外接电源，可根据需要从外接电源端钮处接入电桥。

直流单臂电桥面板按钮使用说明如下。

1. X1、X2两段按钮接被测电阻 R_x。
2. B和G分别为外接电源和外接检流计的两对接线端钮，可以旋入和接入外接电源和检流计,以便提高电源电压和测量精度。

3. B0 为接通电源的按钮,可以按入或旋入。

4. G0 为接通检流计的按钮,可以按入或旋入。

5. 使用 QJ24 型电桥时,比例臂比例的选择可见表 4-1。

表 4-1 比例臂比例的选择

被测电阻 / Ω	比例臂比例	内附电源 / V	外接电源 / V
9.999 以下	0.001	4.5	< 9
10~99.99	0.01	4.5	
100~999.9	0.1	4.5	
1 000~9 999	1	4.5	>15
10 000~99 990	10	4.5	
100 000~999 900	100	4.5	
1 000 000~9 999 000	1 000	4.5	

二、直流单臂电桥的工作原理

直流单臂电桥电路原理图如图 4-2 所示。

它主要由比较臂 a-c、a-d,比例臂 c-b、d-b,检流计 G 及电池 E 等组成。图中 R_x 为被测电阻,R_2、R_3、R_4 均为阻值已知的标准电阻。在电路中的 c 点和 d 点之间接入一个指针式检流计 G;并在 a 点与 b 点之间接入一直流电源 E。

按下开关 SB,接通电源后,调节桥臂电阻 R_2、R_3、R_4 的电阻值,使电桥达到平衡,此时检流计 G 的指针指零,由电工原理可知 c 点与 d 点此时电位相等,即 $U_c=U_d$。此时检流计中无电流流过,通过 R_x 和 R_2 的电流 I_1 与 I_2 大小相等,即 $I_1=I_2$。流过电阻 R_3 和 R_4 的电流 I_3 和 I_4 大小相等,即 $I_3=I_4$,由电桥平衡条件 $R_x/R_2=R_3/R_4$ 可以得到,被测电阻的阻值 $R_x=(R_2/R_4)R_3$。其中,R_3 称为比较臂,R_2/R_4 称为比例臂。

由此可知,被测电阻 R_x 的数值可以由 R_2、R_4 和 R_3 的数值求出。在实际电桥电路中,R_2/R_4 的比值以 10^n(n=-1、-2、-3、0、1、2、3)进行变化,为测量提供一个比例。R_2/R_4 比值则可由 0 开始连续调节,

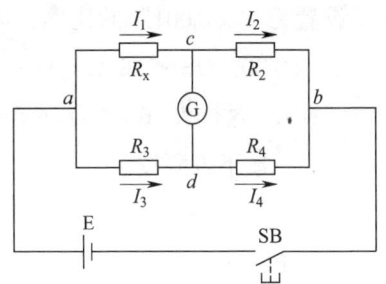

图 4-2 直流单臂电桥原理图

一般从个位、十位、百位、千位分别进行调节，直到检流计指针指零，达到平衡为止，这时即可读数，即测量值 = 比较臂读数 × 比例。

三、直流单臂电桥的使用方法（以 QJ24 型为例）

1. 检查电桥

（1）电桥的外壳是否完好无损。

（2）电桥内附电源是否完好无损。

（3）电桥上的各部件是否齐全且状态良好。

（4）检流计指针是否摆动灵活且指在零位，如不在零位，可调节检流计调零旋钮。

2. 被测设备的处理

（1）将被测设备断电，并断开与被测设备无关的电路。

（2）将被测设备接线端进行净化处理，即清除污垢、氧化层等影响测量的因素。

（3）用万用表粗测设备电阻值并记录，以便选择比例臂和比较臂，使测量更快速、准确。

3. 正确测量

（1）将被测设备接到电桥的测量端钮上，连接导线应尽可能短，并保证接线与端子连接紧密，以减小接触电阻；尽量不用线夹子，防止接触不良或测量时意外断路，损坏电桥。

（2）根据万用表粗测结果，确定比较臂与比例臂。确定原则：使比较臂的4个可调电阻全部得到利用，有尽可能多的有效数字，这样可以充分发挥电桥精确测量的特点，否则出现空臂会使测量准确度下降。例如，若被测电阻值约为 6 Ω，则比例臂应设置为"×0.001"的比例，电桥平衡时若比较臂的读数是 6 258，则被测电阻 R_x = 6 258 × 0.001 Ω = 6.258 Ω。假如比例臂设置为"×1"的比例，则电桥平衡时只能读到一位数 6，这样 R_x = 6 × 1 Ω = 6 Ω。这时读数误差很大，失去了用电桥精确测量的意义。

（3）按下电源按钮。

（4）轻按检流计按钮，观察检流计指针的偏转方向和幅度。如检流计指针偏转幅度超出正常允许范围，说明此时电桥严重不平衡，应立即松开检流计按钮。如此时按住检流计粗调按钮，有可能因电流过大而损坏检流计。如果检流计指针偏转幅度在允许的范围内，则可根据检流计指针偏转方向调节比较臂的可调电阻，若检流计指针指向"+"方向偏转，则应增加比较臂电阻；若检流计指针指向"-"方向偏转，则应减小比较臂电阻。反复调校比较臂的可调电阻，直至检流计指针接近零位，电桥达到基本平衡为止。调节比较臂可调电阻的过程中，应先松开检流计按钮，再松开电源按钮，防止损坏检流计。

（5）电桥基本平衡后，检流计指针偏转幅度较小，可先锁定电源按钮，再锁定检流计按钮，根据检流计指针偏转方向调校比较臂的可调电阻，若检流计指针指向"+"方向偏转，则应增加比较臂电阻；若检流计指针指向"-"方向偏转，则应减小比较臂电阻。反复调节比较臂的可调电阻，使检流计指针指在零位，电桥达到平衡为止。

（6）细调检流计至平衡后，即可读数。R_x= 比较臂的4位数 × 比例臂比例。例如比较臂的读数为2 608 Ω，比例臂比例为0.01，则被测阻值 R_x=2 608 Ω × 0.01=26.08 Ω。

（7）读数完毕后，应先松开检流计按钮，再松开电源按钮，最后拆下被测电阻，再将检流计锁扣锁上，防止搬运过程中振坏检流计。对于没有锁扣的检流计，应将检流计按钮松开，其常闭触点会自动将检流计线圈短路，从而使可动部分在摆动时受到强烈的阻尼作用而得到保护。

（8）拆下被测电阻后，将比较臂和比例臂复位，放在正确位置。

4. 测量注意事项

（1）测量被测设备前应断开电源。

（2）被测设备若是电容性负载，必须在测量前进行放电处理。

（3）接线应牢固紧密，测量过程中，不可出现桥臂断路现象，否则会使电桥严重不平衡，从而损坏检流计。

（4）测量完毕后，应按正常顺序拆下被测电阻，否则电桥也会出现严重不平衡现象。

（5）直流单臂电桥不使用时，应将内附电池取出，存放在环境温度为10~40 ℃，相对湿度小于80%，空气中不含有腐蚀性气体且通风、干燥、无振动的场所。

技能要求

使用直流单臂电桥测量中值电阻

一、操作要求

1. 识别直流单臂电桥面板上的开关和旋钮的性能，掌握直流单臂电桥的一般使用方法。

2. 用直流单臂电桥测量被测元件的电阻值，并记录测量步骤。

二、操作准备

1. 直流单臂电桥。
2. 色环电阻。
3. 连接导线。
4. 万用表。
5. 电工常用工具。

三、操作步骤

1. 用万用表粗量被测电阻的阻值。
2. 选择检流计,并将检流计指针调到"0"位置。
3. 将被测电阻接到单臂电桥的相应接线柱上。
4. 根据粗测值选择比例臂和比较臂挡位。
5. 按步骤测电阻。
6. 使用完毕,将比例臂开关旋到空挡的位置上。

四、操作步骤

1. 注意按键动作顺序。
2. 测量时要保持电量充足,长期不用时要取出电池。

培训单元 2　直流双臂电桥的使用

培训重点

1. 了解直流双臂电桥的工作原理。
2. 掌握直流双臂电桥测量中值电阻的方法。

知识要求

一、直流双臂电桥的结构

直流双臂电桥又称凯尔文电桥,是专门用来测量 1 Ω 以下低值电阻的精密仪器。

直流双臂电桥电路原理图如图 4-3 所示。电路中 R_x 为待测电阻，R_s 为比较用的标准电阻，R_1、R_2、R_3、R_4 组成电桥双臂电阻，且阻值较大（10~10^3 Ω）。设桥路中 P_1、P_2、S_1、S_2 处的导线电阻和接触电阻分别为 r_1、r_2、r_3、r_4，当它们作为附加电阻加入 R_1、R_2、R_3、R_4 桥臂电阻中时，因 R_1~R_4 远大于 r_1~r_4（10^{-2}~10^{-5} Ω），且 r/R 很小，故其影响可忽略不计。至于 C_1、C_2、D_1、D_2 处的导线电阻和接触电阻（总称为附加电阻）在电桥的外电路上，与电桥平衡无关。设 r 为 C_2、D_2 间附加电阻的总和，且 C_2 和 D_2 用短而粗的导线连接，使 $r \to 0$。试验表明，只要适当调节 R_1、R_2、R_3、R_4 和 R_s 的阻值，就可以消除 r 对测量结果的影响。

QJ42 型携带式直流双臂电桥面板配置如图 4-4 所示。

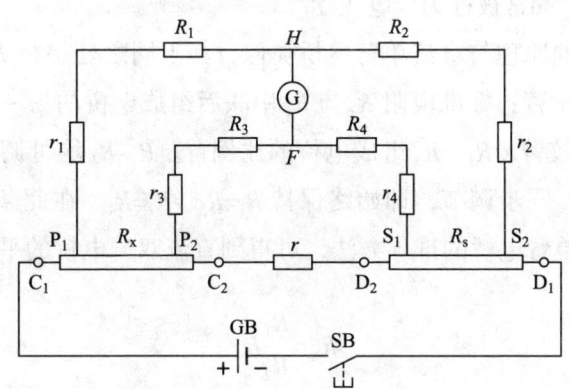

图 4-3　直流双臂电桥电路原理图

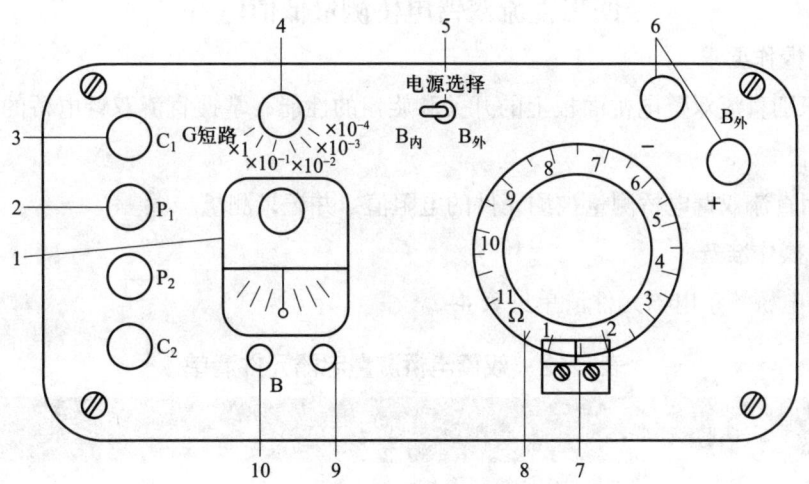

图 4-4　QJ42 型携带式直流双臂电桥面板配置

1—检流计，其上有机械调零器　2—电位端接线柱（P_1、P_2）　3—电流端接线柱（C_1、C_2）　4—倍率开关　5—电源选择开关　6—外接电源接线柱　7—标尺　8—读数盘　9—检流计按钮开关　10—电源按钮开关

二、直流双臂电桥的工作原理

直流双臂电桥中,电阻 R_x 和比较用的标准电阻 R_s 都有四个接线端,如图 4-5 所示,即电流接头和电压接头分开,从而可以把各部分的导线电阻和接触电阻分别引入检流计回路或电源回路中,使它们或者与电桥平衡无关,或者被引入大电阻的支路中,目的是大大减小导线电阻和接触电阻的影响,这类接线方式的电阻被称为四端电阻。由于流经 C_1、C_2 的电流较大,C_1、C_2 端常被称为"电流端",而流经 P_1、P_2 的电流较小,P_1、P_2 端常被称为"电压端"。

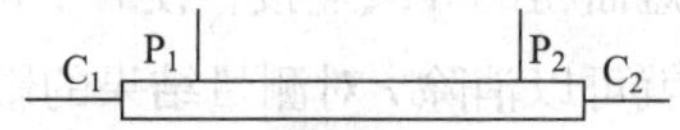

图 4-5 电阻器四端接法示意图

直流双臂电桥的原理与直流单臂电桥类似,其不同之处是被测电阻 R_x 与 R_3 串联后组成电桥的一个桥臂;标准电阻 R_s 与 R_4 串联后组成电桥的另一个桥臂,它相当于直流单臂电桥的比较臂。R_1、R_2 组成电桥的比例臂。R_1~R_4 均可调节,且在结构上做成 R_1 和 R_3、R_2 和 R_4 同步调节,即始终保持 $R_1=R_3$、$R_2=R_4$。在此条件下,忽略 r 的影响,然后仿照直流单臂电桥的推导方法,可得到直流双臂电桥的平衡条件与直流单臂电桥相同,即为

$$R_x = \frac{R_1}{R_2} R_s$$

技能要求

使用直流双臂电桥测量低值电阻

一、操作要求

1. 识别直流双臂电桥面板上的开关和旋钮的性能,掌握直流双臂电桥的一般使用方法。
2. 用直流双臂电桥测量被测元件的电阻值,并记录测量步骤。

二、操作准备

双臂电桥测量电器元件清单见表 4-2。

表 4-2 双臂电桥测量电器元件清单

序号	名称	规格型号	数量
1	双臂电桥	QJ42 型携带式直流双臂电桥	1 台
2	被测元件	自选	1 套

三、操作步骤

1. 在仪器底部电池盒中装上 3~6 节 1 号干电池，或在外接电源接线柱"$B_{外}$"上接入 1.5~2 V、容量大于 10 Ah 的直流电源，并将"电源选择"开关拨向相应位置。

2. 将检流计指针调到"0"位置。

3. 将被测电阻的四端接到双臂电桥的相应四个接线柱上。

4. 估计被测电阻值将倍率开关旋到相应的位置上。

5. 当测量电阻时，应先按"B"，后按"G"按钮，并调节读数盘，使电流计重新回到"0"位。断开时应先放"G"按钮，后放"B"按钮。注意一般情况下，"B"按钮应间歇使用。电桥处于平衡时，被测阻值 R_x = 倍率开关的示值 × 读数盘的示值（Ω）。

6. 使用完毕，应把倍率开关旋到"G 短路"位置上。

培训单元 3　信号发生器的使用

培训重点

1. 了解信号发生器的工作原理。
2. 掌握信号发生器的使用方法。

知识要求

一、信号发生器的结构

信号发生器是产生所需参数的电测试信号仪器，具备信号调制功能、频率扫描功能、TTL 同步输出功能、参考时钟输出功能等。信号发生器按其信号波形可分为四大类：正弦信号发生器、波形信号发生器、脉冲信号发生器、随机信号发生器。信号发生器如图 4-6 所示。

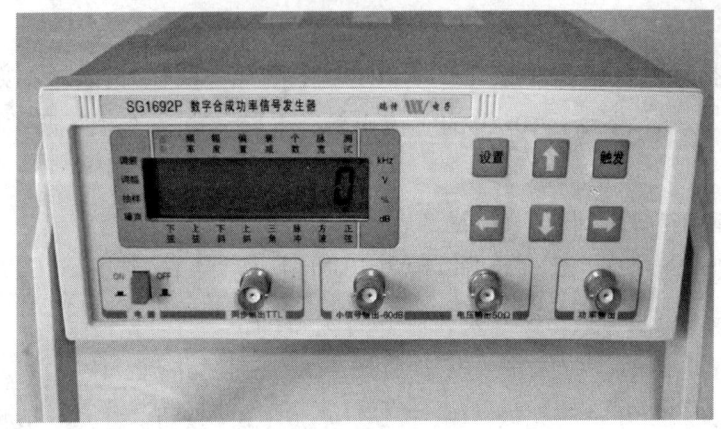

图 4-6 信号发生器

二、信号发生器的工作原理

信号发生器采用了直接数字合成原理波形，用复杂的数字逻辑来控制波形的幅度、偏置、衰减。包括频率测量功能的所有的数字逻辑由专用大规模可编程逻辑器件实现。信号发生器原理框图如图 4-7 所示。

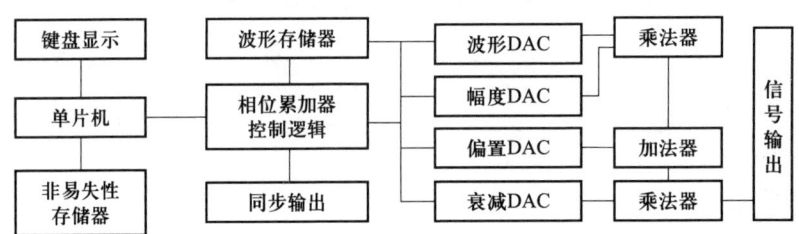

图 4-7 信号发生器原理框图

键盘显示部分提供人机接口界面，实现输出信号各种参数的设置；非易失性存储器用于保存仪器程控校准的参数，其看门狗复位电路保证仪器可靠工作；单片机控制仪器的所有操作。波形存储器共存储了若干种标准波；相位累加器控制逻辑用于控制输出信号波形的幅度、偏置、衰减、频率、波形等，两者用一片大规模可编程逻辑器件实现。仪器共使用四个 DAC（数模转换器）、两个乘法器和一个加法器，以实现 $y(t)=kA\cdot f(t)+b$ 信号输出模型，其中 $y(t)$ 为输出信号；k 为衰减系数，由衰减 DAC 产生；A 为波形幅度，由幅度 DAC 产生；$f(t)$ 为波形，由波形 DAC 产生；b 为直流偏置，由偏置 DAC 产生。

信号发生器采用了 6 个按键，分别是设置键、触发键、上移键、下移键、左移键、右移键。显示器采用 LCD 液晶显示模板，有 8 位数据及 24 个状态显示。前面板有一个电源开关,一个电压输出,一个同步输出,一个功率输出,一个测频输出。后面板仅有一个 AC220 V 输入,通电后前面板显示如图 4-8 所示。

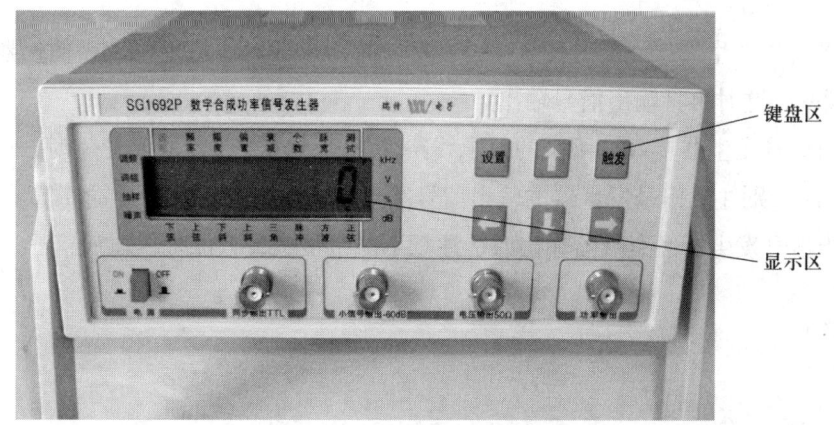

图 4-8　信号发生器通电后前面板显示

仪器有设置状态和触发状态 2 种工作状态。触发状态通过触发键进入,处于触发状态时,LCD 显示不闪烁,可以通过左右键来查看 7 个参数中的任意一个的数值或频率测量。通过按设置键,可以使 LCD 当前显示的参数闪烁,进入设置状态,此时可以通过左右键改变数据闪烁位置,上下键使当前数据改变,在设置状态,输出一个波形,设置的参数最多为 7 个,包括波形、频率、幅度、偏置、衰减、功率、振幅。

用信号发生器设置波形,开机仪器显示"标示字符串",延时几秒后,显示"00"状态,指示"波形""正弦";按设置键,数码部分最低位闪烁进入参数设置状态,按上升键 5 次,数码部分显示"05",状态指示"波形",信号的波形设置完成,如图 4-9 所示。

图 4-9　信号发生器的波形设置

三、注意事项

1. 将信号发生器接入 220 V/50 Hz 交流电源，开机后预热 10 min，使仪器产生较稳定的频率，这时再将输出信号输出。

2. 当信号发生器接入被调试的电子线路且与其他电子仪器同时使用时，应注意共地，同时应特别注意信号发生器的输出信号端不能对地短路，否则会损坏信号发生器。

3. 当信号发生器经衰减器输出时，注意不能带负载，只能提供电压信号。

培训单元 4 双踪示波器的使用

培训重点

1. 了解双踪示波器的工作原理。
2. 掌握双踪示波器的使用方法。

知识要求

一、双踪示波器的基本结构与工作原理

按显示信号的数量来分，示波器分为单踪示波器（只显示一个信号）、双踪示波器（可同时显示两个信号）和多踪示波器（可同时显示多个信号）。双踪示波器是将电压信号转化为可见的光信号并投影在显示屏上的装置。示波器是电子领域最基础的测量工具之一，主要用来观测电子信号波形，并计算各种参数，包括峰峰电压、周期、频率、占空比、上升时间等。示波器的核心部件是示波管，示波管的结构如图 4-10 所示。

电子枪被灯丝加热后发射电子；聚焦极将电子枪发射的电子聚焦为极细的电子束，可使波形显示清晰，加速极上加有较高的正电压，吸引电子脱离电子枪高速运动；显

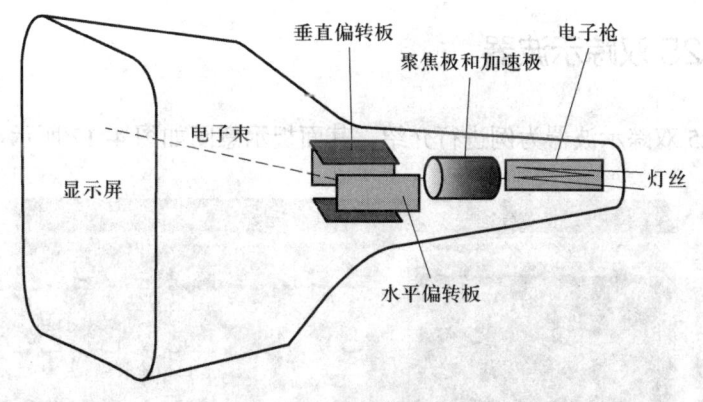

图 4-10 示波管的结构

示屏上加有极高的正电压，吸引电子撞击在显示屏面上，使显示屏面涂的荧光材料发光；垂直偏转板和水平偏转板上加有偏转电压，偏转电压的极性和幅值控制电子束撞击显示屏面的位置。当偏转电压跟随输入信号变化时，就可以使电子束在屏面上"画"出信号波形。

双踪示波器具有两路输入端，可同时接入两路电压信号进行显示。在示波器内部，将输入信号放大后，使用电子开关将两路输入信号轮换切换到示波管的偏转板上，使两路信号同时显示在示波管的屏面上，便于进行两路信号的观测比较。双踪示波器的工作原理框图如图 4-11 所示。

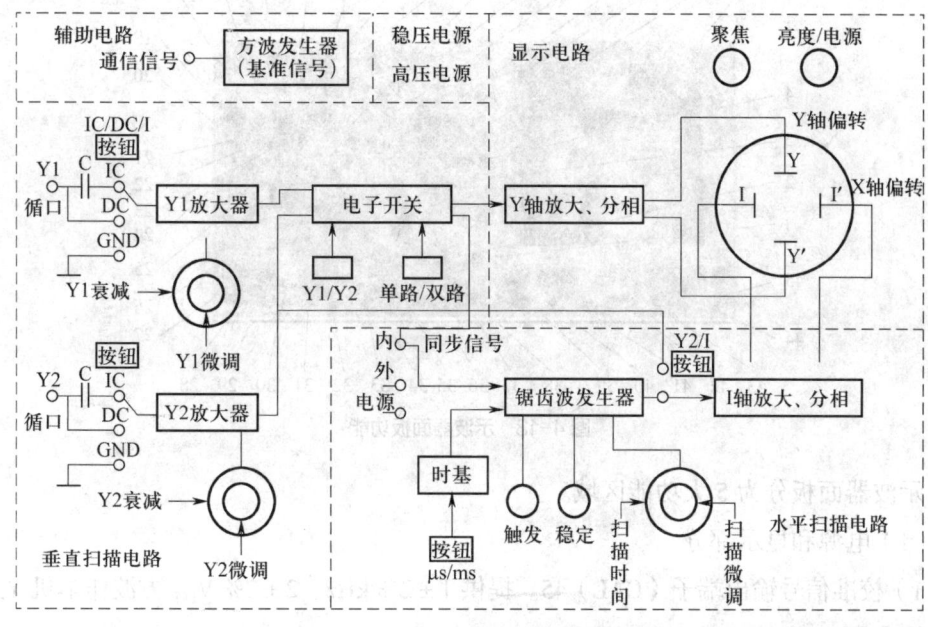

图 4-11 双踪示波器的工作原理框图

二、YB4325 双踪示波器

以 YB4325 双踪示波器为例进行介绍，其面板示意图如图 4-12 所示。

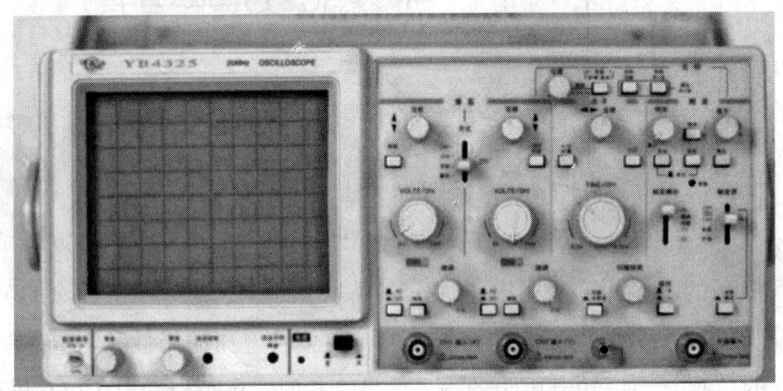

图 4-12　YB4325 双踪示波器面板示意图

1. YB4325 双踪示波器面板说明及各控制机件的功能介绍

示波器面板功能图如图 4-13 所示。

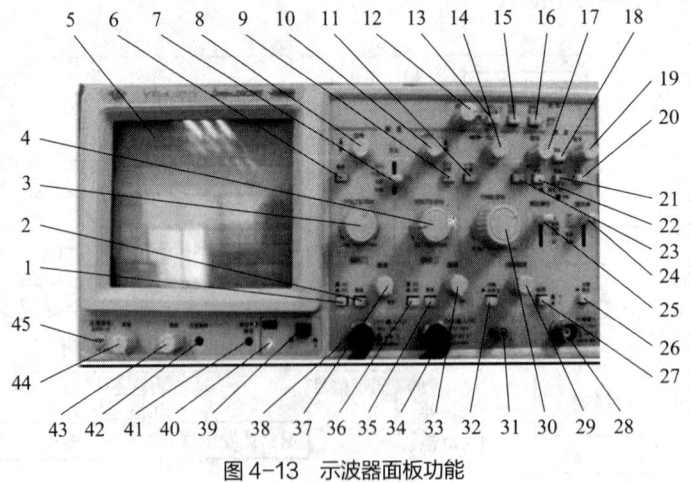

图 4-13　示波器面板功能

示波器面板分为 5 大功能区域。

（1）电源和显示部分

1）校准信号输出端子（CAL）45。提供 1±2% kHz、2±2% V_{P-P} 方波作本机 Y 轴、X 轴校准用。

2）辉度旋钮（INTENSITY）44。控制光点和扫描线的亮度，顺时针方向旋转旋钮，亮度增强。

3）聚焦旋钮（FOCUS）43。用辉度旋钮将亮度调至合适的标准后，调节聚焦旋钮，直至光迹达到最清晰的程度。虽然调节亮度时聚焦电路可自动调节，但聚焦有时也会有轻微变化，出现这种情况时需重新调节聚焦旋钮。

4）光迹旋转旋钮（TRACE ROTATION）42。由于磁场的作用，光迹有时会在水平方向轻微倾斜，该旋钮用于调节光迹与水平刻度平行。

5）读出字符辉度（READOUT INTEN）41。用于调节读出字符和光标的亮度。

6）电源指示灯 40。电源接通时，指示灯亮。

7）电源开关（POWER）39。将电源开关按键弹出即为"关"位置，将电源线接入，按电源开关键，则接通电源。

8）显示屏 5。仪器的测量显示终端。

（2）垂直方向部分

1）垂直方式工作开关（VERTICAL MODE）7。选择垂直方向的工作方式。

①通道 1（CH1）：屏幕上仅显示 CH1 信号。

②通道 2（CH2）：屏幕上仅显示 CH2 信号。

③双踪（DUAL）：屏幕上同时显示 CH1 和 CH2 上的信号，交替或断续方式自动转换。

④叠加（ADD）：显示 CH1 和 CH2 输入信号的代数和。

2）垂直位移（POSITION）8、10。调节光迹在屏幕中的垂直位置。

3）断续工作方式开关 6。CH1、CH2 两个通道按断续方式工作，断续频率约为 250 kHz。交替扫描时，需要"断续"方式可用此开关强制实现。

4）垂直灵敏度选择开关（VOLTS/DIV）3、4。用于选择 CH1 及 CH2 的垂直偏转系数，共 12 挡。如果使用的是"10∶1"的探极，计算时将幅度"×10"。

5）交流－直流－接地（AC、DC、GND）1、2、35、36。输入信号与放大器连接方式选择开关。

①交流（AC）：放大器输入端与信号连接经电容器耦合。

②直流（DC）：放大器输入端与信号直接耦合。

③接地（GND）：输入信号与放大器断开，放大器的输入端接地。

6）垂直微调旋钮（VARIABLE）33、37。垂直微调旋钮用于连续改变电压偏转系数，在正常情况下应位于顺时针方向旋到底的位置。将旋钮逆时针方向旋到底，垂直方向的灵敏度下降到2.5倍。

7）通道 1 输入端【CH1 INPUT（X）】38。该输入端用于垂直方向的输入，在 X-Y 方式时，作为 X 轴输入端。

8）CH2 极性开关（INVERT）9。按此开关时 CH2 显示反相信号。

9）通道 2 输入端【CH2 INPUT（Y）】34。该输入端用于垂直方向的输入，在 X-Y 方式时，作为 Y 轴输入端。

（3）水平方向部分

1）水平位移（POSITION）14。调节光迹在屏幕中的水平位置。顺时针方向旋转该按钮向右移动光迹，逆时针方向旋转该按钮向左移动光迹。

2）扩展控制键（×10MAG）11。按此键时，扫描因数 ×10 扩展，主扫描时间系数选择开关指示数值的 1/10。

3）X-Y 控制键 23。按此键时，CH1 信号接入水平偏转，CH2 信号接入垂直偏转。

4）水平扫描时间调整旋钮（TIME/DIV）30。水平扫描时间调整旋钮共 20 挡，可在 0.1 μs~0.5 s/div 范围内选择扫描速率。

5）扫描非校准状态开关键 31。按此键时，扫描时即进入非校准调节状态，此时调节扫描微调有效。

6）扫描微调控制键（VARIBLE）29。此旋钮顺时针旋到底时，处于校准位置，扫描由主扫描时间系数选择开关指示。此旋钮逆时针旋到底时，处于校准位置，扫描减慢 2.5 倍以上。当按键（27）未按下，旋钮（28）调节无效，即为校准状态。

7）接地端子 32。示波器外壳接地端。

（4）触发部分

1）释抑（HOLDOFF）17。当信号波形复杂，用电平旋钮不能稳定触发时，可用"释抑"旋钮使波形稳定同步。

2）电平锁定（LOCK）18。无论信号如何变化，触发电平自动保持在最佳位置，不需要人工调节电平。

3）触发电平旋钮（TRIG LEVEL）19。用于调节被测信号在某选定电平触发，当旋钮转向"+"时显示波形的触发电平上升；反之触发电平下降。

4）触发方式选择（TRIG MODE）和复位（RESET）20、21、22。

①自动（AUTO）22：在"自动"扫描方式时，扫描电路自动进行扫描。在没有信号输入或输入信号没有被触发同步时，屏幕上仍然可以显示扫描基线。

②常态（NORM）21：在"常态"扫描方式时，有触发信号才能扫描，否则屏幕上无扫描线显示。当输入信号的频率低于 50 Hz 时，需用"常态"触发方式。

③单次（SINGLE）：自动（AUTO）、常态（NORM）两键同时弹出即为单次触发

工作状态。

④复位（RESET）20：当触发信号来时，准备（READY）指示灯亮，单次扫描结束后指示灯熄灭，按下复位键后电路又处于待触发状态。

5）触发耦合选择开关25。

①交流（AC）：交流耦合方式。

②高频抑制（HF REJ）：触发信号通过交流耦合电路和低通滤波器作用到触发电路。

③电视（TV）：TV触发，以便于观察TV视频信号。

④直流（DC）：直流耦合方式。

6）触发源选择开关（SOURCE）24。

①通道1 X–Y（CH1，X–Y）：CH1通道信号为触发信号，当工作方式在X–Y方式时，拨动开关应设置于此挡。

②通道2（CH2）：CH2通道的输入信号是触发信号。

③电源（LINE）：电源频率信号为触发信号。

④外接（EXT）：外触发输入端的触发信号是外部信号，用于特殊信号的触发。

7）触发极性按钮（SLOPE）27。触发极性选择，用于选择在信号的上升沿触发或下降沿触发。

8）交替触发（TRIG ALT）26。在双踪交替显示时，触发信号来自两个垂直通道，此方式可以用于同时观察两路不相关的信号。

9）外触发输入插座（EXT IPUT）28。用于外部触发信号的输入。

（5）光标控制部分

1）光标位移12。旋转此控制旋钮可将选择的光标移位。

①读出开/关：按下"光标开/关"键可以打开或关闭示波器读出功能。

②探极×1/×10：指示探极状态×1/×10，按下"光迹_▽_▼（基准）"键的同时旋转光标"位移"（39）旋钮，可选择×1/×10探极状态。

2）光标_▽_▼（基准）13。按此键选择移动的光标，被选中的光标带有"▽"或"▼"标记；当两个光标均带有标记时，两个光标可同时移动。

3）光标功能15。按此键选择下列测量功能。

① ΔV：电压差测量。

② $\Delta V\%$：电压差百分比测量（5 div=100%）。

③ ΔVdB：电压增益测量（5 div=0 dB）。

④ ΔT：时间差测量。

⑤ 1/ΔT：频率测量。

⑥ DUTY：占空比（时间差的百分比）测量（5 div=100%）。

⑦ PHASE：相位测量（5 div=360°）。

4）光标开/关 16。按此键可以打开/关闭光标测量功能。

技能要求

使用 YB4325 双踪示波器测量波形的幅值、频率

一、操作要求

1. 识别示波器面板上的开关和旋钮的性能，掌握示波器的一般使用方法。
2. 用示波器测量给定信号电源的幅值、频率，记录测量步骤。

二、操作准备

示波器测量电器元件清单见表 4-3。

表 4-3　示波器测量电器元件清单

序号	名称	规格型号	数量
1	单相交流电源	220 V	
2	直流电源	自选	1 台
3	万用表	自选	1 台
4	双踪示波器	自选	1 台
5	函数信号发生器	自选	1 台

三、操作步骤

1. 示波器的开关、控制旋钮或按键设置，见表 4-4。

表 4-4　示波器设置

项目	设置	项目	设置
电源（POWER）	弹出	耦合（COUPLING）	AC
辉度（INTENSITY）	顺时针 1/3 处	触发极性（SLOPE）	+
聚焦（FOCUS）	适中	交替触发（TRIG ALT）	弹出

续表

项目	设置	项目	设置
垂直方式（MODE）	CH1	电平锁定（LOCK）	按下
断续（CHOP）	弹出	释抑（HOLDOFF）	最小（逆时针方向到底）
CH2 反相（INV）	弹出	触发方式	自动
垂直位移（POSITION）	适中	水平扫描时间调整旋钮（TIME/DIV）	0.5 ms/div
垂直灵敏度选择开关（VOLTS/DIV）	0.5 V/div	扫描非校准（SWP UNCAL）	弹出
微调（VARIABLE）	校准位置	水平位移（POSITION）	适中
交流－直流－接地	接地	×10 扩展（×10 MAG）	弹出
触发源（SOURCE）	CH1	X-Y	弹出

2. 将电源线接到交流电源插座，然后按如下步骤操作。

步骤 1　打开电源开关，电源指示灯变亮，约 20 s 后，示波管屏幕上会显示光迹，如 60 s 后仍未显示光迹，应按表 4-4 检查开关和控制按钮或按键的设定位置。

步骤 2　调节辉度旋钮（INTENSITY）和聚焦（FOCUS）旋钮，将光迹亮度调到适当且最清晰的程度。

步骤 3　调节 CH1 位移旋钮及光迹旋转旋钮，将扫描线调至与水平中心刻度线平行。

步骤 4　将探极连接到 CH1 输入端，将 2 V 的 P-P 校准信号加到探极上。

步骤 5　将交流－直流－接地开关拨到交流挡，屏幕上将会出现如图 4-14 所示的波形。

步骤 6　调节聚焦（FOCUS）旋钮，使波形达到最清晰。

步骤 7　为便于信号的观察，将衰减器开关（VOLT/

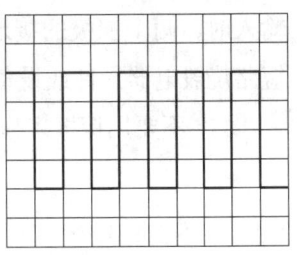

图 4-14　示波器波形

DIV)和水平衰减（TIME/DIV）开关调到适当的位置，使信号波形幅度适中，周期适中。

步骤 8　调节垂直位移和水平位移旋钮使波形位置适中，显示的波形应对准刻度线且电压幅度（V_{P-P}）和周期（T）能方便读出。

上述为示波器的基本操作步骤，CH2 单通道的操作方法与 CH1 类似。

四、注意事项

1. 改变显示波形的垂直方向的大小。调节衰减器开关（VOLT/DIV）3（CH1 的信号波形）或者 4（CH2 的信号波形）。

2. 调节波形的垂直位置。调节垂直位移（POSITION）旋钮 8（移动 CH1 信号的波形）或 10（移动 CH2 信号的波形）。

3. 调节波形在水平方向的个数。调节主扫描时间系数选择开关（TIME/DIV）。

4. 如果波形左右移动。①检查触发电平是否设置到信号有效幅度范围内。②若使用数字示波器，输入信号频率大于示波器采样率的一半，则属于欠采样，采到的是假波，也无法得到稳定的波形。需要往小时基挡位调节，直到采样率大于信号频率的 2 倍为止。

5. 示波器正常使用温度为 0~40 ℃，使用时不要将其他仪器或杂物盖在示波器的通风孔上，以免影响散热，造成仪器过热而损坏。

6. 示波器接通电源后，需预热数分钟再开始使用。

7. 示波器使用过程中应避免频繁开关电源，以免损坏示波管。一般在工作开始前就打开示波器，工作结束后才关闭示波器，暂时不用时只需将显示屏的亮度调暗即可。

8. 示波器显示屏上所显示的亮点或波形的亮度要适当，光点不要长时间停留在一点上，以免损伤荧光屏。

9. 示波器的接地端应与被测信号电压的接地端接在一起，避免引入干扰信号，同时应注意输入电压不要超过额定值。

10. 示波器 Y 轴输入的 CH1 与 CH2 与其接地端是连通的，若同时使用 Y 轴两路输入时，两个探极的接地线必须连接在同一点上或等电位处，不能接错，否则会引起短路烧毁电器元件或设备。

11. 不要用探极来拖拉示波器。

培训项目二 电器元件选用

培训单元1 78、79系列三端集成稳压电路的选用

培训重点

1. 了解三端集成稳压电路的型号及性能。
2. 掌握三端集成稳压电路的选用方法。

知识要求

一、三端集成稳压器的型号及性能

三端集成稳压电路也称三端稳压管,电子产品常见到的三端集成稳压电路有正电压输出的78系列和负电压输出的79系列。三端是指这种稳压用的集成电路只有三条引脚输出,分别为输入端、输出端和接地端。将元件有标识的一面朝向自己,若是78系列,三条引脚分别为输入端、接地端、输出端;若是79系列,三条引脚分别为接地端、输入端和输出端,如图4-15所示。在实际的电子电路中,三端集成稳压电路由于体积小、性能可靠、接线方便已经得到了广泛的使用,目前已基本取代了分立元件的稳压电路。

电子产品中最常用的三端集成稳压电路是正电压输出的W78××系列和负电压输出的W79××系列,这两个系列型号中的最后两位表示输出的电压值。

例如W7805表示输出电压是+5 V,W7912表示输出电压为-12 V。两个系列输出电压有5 V、6 V、9 V、12 V、15 V、18 V、24 V共七个等级。

三端集成稳压电路有两种封装形式,一种是金属壳封装,另一种是塑料封装。

三端集成稳压电路的内部结构比较复杂,除了典型的串联式稳压电路外,还有

启动电路和三种保护电路,从而使得电路具有过流保护、过热保护和安全区保护(保证调整管工作在安全区内)的功能。W78××电路只有三个外接端子,分别为输入端1、输出端2和公共端3,使用十分方便,电路的最大输出电流为1.5 A,为了保证电路的正常工作,要求输入电压至少比输出电压高2~3 V,且最高不得超过35~40 V。W79××的管脚与W78××不同,其中1为公共端、2为输出端、3为输入端(见图4-15)。

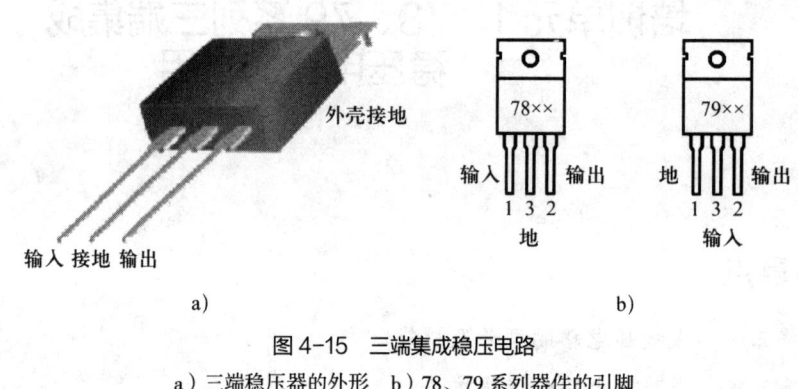

图4-15 三端集成稳压电路
a)三端稳压器的外形 b)78、79系列器件的引脚

二、集成稳压电路的接法

1. 基本接法

三端集成稳压电路的基本接法如图4-16所示,W78××电路的1端接输入电压,2端输出固定的稳定电压,3端接地;W79××电路的3端接输入电压,2端输出固定的稳定电压,1端接地。输入端和输出端接的电容器C是滤波电容器,一般取1 000 μF,而并联在C旁的C1和C2用于防止电路产生自激振荡,消除输出的高频噪声,一般取0.1~1 μF。

2. 扩大输出电压的接法

输出电压需要高于型号中的固定值时,可以采用扩大输出电压的接法,如图4-17所示。

电路在输出端接有电阻R_1、R_2组成的分压电路。设三端稳压电路W78××的稳定电压是$U_W=\times\times$ V,从集成电路3端流出的静态电流为I_Q时(I_Q为8~12 mA),则可得输出电压$U_o = \left(1+\dfrac{R_2}{R_1}\right)U_W + I_Q R_2$。

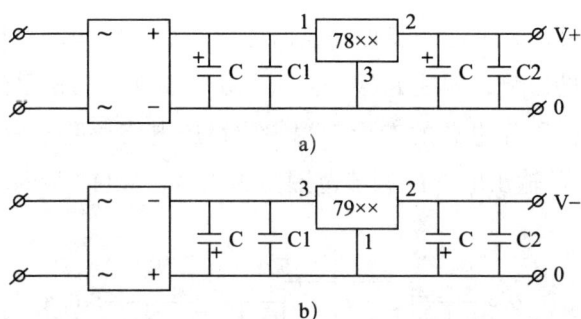

图 4-16 三端集成稳压电路基本接法
a）W78×× 系列　b）W79×× 系列

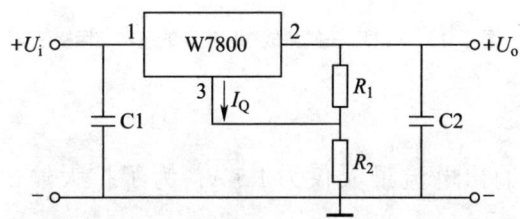

图 4-17 三端集成稳压电路扩大输出电压的接法一

由于 I_Q 的大小与输入电压及负载电流有关，因此输出电压 U_o 的稳定性比固定电压 U_W 要差些。若在分压电路中串入电位器，则输出电压可调。

为了使 I_Q 的大小不影响输出电压，可以采用如图 4-18 所示的接法。

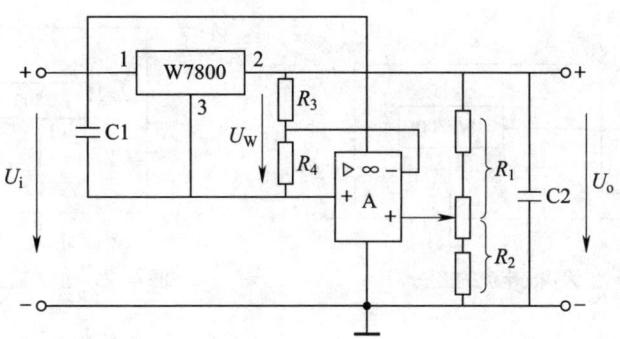

图 4-18 三端集成稳压电路扩大输出电压的接法二

此种接法取电阻 R_1、R_2 和比较放大器 A 用来调节输出电压，输出电压的大小为

$$U_o = \left(1+\frac{R_2}{R_1}\right)\frac{R_3}{R_3+R_4}U_W$$

然而此种接法还要用到运算放大器和负电源，使用不大方便。对于如图 4-18 所示的第一种接法来讲，为了进一步提高输出可调的稳压电源的稳压性能，应该设法减小 I_Q 对稳压性能的影响，即使 I_Q 很小且很稳定。事实上目前已经有了这样的专门用于输出电压可调的稳压电源的专用三端集成稳压电路，型号为 W117 系列（负电源为 W137 系列），其输出电压的调节范围为 2~40 V。W117 系列的基本应用接法如图 4-19 所示。

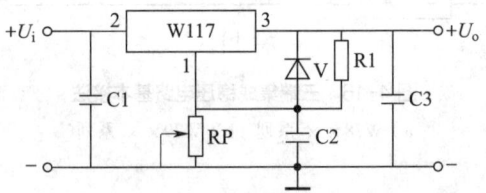

图 4-19　W117 三端集成稳压电路的基本应用接法

3. 扩大输出电流的接法

W78×× 系列的输出电流最大仅为 1.5 A，为了扩大输出电流，可以采用如图 4-20 所示的接法。

图中集成电路提供稳定的输出电压与一部分输出电流，另一部分输出电流由大功率三极管 V1 提供，图中电阻 R1、R3 和二极管 V2 用于对大功率管 V1 进行过流保护。

如图 4-21 所示是另一种扩大输出电流的接法，电路中用三极管 V1 扩大输出电流，用二极管 V2 补偿三极管发射结的压降。

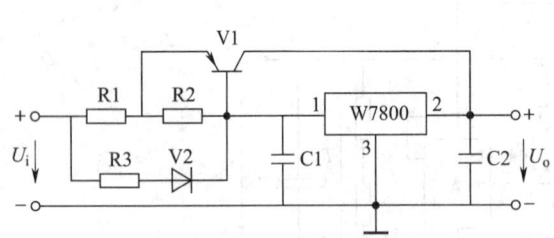

图 4-20　扩大输出电流的接法一

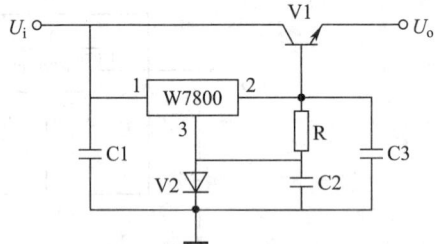

图 4-21　扩大输出电流的接法二

4. 输出正、负电压的稳压接法

在实际应用中，经常需要输出正、负电压的稳压电源，如图 4-22 所示是输出正、负电压的典型的稳压接法。该电路由 W7815 和 W7915 系列三端式集成稳压器组成，W7815 系列三端式集成稳压器输出 +15 V 电压，W7915 系列三端式集成稳压器输出 −15 V 电压。

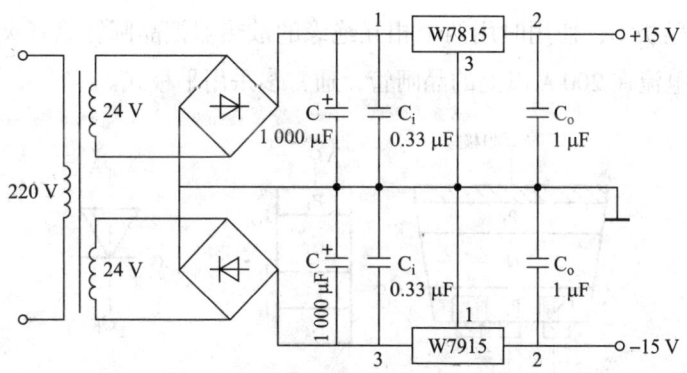

图4-22 输出正、负电压稳压接法

培训单元2 晶闸管的选用

培训重点

1. 掌握晶闸管的结构、原理。
2. 掌握晶闸管的测试方法。

知识要求

晶闸管包括普通晶闸管、双向晶闸管、快速晶闸管等。由于普通晶闸管应用最广泛,故本单元着重介绍普通晶闸管。

一、晶闸管的结构

晶闸管是一种PNPN四层半导体元件,有三个引出的电极,如图4-23a所示,其中P1引出的是阳极A,P2引出的是门极G(也称控制极),N2引出是阴极K。晶闸管的符号如图4-23b所示。

晶闸管元件有螺旋式、平板式和塑封式三种形式,如图4-24所示。其中,大功率螺旋式晶闸管(见图4-24c)工作时发热较多,必须安装散热器,使用时需把螺栓式晶闸管紧紧拧在散热器上。平板式晶闸管（见图4-24d）的两端是阳极A和阴极K，中间金属环是门极G，使用时用两个相互绝缘的散热器把晶闸管紧紧夹在中间，散热效果好。目前电流在200 A以上的晶闸管，通常多采用平板式。

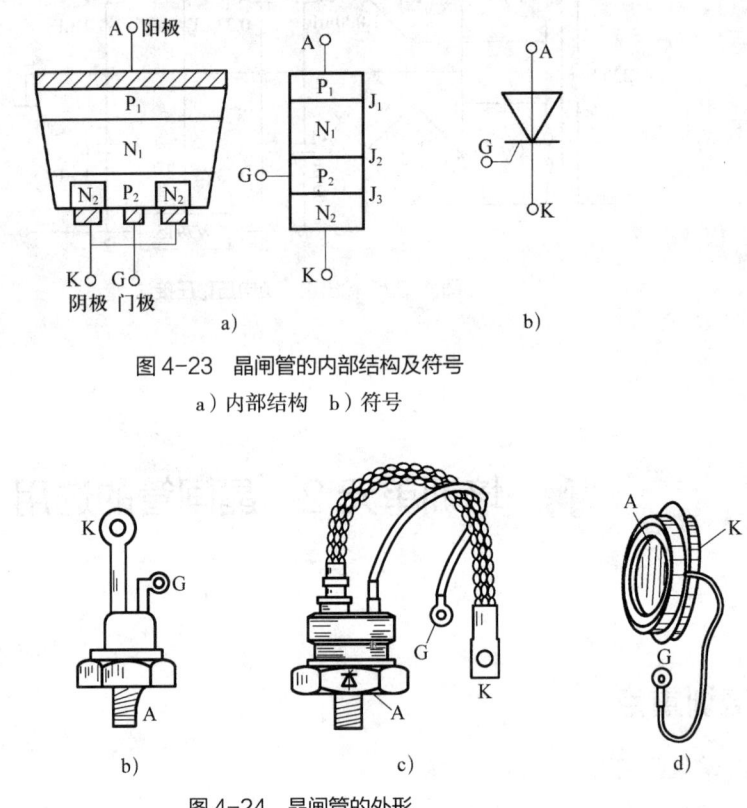

图4-23　晶闸管的内部结构及符号
a）内部结构　b）符号

图4-24　晶闸管的外形
a）塑封式　b）小功率螺旋式　c）大功率螺旋式　d）平板式

二、晶闸管的工作原理

1. 导通与截止条件

晶闸管是PNPN四层结构，具有三个PN结。为了说明晶闸管的导通和截止的条件，先通过如图4-25所示的试验来观察与分析晶闸管的导通和截止现象及规律。

如图4-25a所示电路中，晶闸管VT的阳极A和灯泡H串联后再接到可调直流电源U_{AK}的正极，VT的阴极K接到电源的负极。加在晶闸管VT阳极和阴极之间的电压称为阳极电压，此时晶闸管VT承受正向电压。门极G经过开关S连接到门极电源U_{GK}的正极，当门极电路中开关S断开时，晶闸管VT的门极G和阴极K之间未加上正向电压，灯泡 H 不亮，说明晶闸管 VT 不导通；当将开关 S 接通时，晶闸管门极 G 和阴极加上正向电压时，灯泡 H 亮，说明晶闸管导通；在晶闸管导通后，将开关 S 断开，即夫掉门极上的电压，灯泡 H 仍旧亮，表明晶闸管 VT 继续导通。这说明晶闸管 VT 一旦导通，门极就失去了控制作用。在灯泡 H 亮、晶闸管导通情况下，降低可调直流电源 U_{AK} 的电压，使流过晶闸管的电流（此电流称为阳极电流 I_a）减小至接近于某一值时（几至几十毫安），灯泡突然由亮变暗，晶闸管阳极电流突然降到零，晶闸管截止。在门极断开时，维持晶闸管导通所需要的最小阳极电流叫维持电流 I_H。

图 4-25b 所示电路和图 4-25a 所示电路的不同之处是门极电源 U_{GK} 的正极接晶闸管 VT 的阴极 K，负极经开关 S 连接晶闸管 VT 的门极 G。此时晶闸管的阳极和阴极间仍加上正向电压，当开关 S 接通时，门极 G 和阴极 K 加上反向电压。在这种情况下，无论开关 S 接通还是断开，灯泡 H 都不亮，即晶闸管 VT 截止。

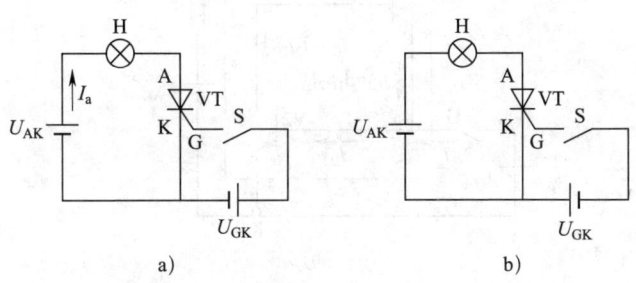

图 4-25 晶闸管导通与截止试验电路图
a）正向阳极电压 b）反向门极电压

从上述试验可以看出，晶闸管和整流二极管一样具有单向导电特性，电流只能从阳极流向阴极，与整流二极管不同的是，晶闸管还具有正向导通的可控特性。当晶闸管阳极和阴极间加上正向电压时，晶闸管还处于正向阻断状态，不能导通，只有在晶闸管阳极和阴极间加上正向电压，同时门极和阴极间加上适当的正向门极电压与电流时，晶闸管才能导通，门极起到控制作用。综上所述，晶闸管导通的条件如下。

（1）晶闸管的阳极 A 和阴极 K 间加上正向阳极电压。

（2）晶闸管的门极 G 和阴极 K 间加上适当且足够大的正向电压。

晶闸管截止的条件为晶闸管的阳极电流小于维持电流。在实际应用中，可以在晶闸管阳极和阴极间加上反向电压或将晶闸管阳极电压断开，使晶闸管的阳极电流小于维持电流而截止。

2. 工作原理

晶闸管是一个具有三个 PN 结的 PNPN 四层半导体元件，从内部结构上，可以把晶闸管看作两个三极管 V1、V2 的组合，其中 V1 是 PNP 管、V2 是 NPN 管，如图 4-26a 所示。

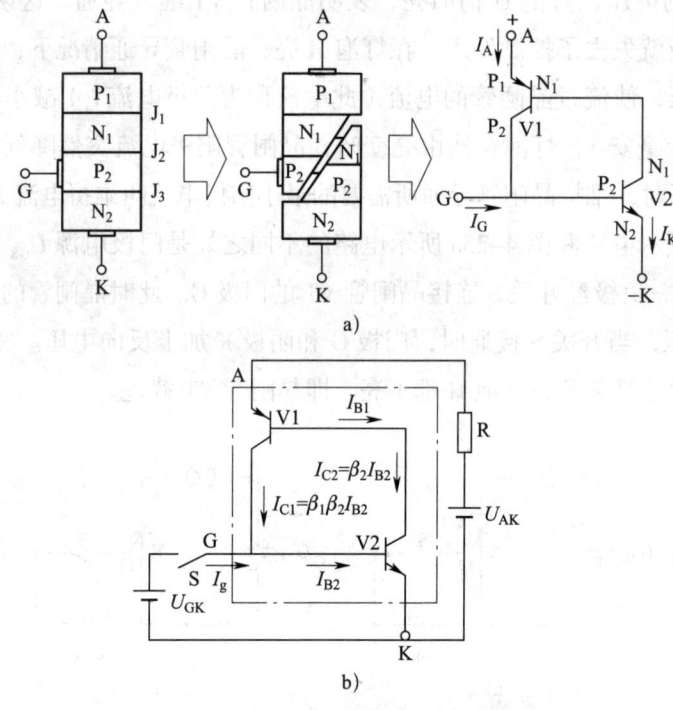

图 4-26　晶闸管的结构与工作原理
a）两个三极管 V1、V2 的组合　b）工作原理

如图 4-26b 所示，V2 的集电极电流 I_{C2} 是 V1 的基极电流 I_{B1}，V1 的集电极电流 I_{C1} 是 V2 的基极电流 I_{B2}。当合上开关 S，加上足够的正向门极电压时，V2 流过基极电流 I_{B2}，经三极管 V2 放大，集电极电流 $I_{C2}=\beta_2 I_{B2}$，由于 I_{C2} 又是三极管 V1 的基极电流 I_{B1}，因此 I_{C2} 又经三极管 V1 再次放大，集电极电流 $I_{C1}=\beta_1 I_{C2}=\beta_1\beta_2 I_{B2}$，$I_{C1}$ 继续经三极管 V2 放大，使得 I_{C2} 急剧增大……如此交替放大将产生一个强烈的正反馈，这个正反馈过程可表示为 $I_g \uparrow \to I_{B2} \uparrow \to I_{C2} \uparrow \to I_{B1} \uparrow \to I_{C1} \uparrow \to I_{B2} \uparrow$，使得两个三极管都很快饱和导通，即晶闸管导通。晶闸管导通后，某阳极电流的大小由电源电压和负载决定。

晶闸管导通后，其导通状态完全依靠晶闸管本身的正反馈作用来维持，即使取消门极电压（电流），晶闸管仍处于导通状态，这时门极已失去了控制作用，要想使晶闸管截止，可以在晶闸管的阳极和阴极间加上反向电压或将晶闸管的阳极电压断开。

三、晶闸管选用

1. 晶闸管的伏安特性

晶闸管的伏安特性是以阴极 K 为参考点，阳极 A 与阴极 K 间的阳极电压 U_{AK} 和阳极电流 I_a 之间的关系。晶闸管的伏安特性曲线如图 4-27 所示。

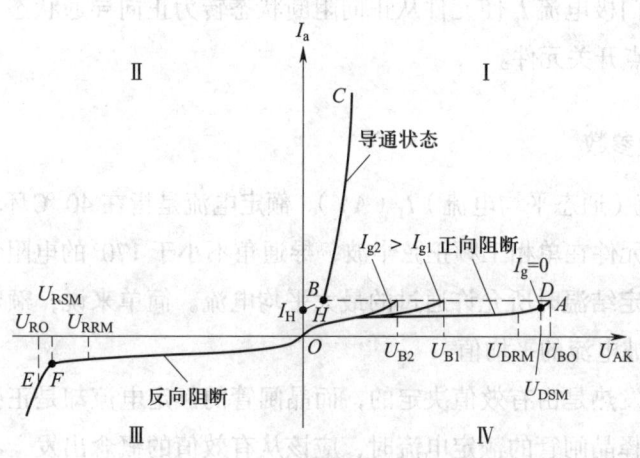

图 4-27　晶闸管的伏安特性曲线

由图 4-27 可知，晶闸管伏安特性可分为第 Ⅰ 象限的正向特性和第 Ⅲ 象限的反向特性。在第 Ⅰ 象限正向特性区域，当门极断开，即门极电流 $I_g=0$ 时，只要元件两端正向阳极电压 $U_{AK}<U_{BO}$（对应于曲线 A 点的电压）时，元件只有很小的正向漏电流，晶闸管处于正向阻断状态；当 $U_{AK}>U_{BO}$ 时，元件立即由正向阻断状态转为正向导通状态，即由曲线 A 点突变到 B 点，对应于 A 点的电压 U_{BO} 称为元件的正向转折电压，对应于曲线拐点 D 点的电压 U_{DSM} 称为断态正向不重复峰值电压。上述不用门极控制而依靠加大阳极电压使晶闸管导通的现象称为硬开通，多次硬开通会损坏晶闸管，故晶闸管通常不允许这样工作。当门极电流 $I_g>0$ 时，元件的正向转折电压 U_{BO} 随着门极电流 I_g 增大而迅速降低，当门极电流 I_g 足够大时，元件的正向转折电压非常小，因此只要在门极加上足够的触发电流，就可以使晶闸管在任意正向阳极电压下导通。在正常工作时采用门极触发电流（电压）使晶闸管导通。

正向导通特性对应于曲线 BC 段，与整流二极管元件正向导通特性相同，此时元件正向电压降很小，为 0.6~1.2 V。晶闸管一旦导通，门极就失去控制作用，阳极电流 I_a 大小取决于外电路特性（电源电压和负载）。当元件阳极电流 I_a 小于元件维持电流 I_H

（对应于曲线 H 点的电流）时，元件又从正向导通状态转为正向阻断状态。

在第Ⅲ象限反向特性区域，元件反向特性与整流二极管元件相同。当反向阳极电压 $U_{AK}<U_{RO}$（对应于曲线 E 点的电压）时，元件反向漏电流很小，元件处于反向阻断状态，当反向阳极电压 $U_{AK}>U_{RO}$ 时，元件反向击穿，U_{RO} 称为反向击穿电压，对应于曲线拐点 F 点的电压 U_{RSM} 称为反向不重复峰值电压。

由以上分析可知，晶闸管元件实际上是一种理想的无触点开关元件。在晶闸管日常应用中，利用的正是上述正向特性中的可控单向导电性，当晶闸管元件加上正向阳极电压时，控制门极电流 I_g 使元件从正向阻断状态转为正向导通状态，晶闸管即成为一个可控的无触点开关元件。

2. 晶闸管的主要参数

1）额定电流（通态平均电流）I_T（AV）。额定电流是指在 40 ℃环境温度和标准散热冷却条件下，元件在单相工频正弦半波，导通角不小于 170°的电阻性电路中，结温稳定且不超过额定结温时所允许通过的最大平均电流。简单来说，额定电流是允许通过的工频正弦半波电流的平均值。

由于晶闸管发热是由有效值决定的，而晶闸管的额定电流却是正弦半波电流的平均值，因此在选择晶闸管的额定电流时，应该从有效值的概念出发，考虑以下两个方面的因素。

①晶闸管额定电流是正弦半波电流的平均值，正弦半波电流的波形系数 K_f 为1.57，为此相对应的额定电流的有效值是平均值1.57倍。例如一只额定电流为 200 A 的晶闸管元件，其额定电流有效值为 1.57×200=314（A）。

②通过晶闸管的电流因负载性质不同、导通角不同等原因，基本上都不是正弦半波，可控整流电路中直流电流的大小往往是用平均值来表示的，在计算晶闸管上的电流有效值时，必须考虑晶闸管实际的电流波形，按照波形系数的大小求得有效值，才能作为选择晶闸管额定电流的依据。由于晶闸管的过载能力较小，因此选用晶闸管额定电流时，取实际电流有效值的 1.5~2 倍，使其有一定的电流余量。

在实际应用中还要注意环境温度、散热冷却条件等因素，当元件实际使用时不能满足标准散热冷却条件和环境温度时，为了保证元件正常工作必须相应降低元件的允许工作电流。

2）额定电压 U_{TN}（重复峰值电压）。在图 4-27 所示的伏安特性曲线中，对应于第Ⅰ象限正向特性曲线中 D 点的电压 U_{DSM} 称为断态正向不重复峰值电压，标准中规定断态正向重复峰值电压 U_{DRM} 为断态正向不重复峰值电压 U_{DSM} 的 90%。对应于第Ⅲ象限

反向特性曲线中 F 点的电压称为反向不重复峰值电压 U_{RSM}，标准中规定反向重复峰值电压 U_{RRM} 为反向不重复峰值电压 U_{RSM} 的 90%。

通常取元件断态正向重复峰值电压 U_{DRM} 和反向重复峰值电压 U_{RRM} 两者中较小的值，并按标准取相应的电压等级作为元件额定电压。如某晶闸管断态正向重复峰值电压值为 830 V，反向重复峰值电压为 660 V，取两者中较小者 660 V 并按相应标准电压等级，取该晶闸管额定电压为 600 V。

在选择晶闸管的额定电压时应考虑到电路中瞬时过电压，因此必须留有较大的安全系数，通常选择的晶闸管额定电压应为晶闸管上可能出现的最高瞬时电压 U_{TM} 的 2~3 倍，即应该满足：

$$U_{TN} \geq (2\sim3) U_{TM}$$

3）通态平均电压。通态平均电压 $U_{T.AV}$ 是通以额定通态平均电流时所对应的阳极、阴极之间电压平均值，简称管压降。根据通态平均电压大小，可分成 A~I 共计 9 个组别，见表 4-5。

表 4-5　晶闸管通态平均电压的组别

组别	A	B	C	D	E	F	G	H	I
通态平均电压（V）	$U_T \leq$ 0.4	0.4<U_T ≤ 0.5	0.5<U_T ≤ 0.6	0.6<U_T ≤ 0.7	0.7<U_T ≤ 0.8	0.8<U_T ≤ 0.9	0.9<U_T ≤ 1.0	1.0<U_T ≤ 1.1	1.1<U_T ≤ 1.2

通态平均电压越小，说明晶闸管导通时的功耗越小。在选用元件时，一般应选择通态平均电压 $U_{T.AV}$ 较小的元件。

4）门极触发电流 I_g 和门极触发电压 U_g。门极触发电流 I_g 是指在室温条件下，元件两端施加 6 V 正向阳极电压时，使元件完全开通所需的最小门极电流，对应于门极触发电流的门极电压称为门极触发电压 U_g。在实际应用中应注意元件门极触发电压，触发电流参数分散性，同一型号的元件门极参数相差很大。触发电流太小容易导致元件误导通，触发电流太大会造成触发困难，元件不易导通，因而选用时，应选用实测门极参数相接近的元件。

5）维持电流 I_H 和擎住电流 I_L。维持电流 I_H 是指元件在室温下、门极开路时，维持晶闸管导通所需的最小阳极电流；擎住电流 I_L 是指元件加上触发脉冲，从阻断状态刚转为导通状态后，触发脉冲消失仍能使元件保持继续导通的最小阳极电流。维持电流 I_H 和擎住电流 I_L 是不同概念的参数，两者不可混淆，维持电流是描述元件由全开通转入阻断的参数，而擎住电流是描述元件由阻断进入全导通的参数，一般 I_L 比 I_H 大 2~4 倍。I_H 和 I_L 的值均随温度下降而升高。

6）断态电压临界上升率 du/dt 和通态电流临界上升率 di/dt。晶闸管在断态时，如电压上升过快，会使晶闸管误导通，因此规定了"断态电压临界上升率"。为了避免电压上升过快，晶闸管在实际应用时，经常在两端并联阻容吸收支路。

晶闸管在刚导通时，如电流上升过快，易使晶闸管损坏，因此规定了"通态电流临界上升率"。限制电流上升过快的方法是在晶闸管电路中串联空芯电感器。

3. 晶闸管的型号

晶闸管元件型号及其含义如图 4-28 所示。

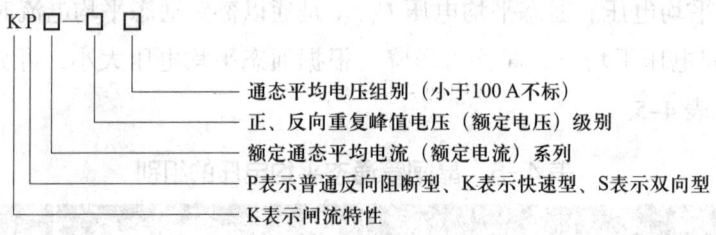

图 4-28 晶闸管元件型号及其含义

如晶闸管型号为 KP200-15G，表示额定电流为 200 A，额定电压为 1 500 V，通态平均电压为 0.8 V 的普通型晶闸管元件。

常用晶闸管元件型号及其主要技术参数见表 4-6。

表 4-6 常用晶闸管元件型号及其主要技术参数

参数	KP5	KP20	KP100	KP200	KP300	KP500	KP800	KP1000
通态平均电流 /A	5	20	100	200	300	500	800	1 000
断态（反向）重复峰值电压 /V	100~3 000	100~3 000	100~3 000	100~3 000	100~3 000	100~3 000	100~3 000	100~3 000
门极触发电压 /V	≤ 3.5	≤ 3.5	≤ 4	≤ 4	≤ 5	≤ 5	≤ 5	≤ 5
门极触发电流 / mA	≤ 70	≤ 100	≤ 250	≤ 250	≤ 300	≤ 300	≤ 400	≤ 400

续表

参数	KP5	KP20	KP100	KP200	KP300	KP500	KP800	KP1000
断态电压临界上升率/（V/μs）	25~1 000							
通态平均电压/V	1.2	1.2	1.2	0.8	0.8	0.8	0.8	0.8
额定结温/℃	100	100	115	115	115	115	115	115

技能要求

正确测试晶闸管

一、操作要求

1. 利用万用表正确识别晶闸管3个管脚。
2. 利用万用表正确测试晶闸管好坏。

二、操作准备

1. 晶闸管。
2. 万用表。

三、操作步骤

1. 阳极（A）、阴极（K）和控制极（G）。单向晶闸管的阳极、阴极和控制极3个引脚一般没有特殊的标注，识别各个引脚主要是通过检测各个引脚之间的正、负电阻值。晶闸管各个引脚之间的阻值都较大，当检测出现唯一一个小阻值时，此时黑表笔接的是控制极（G），红表笔接的是阴极（K），另外一个引脚就是阳极（A）。

2. 单向晶闸管的好坏。正常的单向晶闸管，阳极（A）、阴极（K）两个引脚之间的正、反向电阻，阳极（A）、控制极（G）两个引脚之间的正、反向电阻的阻值应该都很大，阴极（K）、控制极（G）两个引脚之间的正向电阻应该远小于反向电阻。阳极（A）、阴极（K）两个引脚之间的正向电阻越大，单向晶闸管阳极的正向阻断特性越好；反向电阻越大，单向晶闸管阳极的反向阻断特性越好。

3. 双向晶闸管的好坏。脱开电路板的双向晶闸管，第一电极（T1）、第二电极（T2）、控制极（G）明确。若短路前第二电极（T2）和第一电极（T1）之间阻值接近无穷大，第二电极（T2）与控制极（G）引脚短路，短路后晶闸管触发导通，第二电极（T2）和第一电极（T1）之间的电阻变小，有固定值，则可以判定该双向晶闸管具备双向触发能力，性能基本良好。

四、注意事项

1. 严禁用兆欧表检查晶闸管的绝缘情况。

兆欧表采用手摇发电机输出电压，在实际操作过程中，具有一定波动性，会超过半导体器件的击穿电压，存在击穿器件的风险。

2. 要防止晶闸管控制极的正向过载和反向击穿。

3. 要防止单结晶体管静电击穿。

培训项目三　电子线路装调维修

培训单元1　78、79系列三端集成稳压电路的装调与排故

培训重点

1. 掌握78、79系列三端集成稳压电路的焊接安装方法。
2. 掌握78、79系列三端集成稳压电路的故障排除方法。

知识要求

按如图4-29所示的扩大输出电流电路进行装接，在搭接电路时一定要断开电源，在所有元件搭接完毕，确认无误才允许通电。

电解电容器极性要正确，不能接反，否则电容器将被反向击穿。

电路中所有的接地端都要共地。

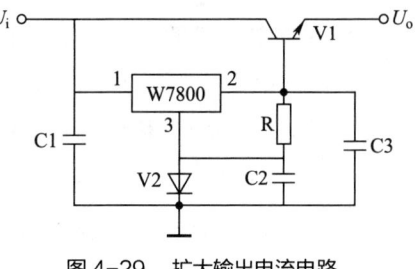

图4-29　扩大输出电流电路

技能要求

三端集成稳压电路焊接安装及故障排除

一、操作要求

1. 熟悉印制电路板和电器元件的焊前处理及操作准备。
2. 掌握三端稳压电路的焊接安装方法。
3. 掌握三端稳压电路的故障诊断和排除方法。

二、操作准备

1. 输出正、负电压的稳压电路装接电器元件清单见表 4-7。

表 4-7 输出正、负电压的稳压电路装接电器元件清单

序号	名称	规格型号	数量
1	单相变压器	220 V/24 V×2	1台
2	印制电路板	自选	1块
3	电子元件（电阻器、电容器、二极管、稳压管、集成芯片等）	自选	1套
4	万用表	自选	1台

2. 电烙铁、焊锡。
3. 万用表。
4. 电工常用工具。

三、操作步骤

1. 三端稳压电路焊接安装

（1）根据电路安装图，照图焊接安装。

（2）焊接前，先要对电路板进行清洁，不允许在电路板上用铅笔、圆珠笔画线条或符号，保证电路板整洁。

（3）焊接元件前，先要对电器元件进行检查测试，对二极管、三极管正常与否进行判别，对电位器进行阻值变化平滑性的检查。

（4）因为需要多次拆装及调整测试，不允许将电器元件引脚留得过短或贴板安装，故需要对元件引脚进行整形。

（5）搪锡。在烙铁头粘上锡后，把连接导线线头端放在松香里，用烙铁头按住线端，使线头端表面被均匀地镀上一层焊锡，镀上锡的线头为银白色。板子背面的连线贴板焊接。

（6）焊接。

（7）焊接电位器时不能将连线焊接在电位器接片的铆钉孔处，否则很容易焊坏电位器。凡是焊接片上的铆钉孔处有焊锡，电位器都要被焊坏。

2. 三端稳压电路常见故障诊断和故障排除

三端稳压电路常见故障诊断与排除方法见表4-8。

表4-8 三端稳压电路常见故障诊断与排除方法

序号	故障现象	故障诊断	排除步骤
1	整流后的电压小于输入电压的90%	整流电路中的二极管产生压降	在W7815、W7915输入、输出端各并接一个二极管，以保护集成稳压器内部的调整管
2	滤波后的输出电压波形不平滑	滤波电容过小	增大滤波电容值
3	负载大小变化，输出电压也发生较小的变化	电容滤波，使电路外特性不够硬	将C滤波电路改为LC滤波电路

培训单元2　阻容耦合放大电路的装调与排故

培训重点

1. 掌握基本放大电路的安装、调试方法。
2. 掌握示波器、信号发生器等常用电子仪器的正确使用方法。
3. 掌握阻容耦合放大电路的设计方法。
4. 能对电路参数进行选择。
5. 能对阻容耦合放大电路中的关键点进行测试，并对测试数据进行分析、判断。

知识要求

一、半导体器件的特性、工作原理及简单应用

1. 半导体的导电性能

根据物质导电性能的强弱，可把物质分为导体、绝缘体及半导体。半导体除了电阻率介于导体和绝缘体之间外，还具有如下特点。

（1）导电性能在受到外界光或热的激发时，会显著增强，即具有光敏性和热敏性，可制成光敏元件和热敏元件。

（2）在纯净半导体中如果加入微量特定的杂质元素，其导电能力将会急剧增强。在电子技术中用到的半导体二极管、三极管都用这种杂质半导体制成。

2. 晶体二极管

晶体二极管又称半导体二极管，按材料可分为硅管（正向导通压降约为 0.7 V）和锗管（正向导通压降约为 0.2 V）；按结构可分为点接触型、面接触型；按用途分为检波管、整流管、稳压管、开关管、光电管、发光管。

晶体二极管的简易测试及管脚判别方法如下。

（1）用指针式万用表的欧姆挡测量

万用表（R×1 k 挡）的黑（−端或 ∗ 端）表笔接二极管的一极，红（+端）表笔接另一极，然后将表笔对调再测一次。在测得阻值小的情况下，可判断黑表笔（表内电池的正极）所接的是二极管的阳极，红表笔所接的是阴极，如图 4-30 所示。一般要求正向电阻越小越好，反向电阻越大越好，若正、反向电阻都很小，说明二极管已失去单向导电作用；若正、反向电阻都很大，说明二极管已断路，无法再使用。

（2）用数字万用表的 PN 结挡测量

用此方法可在通电情况下测量，此时主要是测量二极管的管压降。将万用表的红（V、Ω）表笔接二极管的一极，黑（COM）表笔接另一极。在测得正向压降值小的情况下，可判断红表笔（表内电池的正极）所接的是阳极，黑表笔所接是阴极。一般所显示的二极管正向压降，硅二极管为 0.55~0.70 V，锗二极管为 0.15~0.30 V，若显示"0000"，说明二极管已短路；若显示"过载"，说明二极管内部开路或处于反向状态（可对调表笔再测）。

3. 发光二极管（LED）

发光二极管的伏安特性与普通二极管类似，但其正向压降和正向电阻要大一些，同时在正向电流达到一定值时能发出某种颜色的光。发光二极管发光的颜色与在 PN 结中所掺加的材料有关，发光亮度与所通正向电流的大小有关。发光二极管的图形符号及外形如图 4-31 所示。

使用发光二极管时需注意，若用直流电源电压驱动，在电路中要串接限流电阻，以防通过的电流过大而烧毁发光二极管；若用交流信号驱动，可在两端反极性并联整流二极管，以防止发光二极管被反向击穿；若用逻辑芯片输出的 TTL 电平驱动，则可直接连接。发光二极管管脚及其好坏的判别与普通二极管相同。

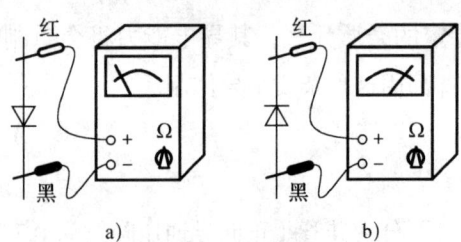

图 4-30 用指针式万用表测量二极管
a）二极管反向电阻测量 b）二极管正向电阻测量

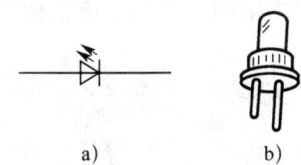

图 4-31 发光二极管的图形符号及外形
a）图形符号 b）外形

4. 晶体三极管（半导体三极管）

晶体三极管又称半导体三极管，其外形结构如图 4-32 所示。从外形结构判断三极管的管脚如图 4-33 所示，其中，B 为基极，C 为集电极，E 为发射极，D 为金属外壳脚。

晶体三极管可用指针式万用表的欧姆挡进行简易测试及管脚判别。

（1）估测穿透电流 I_{CEO}。用万用表的 R×100 挡。如果测 PNP 型管，按如图 4-34a 所示电路连接；如果是测 NPN 型管，则将红、黑表笔对调。一般测得阻值在几十至几百千欧以上较正常；若阻值较小，表明 I_{CEO} 大，稳定性差；若阻值接近零，表明晶体管已经击穿；若阻值无穷大，表明晶体管内部断路。

（2）估测电流放大系数 β。用万用表的 R×1 k（或者 R×100）挡。如果测 PNP 型管，按如图 4-34b 所示电路连接；如果是测 NPN 型管，则将红、黑表笔对调。对比开关 S 在接通和断开时测得的电阻值，两个读数相差越大，表明三极管的 β 值越高。图中的 100 kΩ 的电阻和开关 S，可以用手指捏住集电极和基极代替。注意不要让集电极和基极碰在一起，以免损坏三极管。

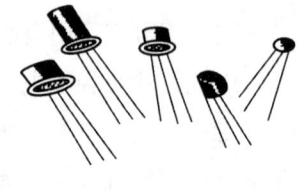

图 4-32 三极管的外形结构

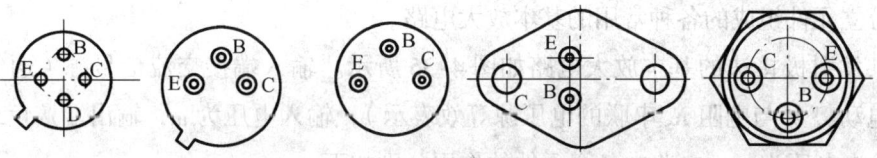

图 4-33 从外形结构判断三极管的管脚

（3）判别三极管管脚及极性。用万用表的 R×1k（或者 R×100）挡。用黑表笔（红表笔）接三极管的某一个管脚，用红表笔（黑表笔）分别接其他两个管脚，如果表针指示的两个阻值相近且都很小，则黑表笔（红表笔）所接的管脚是 NPN（PNP）型管的基极；如果表针指示的阻值一个很大，一个很小，则黑表笔所接的管脚不是基极，应更换管脚重试。以上方法，不但可以判断基极，而且可以判断三极管是 PNP 型还是 NPN 型。

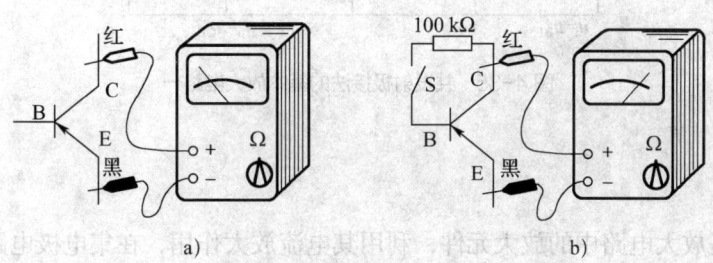

图 4-34 用指针式万用表测三极管参数
a）估测穿透电流 I_{CEO}　b）β 值测量

判断基极后就可以进一步判断集电极和发射极。先假定除基极外的某个管脚是集电极，另一个管脚是发射极，按照如图 4-34b 所示的方法估测 β 值；然后反过来，把原先假定的管脚对调一下，再估测 β 值，其中，β 值更大的假定是正确的。

（4）判断硅管和锗管。用万用表 R×1k 挡，测量三极管两个 PN 结的正向和反向电阻，就可以判断是硅管还是锗管。硅管 PN 结的正向电阻为 3~10 kΩ，反向电阻在 500 kΩ 以上；锗管 PN 结的正向电阻为 500~2 000 Ω，反向电阻在 100 kΩ 以上。需要注意，使用的万用表不同，测得的数值也不同，可以测量一下已知的硅管，用来作为比较的标准。

二、基本放大电路的组成

在生产和科学试验中，往往要求用微弱的信号去控制较大功率的负载，这就需要使用放大电路对信号进行放大。三极管的主要用途之一就是利用其放大作用来组成放大电路。放大电路是电子设备中最普遍的一种基本单元，应用十分广泛。本节主要介绍由分立元件组成的各种常用的基本放大电路。

共发射极接法的基本放大电路如图 4-35 所示。输入端接交流信号源（通常可用一个电动势 e_S 与电阻 R_S 串联的电压源等效表示），输入电压为 u_i；输出端接负载电阻 R_L，输出电压为 u_o。电路中各个元件的作用分别如下。

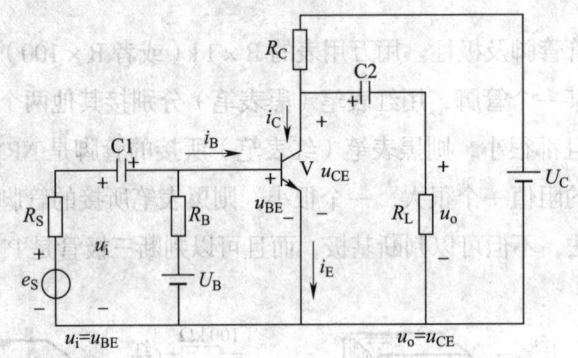

图 4-35 共发射极接法的基本放大电路一

1. 三极管 V

三极管是放大电路中的放大元件，利用其电流放大作用，在集电极电路获得放大了的电流，此电流受输入信号的控制。从能量观点来看，输入信号的能量是较小的，而输出的能量是较大的，由于能量是守恒的，输出的较大能量来自直流电源 U_C 即能量较小的输入信号通过三极管的控制作用，去控制电源 U_C 所供给的能量，从而在输出端获得一个能量较大的信号。这是基本放大电路放大作用的实质，三极管可以说是一个控制元件。

2. 集电极电源 U_C

集电极电源 U_C 除为输出信号提供能量外，还保证集电极处于反向偏置状态，以使晶体管起到放大作用。U_C 一般为几伏到几十伏。

3. 集电极负载电阻 R_C

集电极负载电阻简称集电极电阻，主要作用是将集电极电流的变化转换为电压的变化，以实现电压放大。R_C 的阻值一般为几千欧到几十千欧。

4. 基极电源 E_B 和基极电阻 R_B

基极电源和基极电阻的作用是使发射结处于正向偏置状态，并提供大小适当的基极电流 I_B，以使放大电路获得合适的工作点。R_B 的阻值一般为几十千欧到几百千欧。

5. 耦合电容 C1 和 C2

耦合电容一方面起到隔直作用，C1 用来隔断放大电路与信号源之间的直流通路，C2 用来隔断放大电路与负载之间的直流通路，使三者之间无直流联系，互不影响；另一方面又起到交流耦合作用，保证交流信号畅通无阻地经过放大电路，沟通信号源、放大电路和负载三者之间的交流通路。通常要求耦合电容上的交流压降小到可以忽略不计，即对交流信号可视作短路，因此电容值要取得较大，对交流信号频率容抗近似为零。C1 和 C2 的电容值一般为几微法到几十微法，用的是极性电容器，连接时要注意其极性。

在图 4-35 的电路中，用了两个直流电源 U_C 和 U_B。实际上 U_B 可以省去，再把 R_B 改接一下，只由 U_C 供电，如图 4-36 所示。这样，发射结仍是正向偏置，仍可以产生合适的基极电流 I_B（R_B 的阻值要相应调整）。

在放大电路中，通常把公共端接"地"，设其电位为零，作为电路中其他各点电位的参考点。同时为了简化电路的画法，习惯上常不画电源 U_C 的符号，而只在连接其正极的一端标出其对"地"的电压值 U_{CC} 和极性（"+"或"-"），如图 4-37 所示。如忽略电源 U_C 的内阻，则 $U_{CC}=U_C$。

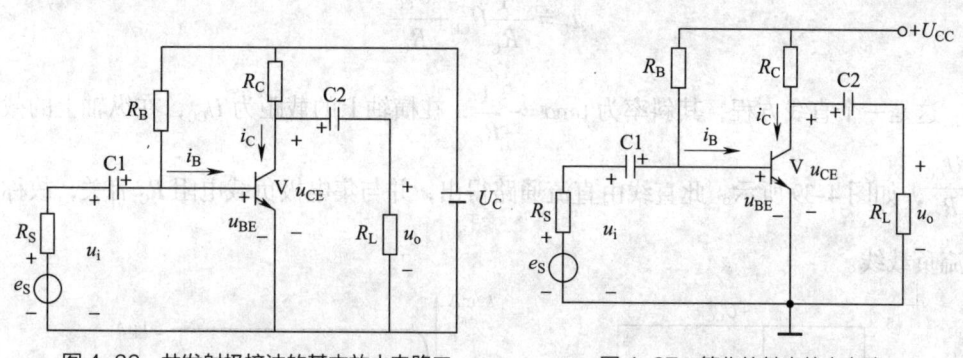

图 4-36　共发射极接法的基本放大电路二　　　图 4-37　简化的基本放大电路

三、基本放大电路的原理分析

放大电路可分静态和动态两种情况来分析。

静态是放大电路没有输入信号时的工作状态。静态分析要确定放大电路的静态值（直流值）I_B、I_C、U_{BE} 和 U_{CE}，放大电路的质量与其静态值的关系甚大。

动态是有输入信号时的工作状态。动态分析要确定放大电路的电压放大倍数 A_u、输入电阻 r_i 和输出电阻 r_o 等。

1. 放大电路静态分析

（1）用放大电路的直流通路确定静态值

静态值是直流值，可用基本放大电路的直流通路来分析。如图 4-38 所示是基本放大电路的直流通路，其静态时的基极电流为

$$I_B = \frac{U_{CC} - U_{BE}}{R_B} \approx \frac{U_{CC}}{R_B}$$

由于 U_{BE}（硅管约为 0.6 V）比 U_{CC} 小得多，可忽略不计。

静态时的集电极电流为

$$I_C = \bar{\beta} I_B + I_{CEO} \approx \bar{\beta} I_B \approx \beta I_B$$

其静态时的集 - 射极电压为

$$U_{CE} = U_{CC} - I_C R_C$$

（2）用图解法确定静态值。静态值也可以用图解法来确定，直观地分析和了解静态值的变化对放大电路工作情况的影响。在图 4-38 所示的直流通路中，三极管与集电极负载电阻 R_C 串联后接于电源 U_{CC}，可列出

$$I_C = -\frac{1}{R_C} U_{CE} + \frac{U_{CC}}{R_C}$$

这是一个直线方程，其斜率为 $\tan\alpha = -\frac{1}{R_C}$，在横轴上的截距为 U_{CC}，在纵轴上的截距为 $\frac{U_{CC}}{R_C}$，如图 4-39 所示。此直线由直流通路得出，并与集电极负载电阻 R_C 有关，故称为直流负载线。

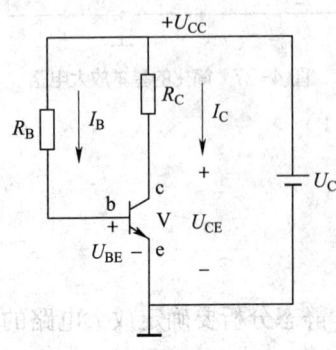

图 4-38 基本放大电路的直流通路

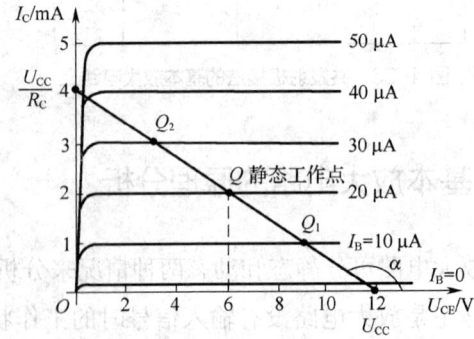

图 4-39 用图解法确定放大电路静态工作点

直流负载线与三极管的某条（由 I_B 确定）输出特性曲线的交点 Q，称为放大电路的静态工作点，由此确定放大电路的电压和电流的静态值。

由此可见，基极电流 I_B 的大小不同，静态工作点在直流负载线上的位置也不同。根据对三极管工作状态的要求，需要有相应的合适工作点时，可通过改变 I_B 的大小获得。I_B 很重要，可确定三极管的工作状态，通常称之为偏置电流，简称偏流，产生偏流的电路，称为偏置电路，在图 4-38 中，其路径为 $U_{CC} \to R_B \to$ 发射结 $\to$ "地"。R_B 称为偏置电阻，通常通过改变 R_B 的阻值来调整偏流 I_B 的大小。

用图解法求静态值的一般步骤：给出三极管的输出特性曲线组→作出直流负载线→由直流通路求出偏流 I_B→得出静态工作点→找出静态值。

2. 放大电路的动态分析

当放大电路有输入信号时，三极管的各个电流和电压都含有直流分量和交流分量。直流分量一般为静态值，由静态分析确定。动态分析是在静态值确定后，分析信号的传输情况，只考虑电流和电压的交流分量（信号分量）。下面主要介绍动态分析的微变等效电路法。

所谓放大电路的微变等效电路，就是把非线性元件三极管所组成的放大电路等效为一个线性电路，也就是把三极管线性化，等效为一个线性电路，用处理线性电路的方法来处理三极管放大电路。线性化的条件是三极管在小信号（微变量）情况下工作，这样才能在静态工作点附近的小范围内用直线段近似地代替三极管的特性曲线。

（1）三极管的微变等效电路。把三极管线性化，用一个等效电路（也称为线性模型）来代替。下面从共发射极接法三极管的输入特性和输出特性两方面来分析。

三极管输入特性曲线如图 4-40 所示，属非线性。

当输入信号很小时，在静态工作点 Q 附近的工作段可视为直线。

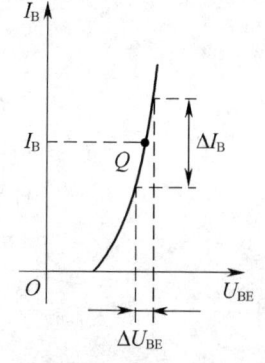

图 4-40　三极管输入特性曲线

当 U_{CE} 为常数时，ΔU_{BE} 与 ΔI_B 之比 $r_{be} = \dfrac{\Delta U_{BE}}{\Delta I_B} = \dfrac{u_{be}}{i_b}$ 称为三极管输入电阻，表示三极管的输入特性。在小信号的情况下，r_{be} 是一常数，可确定 u_{be} 和 i_b 之间的关系。因此，三极管的输入电路可用 r_{be} 等效代替，如图 4-41 所示。

低频小功率晶体管的输入电阻常用估算公式为

$$r_{be} = 300\,\Omega + (\beta+1)\dfrac{26\,(\text{mV})}{I_E\,(\text{mA})}$$

其中，I_E 是发射极电流的静态值，r_{be} 一般为几百欧到几千欧，其对交流而言是一个动态电阻。

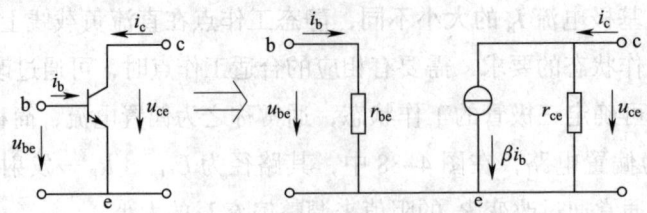

图 4-41 三极管及其微变等效电路

三极管的输出特性曲线组如图 4-42 所示，在线性工作区是一组近似等距离的平行直线。

当 U_{CE} 为常数时，ΔI_C 与 ΔI_B 之比 $\beta = \dfrac{\Delta I_C}{\Delta I_B} = \dfrac{i_c}{i_b}$，称为三极管的电流放大系数。在小信号的情况下，$\beta$ 是一个常数，可确定 i_c 受 i_b 控制的关系。因此，三极管的输出电路可用等效恒流源 $i_c = \beta i_b$ 代替，以表示晶体管的电流控制作用。β 值一般为 20~200。当 $i_b = 0$ 时，βi_b 不复存在，所以它不是一个独立电源，而是受输入电流 i_b 控制的受控电源。

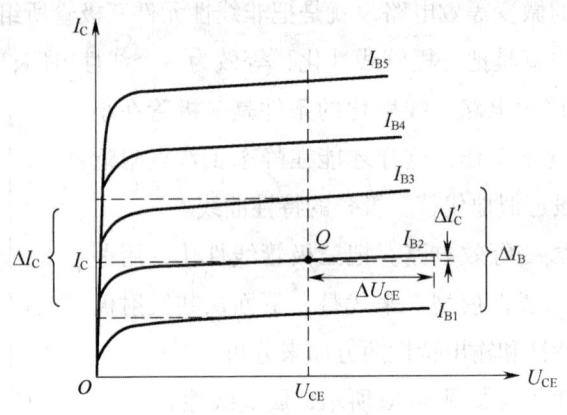

图 4-42 三极管的输出特性曲线组

在图 4-42 中还可看出，三极管的输出特性曲线不完全与横轴平行，当 I_B 为常数时，ΔU_{CE} 与 ΔI_C 之比 $r_{ce} = \dfrac{\Delta U_{CE}}{\Delta I_C} = \dfrac{u_{ce}}{i_c}$ 称为三极管的输出电阻。在小信号的情况下，r_{ce} 也是一个常数。如果把三极管的输出电路看作电流源，r_{ce} 即为电源的内阻，故在等效电路中，r_{ce} 与恒流源 βi_b 并联。由于 r_{ce} 的阻值很高（约为几十千欧到几百千欧），所以在后面的微变等效电路中都忽略不计了。

（2）放大电路的微变等效电路。由三极管的微变等效电路和基本放大电路的交流通路可得出放大电路的微变等效电路。静态值可由直流通路确定，交流分量由相应的交流通路来分析计算。图 4-36 中基本放大电路的交流通路如图 4-43 所示。

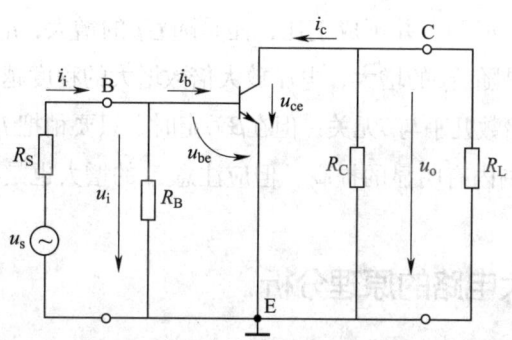

图 4-43 基本放大电路的交流通路

对交流分量而言，电容 C1 和 C2 可视作短路，同时，一般直流电源的内阻很小，可以忽略不计，故直流电源也可认为是短路的。据此可画出交流通路，再把交流通路中的三极管用其微变等效电路代替，即为基本放大电路的微变等效电路，如图 4-44 所示。电路中的电压和电流都是交流分量，箭标表示正方向。

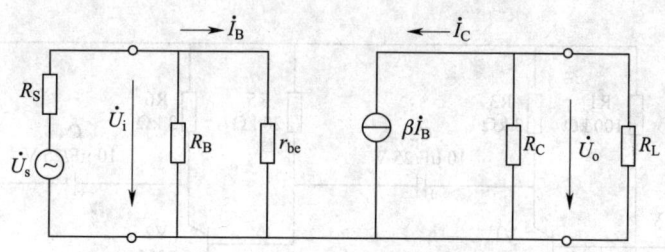

图 4-44 基本放大电路的微变等效电路

（3）电压放大倍数的计算。在如图 4-44 所示的微变等效电路中，设输入 U_i 为正弦信号，可列出：

$$\dot{U}_i = \dot{I}_B r_{be}$$

$$\dot{U}_o = -\dot{I}_C R'_L = -\beta \dot{I}_B R'_L$$

其中，$R'_L = R_C \mathbin{/\mkern-6mu/} R_L$，故放大电路的电压放大倍数为

$$A_u = \frac{\dot{U}_o}{\dot{U}_i} = -\beta \frac{R'_L}{r_{be}}$$

上式中的负号表示输出电压 $\dot{U}_o$ 与输入电压 $\dot{U}_i$ 的相位相反。

当放大电路输出端开路（未接 R_L）时，放大电路的电压放大倍数为

$$A_u = -\beta \frac{R_C}{r_{be}}$$

此时电压放大倍数要比接 R_L 时高，由此可见 R_L 越小，则电压放大倍数越低。A_u 除与 R'_L 有关外，还与 β 和 r_{be} 有关。在保持静态发射极电流 I_E 一定的条件下，

β大的三极管 r_{be} 也大，但两者并不成正比，而是随着β的增大，r_{be} 也在增大，但是增大程度越来越小，也就是随着β的增大，电压放大倍数增大的程度越来越小。当β增大到一定程度时，电压放大倍数几乎与β无关；但在β一定时，只要稍把 I_E 增大一些，就能使电压放大倍数在一定范围内有明显的提高，但应注意 I_E 的增大也是有限制的。

四、阻容耦合放大电路的原理分析

两级阻容耦合放大器电路如图 4-45 所示。图 4-45 是一个典型的两级三极管阻容耦合放大器电路。由于耦合电容 C1、C2 和 C4 的隔直流作用，各级之间的直流工作状态是完全独立的，因此可分别单独调整。但是，对于交流信号，各级之间有着密切的联系，前级的输出电压就是后级的输入信号，因此两级放大器的总电压放大倍数等于各级放大倍数的乘积，即 $A_u=A_{u1} \times A_{u2}$，同时后级的输入阻抗就是前级的负载。

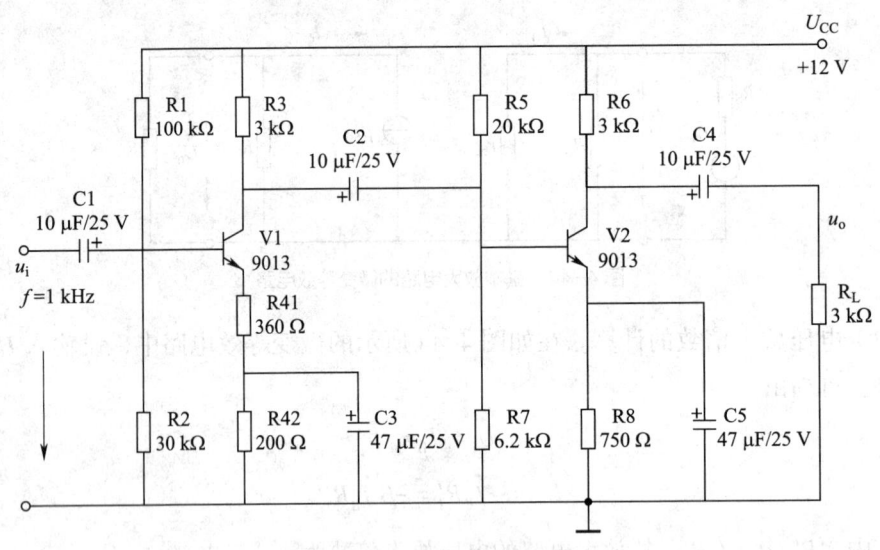

图 4-45 两级阻容耦合放大器电路

五、阻容耦合放大电路的装调要求

1. 检测电子元件，判断是否合格。
2. 按阻容耦合放大电路图，在已经焊有部分电器元件的印制电路板上完成安装、焊接。
3. 安装后进行通电调试，测三极管 V1、V2 的静态电压，用示波器实测并画出波形图。

技能要求

阻容耦合放大电路的安装调试及故障排除

一、操作要求

1. 熟悉印制电路板和电器元件的焊前处理及操作准备。
2. 掌握阻容耦合放大电路的安装、焊接和调试方法。
3. 掌握阻容耦合放大电路的故障诊断和排除方法。

二、操作准备

阻容耦合放大电路装调维修电器元件清单见表4-9。

表4-9 阻容耦合放大电路装调维修电器元件清单

序号	名称	规格型号	数量
1	单相交流电源	220 V	
2	直流电源	自选	1台
3	印制电路板	自选	1块
4	电子元件（电阻器、电容器、二极管、稳压管、集成芯片等）	自选	1套
5	万用表	自选	1台
6	双踪示波器	自选	1台
7	函数信号发生器	自选	1台

三、操作步骤

1. 对配套电器元件进行测量，检查电路中所用电阻、电容及三极管数值与质量

步骤1 二极管极性及性能的检查。

步骤2 三极管极性及放大倍数的测量。

步骤3 电阻器、电容器标称容量的测量。

步骤4 变压器一、二次侧绕组电阻的测量，二次侧电压值的测量。

2. 对基本放大电路板的焊接、安装

装调阻容耦合放大电路的印制电路板，如图4-46所示，电路板上在安装电器元件处均铆有空心铆钉。放大电路的安装、焊接分两道工序：先按布线图将铆钉板焊接面连线焊好，再按排列图将电器元件从铆钉板另一面插入焊盘，在连线面进行安装焊接。

步骤1 焊接面布线

将上好锡的0.43 mm² 单芯铜导线拉直后，按布线图将焊盘之间的连线焊好，连线

不能交叉，应平行或成直角形布线，焊点要焊成圆点，无毛刺且大小一致。连线应无虚焊、错焊、漏焊现象。

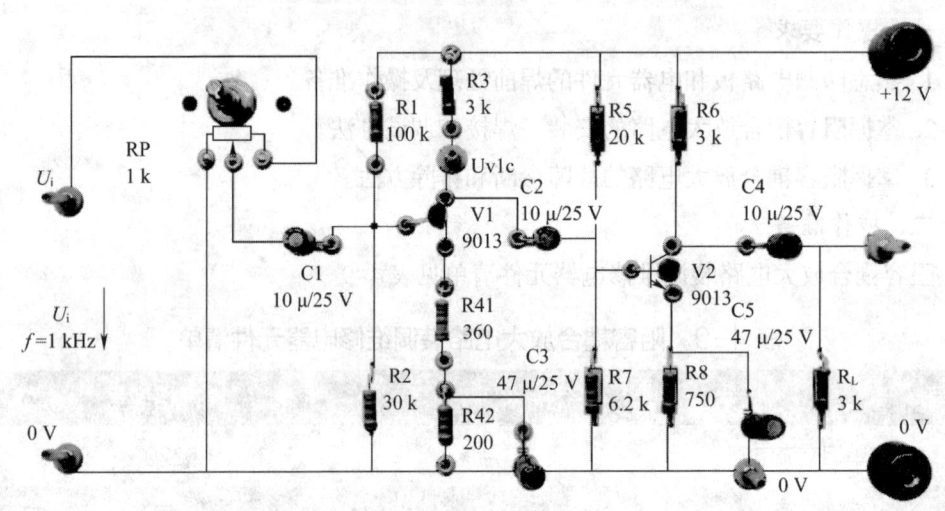

图 4-46　阻容耦合放大电路印制电路板

步骤 2　电器元件焊接、安装

将上好锡的电器元件按排列图插入相应焊盘，并按从左到右、先上后下的顺序进行焊接。变压器用紧固件紧固在铆钉板上，再将一、二次侧引线端插入焊盘焊接。电器元件焊接完需进行检查，确定无误后，再进行调试。

3. 接通电源并进行调试

电路安装完成后，需经调试方能达到规定的技术指标。调试分通电前用仪表测试与通电调试两大步骤。通电调试时用函数信号发生器在电路的输入端加上正弦波信号。要正确掌握调试技能，做好调试准备工作，制订调试内容，记录调试数据与测试波形。

4. 用万用表测量电路各主要点数据

测量三极管 V1、V2 的静态电压，填入空格处。

$$U_{V1C}(\quad)、U_{V1E}(\quad)、U_{V2C}(\quad)、U_{V2E}(\quad)$$

5. 用示波器观察电路各主要点的波形

用示波器观察电路中输入电压 u_i、第一级输出电压 u_{o1}（即三极管 V1 集电极对地电压）及负载 R_L 上的输出电压波形 u_o。逐渐增大信号发生器输出正弦波信号的幅值，直到输出电压即将出现失真为止，此时的输出电压称为最大不失真输出电压。将 u_i、u_{o1} 及最大不失真输出电压 u_o 的波形绘制在图 4-47 中，并在波形图中标出信号的周期和幅值。

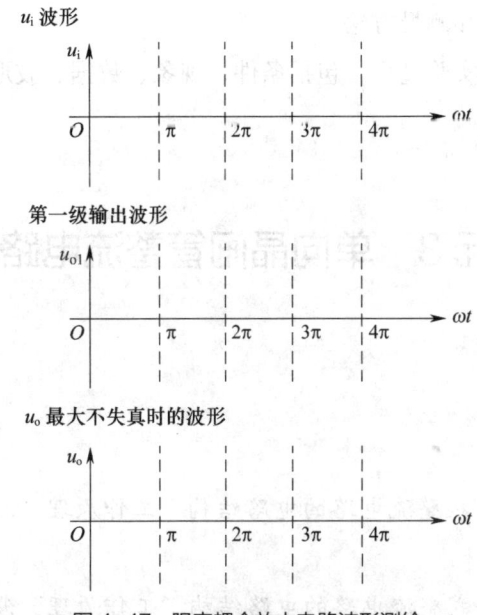

图 4-47 阻容耦合放大电路波形测绘

四、常见故障诊断与排除

阻容耦合放大电路故障诊断与排除见表 4-10。

表 4-10 阻容耦合放大电路故障诊断与排除

序号	故障现象	故障诊断	排除步骤
1	V1 输出无信号	第一级放大器不能正常工作，无输出信号加到第二级放大器中，故整个电路不工作	（1）检查 V1 是否正常 （2）检查第一级放大电路各元件是否正常
2	U_o 输出无信号，但 V1 输出信号正常	第二级放大器不能正常工作，故整个电路不工作	（1）检查 V2 是否正常 （2）检查 C3 元件是否正常 （3）检查第二级放大电路各元件是否正常

五、注意事项

1. 正确使用测量仪器的接地端，仪器的接地端与电路的接地端要可靠连接。

2. 在信号较弱的输入端，尽可能使用屏蔽线连线，屏蔽线的外屏蔽层要接到公共地线上。在频率较高时，要设法隔离连接线分布电容的影响，例如用示波器测量时，应使用示波器探头连接，以降低分布电容的影响。

3. 测量电压所用仪器的输入阻抗必须远大于被测处的等效阻抗。

4. 测量仪器的带宽必须大于被测量电路的带宽。

5. 正确选择测量点和测量方法。
6. 认真观察并记录实验过程，包括条件、现象、数据、波形、相位等。

培训单元 3　单向晶闸管整流电路装调与排故

培训重点

1. 掌握单相半波可控整流电路的电路结构、工作原理、波形、电气性能、分析方法。

2. 掌握单相全控桥式整流电路的电路结构、工作原理、波形、电气性能、分析方法。

3. 熟悉在电阻、电感负载下单相半控桥式整流电路的波形与特性，掌握单相半控桥式整流电路的调试方法。

4. 掌握单相晶闸管整流电路的安装调试及故障排除方法。

知识要求

单向晶闸管整流电路包括单相半波可控整流电路、单相全控桥式整流电路、单相半控桥式整流电路。

一、单相半波可控整流电路

1. 电阻性负载

（1）工作原理和波形

单相半波可控整流电路带电阻性负载的电路图和波形图如图 4-48 所示。

图 4-48a 是带电阻性负载的单相半波可控整流电路的电路图。变压器二次侧交流电压 u_2、触发脉冲 u_g、直流输出电压（负载电压）u_d 及晶闸管两端电压 u_{VT} 的波形图如图 4-48b 所示。由于是电阻性负载，因此负载直流电流 i_d 的波形与直流输出电压波形的相位相同；又因为晶闸管与负载串联，所以流过晶闸管的电流 i_{VT} 就是负载直流电流 i_d。

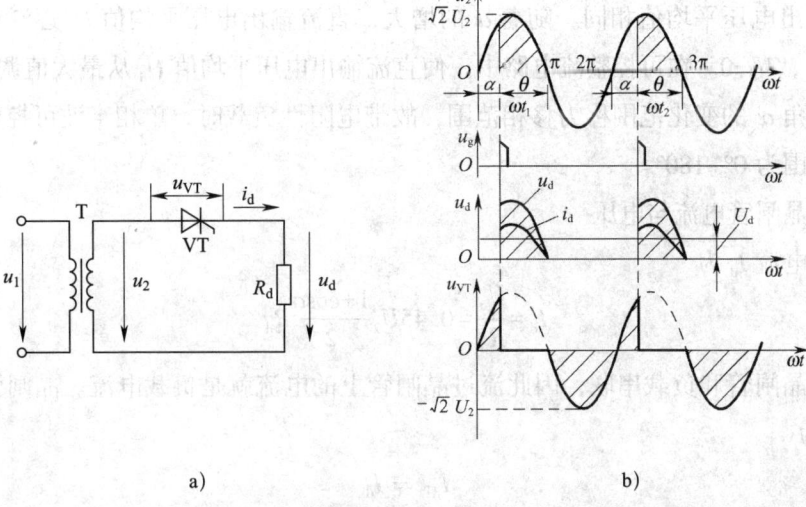

图 4-48 单相半波可控整流电路带电阻性负载的电路图和波形图
a）电路图　b）波形图

如图 4-48b 所示，在 $0\sim\omega t_1$ 的时间内，尽管交流电压 u_2 处于正半周，晶闸管受到正向电压，但是因为门极没有触发脉冲 u_g，晶闸管处于正向阻断状态，负载电压 $u_d=0$。在 ωt_1 时刻门极加上触发脉冲，晶闸管被触发导通，u_2 电压输出到负载 R_d 上，如略去晶闸管的正向压降，直流输出电压（负载电压）$u_d=u_2$。

在 $\omega t=\pi$ 时，交流电压 u_2 下降为零，晶闸管的阳极电流小于维持电流，而使晶闸管截止。在交流电压 u_2 的负半周，晶闸管由于受到反向电压，继续保持反向阻断状态，负载上的电压、电流始终为零。直到下一个周期的 ωt_2 时，门极加上触发脉冲，晶闸管再次导通。

在可控整流电路中，把晶闸管开始承受正向电压到触发导通这段时间所对应的电角度称为控制角（移相角），用符号 α 表示。晶闸管在一周内导通的电角度称为导通角，用符号 θ 表示。在单相半波可控整流电路中，显然 $\theta=180°-\alpha$，控制角 α 越小，导通角 θ 就越大，直流输出电压的平均值 U_d（即 u_d 波形阴影部分在一个周期内的平均值）就越大。由此可见，只要改变控制角 α 的大小，就能改变直流输出电压平均值 U_d 的大小。

对于晶闸管两端电压 u_{VT}，当晶闸管处于导通状态时，如忽略管压降，晶闸管两端电压为零；当晶闸管处于正向和反向阻断状态时，晶闸管两端电压等于交流电压 u_2。

（2）直流输出电压平均值 U_d 的计算

直流输出电压平均值 U_d 为

$$U_d=0.45U_2\frac{1+\cos\alpha}{2}$$

当 $\alpha=0°$ 时，直流输出电压平均值 U_d 最大，即 $U_d=0.45U_2$，与二极管半波整流电路直流输出电压平均值相同。随着 α 的增大，直流输出电压平均值 U_d 逐渐减小，当 $\alpha=180°$ 时，$U_d=0$。在可控整流电路中，使直流输出电压平均值 U_d 从最大值调整到 0 V 时，控制角 α 的变化范围称为移相范围，故带电阻性负载时，单相半波可控整流电路的移相范围为 $0°\sim 180°$。

（3）晶闸管电流与电压

负载电流 I_d 为

$$I_d = \frac{U_d}{R_d} = 0.45U_2\frac{1+\cos\alpha}{2}R_d$$

因为晶闸管和负载串联，因此流过晶闸管上的电流就是负载电流。晶闸管电流平均值 I_{dT} 为

$$I_{dT} = I_d$$

晶闸管电流有效值 I_T 为

$$I_T = K_f I_{dT} = K_f I_d$$

其中，K_f 为电流波形系数。单相半波可控整流电路带电阻负载时，直流负载电流波形和直流输出电压（负载电压）波形都是缺角的正弦半波波形。电流波形系数与电流的波形、控制角 α 的大小有关，计算比较复杂，一般可以查曲线或表格得出。单相半波可控整流的波形系数见表 4-11。

表 4-11 单相半波可控整流的波形系数

控制角 α	0°	30°	60°	90°	120°	150°
波形系数 K_f	1.57	1.66	1.88	2.22	2.78	3.99

由表 4-11 可知，当 $\alpha=0°$ 时，电流波形系数 K_f 为 1.57。

由图 4-48 中 u_{VT} 波形图可知，晶闸管两端可能出现的最大正向和反向电压 U_{TM} 就是电源电压 U_2 的峰值电压，即 $U_{TM}=\sqrt{2}\,U_2$。

2. 电感性负载

在实际应用中，除上述电阻性负载外，经常遇到的是电感性负载，如各种电动机的励磁绕组、各种电感线圈等。电感性负载既有电感，又有电阻，因而可用串联的电感 L 和电阻 R 表示。由于电感对电流的变化有阻碍作用，电感中的电流不能突变，因此流过电感中的电流变化时，在电感两端要产生感应电动势以阻止电流变化。当电流增加时，感应电动势的极性阻止电流增加，当电流减小时，感应电势的极性阻止电流

减小。故可控整流电路带电感性负载和带电阻性负载的工作情况大不相同。

（1）工作原理和波形

单相半波可控整流电路带电感负载时的电路图和波形图如图 4-49 所示。

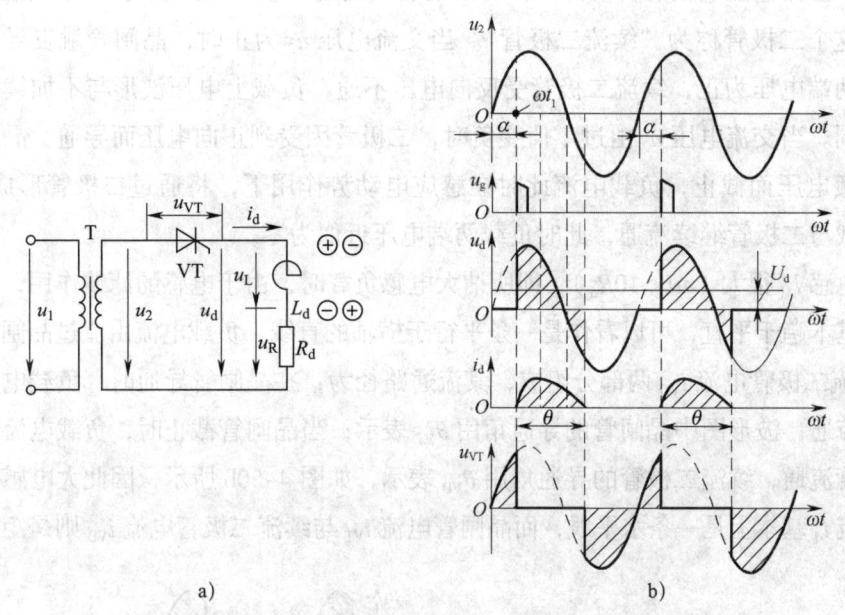

图 4-49　单相半波可控整流电路带电感负载的电路图和波形图
a）电路图　b）波形图

当 $\omega t_1=\alpha$ 时，晶闸管 VT 被触发导通，u_2 电压立即加到负载（L_d 和 R_d）上，在负载上立即出现输出直流电压 u_d，但由于电感 L_d 作用，产生阻碍电流变化的感应电动势（其极性在图 4-49 中为上正下负），电感中电流（即负载电流）不能突变，只能从零逐步上升。当电流上升到最大值时，感应电动势为零，然后在电流减小时，感应电动势也改变极性（在图 4-49 中为上负下正）。当电源电压 u_2 下降到零，由于电感的感应电动势的作用，晶闸管 VT 仍受正向电压而导通，即使交流电压 u_2 由零变负，只要 $|e_L|$ 大于 $|u_2|$，晶闸管 VT 仍受正向电压，即晶闸管将继续导通，负载上输出电压 u_d 出现负值。当晶闸管电流小于维持电流时，晶闸管 VT 截止，并立即承受反向电压。

如图 4-49b 所示，带电感性负载时，输出电压 u_d 和电流 i_d 的波形与带电阻性负载时大不相同，由于电感 L_d 作用，输出直流电压 u_d 将出现一段时间的负电压，使输出电压平均值 U_d 减小。电感 L_d 越大，负电压部分越大，输出电压平均值 U_d 下降越多。当电感 L_d 很大，满足 $\omega L_d > R_d$ 的条件（通常 $\omega L_d > 10R_d$ 即可）时，负载上输出直流电压 u_d 的正、负面积接近相等，输出直流电压的平均值 U_d 近似为零。由此可见，单相半波可控整流电路用于大电感负载时，不管 α 如何调节，U_d 电压总是很小，因此这种电路实际上并不采用。实际的单相半波可控整流电路在带有电感性负载时，都在负载两端并联有续流二极管。

（2）续流二极管的作用

为了去掉输出电压的负值部分，可以在负载两端并联一个二极管 VD，如图 4-50a 所示，这个二极管称为"续流二极管"。当交流电压 u_2 为正时，晶闸管触发导通，此时负载两端电压为正，续流二极管受反向电压不通，负载上电压波形与不加续流二极管时相同。当交流电压 u_2 由过零值变负时，二极管因受到正向电压而导通，晶闸管由于受到负电压而截止，负载电流此时在感应电动势作用下，将通过二极管形成回路，沿着负载与二极管继续流通，此时负载两端电压近似为零。

当电感 L_d 很大（$\omega L_d > 10R_d$），即所谓大电感负载时，由于电感的滤波作用，使负载电流 i_d 基本趋于平直，可以看作是一条平行于横轴的直线。负载电流由流过晶闸管电流 i_{VT} 和续流二极管电流 i_{VD} 两部分组成，其流通路径为：在晶闸管导通时，负载电流通过晶闸管流通，波形图中晶闸管的导通角用 θ_{VT} 表示；当晶闸管截止时，负载电流通过续流二极管流通，续流二极管的导通角用 θ_{VD} 表示，如图 4-50b 所示，因此大电感负载的负载电流 i_d 基本上是一条水平线，而晶闸管电流 i_{VT} 与续流二极管电流 i_{VD} 则是矩形波。

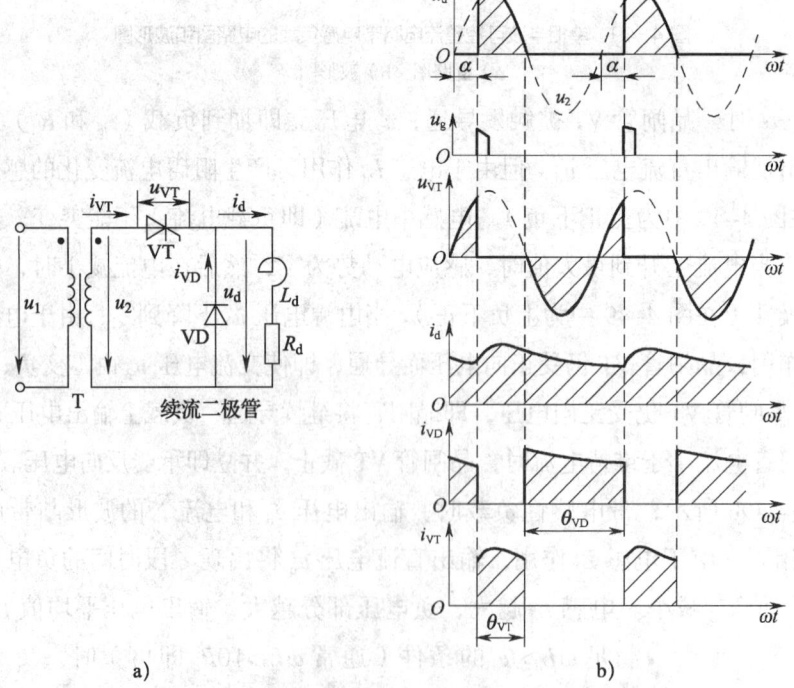

图 4-50 大电感负载带续流二极管的电路图和波形图
a）电路图　b）波形图

(3)带续流二极管的大电感负载电路的计算

由于电路输出电压波形已经去掉了负值部分,因此输出电压波形与带电阻性负载时相同,输出直流电压平均值的计算公式也与带电阻性负载时相同,即 $U_d = 0.45U_2 \dfrac{1+\cos\alpha}{2}$。

移相范围与带电阻性负载时相同,为 0°~180°。

负载直流电流的平均值为

$$I_d = \dfrac{U_d}{R_d}$$

I_d 由晶闸管与续流二极管两条路径提供,晶闸管电流的平均值 I_{dT} 与有效值 I_T 分别为

$$I_{dT} = \dfrac{\theta_{VT}}{360°}I_d = \dfrac{180°-\alpha}{360°}I_d$$

$$I_T = \sqrt{\dfrac{180°-\alpha}{360°}}I_d$$

续流二极管电流的平均值 I_{dVD} 与有效值 I_{VD} 分别为

$$I_{dVD} = \dfrac{\theta_{VD}}{360°}I_d = \dfrac{180°+\alpha}{360°}I_d$$

$$I_{VD} = \sqrt{\dfrac{180°+\alpha}{360°}}I_d$$

晶闸管和续流二极管上的最大电压均为交流电压的峰值 $\sqrt{2}\,U_2$。

虽然单相半波可控整流电路线路简单,但存在带电阻性负载时,输出直流电压脉动大、整流变压器二次绕组中存在直流电流分量造成铁芯直流磁化等缺点,因而单相半波可控整流电路只适用于小容量、要求不高的场合。在单相可控整流电路中应用较为广泛的是单相全控桥式整流电路和单相半控桥式整流电路。

二、单相全控桥式整流电路

1. 电阻性负载

(1)工作原理和波形

单相全控桥式整流电路带电阻性负载的电路图和波形图如图 4-51 所示。

在交流电压 u_2 的正半周时(即 A 端为正,B 端为负),晶闸管 VT1 和 VT3 受正向电压,晶闸管 VT2、VT4 均受反向电压而截止,α 时刻同时触发 VT1、VT3,使其导通。电流通路从 A→VT1→R_d→VT3→B,回到变压器,输出直流电压 $u_d = u_2$。

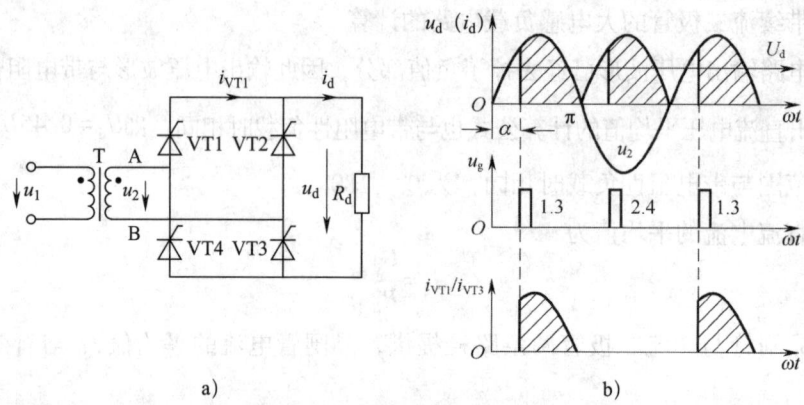

图 4-51 单相全控桥式整流电路带电阻性负载的电路图和波形图
a）电路图 b）波形图

当 $\omega t=\pi$ 时，交流电压 u_2 减小到零，使晶闸管 VT1、VT3 因电流小于维持电流而截止。在交流电压 u_2 的负半周时（即 A 端为负，B 端为正），α 时刻同时触发 VT2、VT4，使其导通。电流通路从 B → VT2 → R_d → VT4 → A 回到变压器。当交流电压 u_2 再次过零时，晶闸管 VT2、VT4 截止。如此周而复始，只要在门极上每隔 180° 轮流触发晶闸管 VT1、VT3 和 VT2、VT4，在负载上就得到了由控制角 α 控制的输出直流电压 u_d。

（2）输出直流电压平均值 U_d 的计算

由波形图可见，全控桥式整流电路的输出直流电压比半波可控整流电路多了一倍的波形面积，因此输出直流电压平均值 U_d 显然也比半波可控整流要多一倍。输出直流电压平均值 U_d 的计算公式为

$$U_d = 0.9 U_2 \frac{1+\cos\alpha}{2}$$

当 $\alpha=0°$ 时，输出电压最大，$U_d=0.9U_2$；当 $\alpha=180°$ 时，输出电压 U_d 为 0。

带电阻性负载时，电路的移相范围为 0°~180°。

（3）晶闸管电流与电压的计算

电阻负载的电流波形与电压波形是完全一致的，输出直流电流平均值 I_d 可由输出直流电压平均值 U_d 得出，计算式为

$$I_d = \frac{U_d}{R_d}$$

晶闸管上的电流波形 i_{VT} 如图 4-51b 所示，由于波形所包围的面积仅仅是负载电流波形面积的一半，因此晶闸管电流平均值 I_{dT} 就是 I_d 的一半，即

$$I_{dT} = \frac{1}{2} I_d$$

晶闸管电流的有效值 I_T 为

$$I_T = K_f I_{dT}$$

单相全控桥晶闸管电流波形与单相半波可控整流相同，因此晶闸管电流的波形系数同样可以由表 4-11 查得。

晶闸管两端的电压最大值 U_{TM} 仍是交流电压 u_2 的峰值，即 $U_{TM} = \sqrt{2}\,U_2$。

2. 电感性负载

（1）工作原理和波形

单相全控桥式整流电路带大电感负载时的电路图和波形图如图 4-52 所示。

从波形图上可以看出，与电阻性负载相比较，有两个不同之处。

1）输出电压 u_d 的波形不同，大电感负载时，输出电压 u_d 波形出现负值。在 u_2 正半周的 ωt_1 时，晶闸管 VT1 和 VT3 被同时触发导通，交流电压 u_2 加于负载上，此时 VT2 和 VT4 受到反向电压而截止。当 u_2 过零变负时，由于电感上感应电动势的作用，晶闸管 VT1、VT3 继续导通，输出电压 u_d 就出现负值部分。直至 u_2 负半周同一控制角 α 所对应的 ωt_2 时刻，触发 VT2、VT4 导通，使 VT1 和 VT3 受到反向电压而截止，从而使电流 i_d 从晶闸管 VT1 和 VT3 转换到另外一对晶闸管 VT2 和 VT4 上去，同样 VT2 和 VT4 的截止也是由于 VT1 和 VT3 的触发导通受到反向电压而截止。

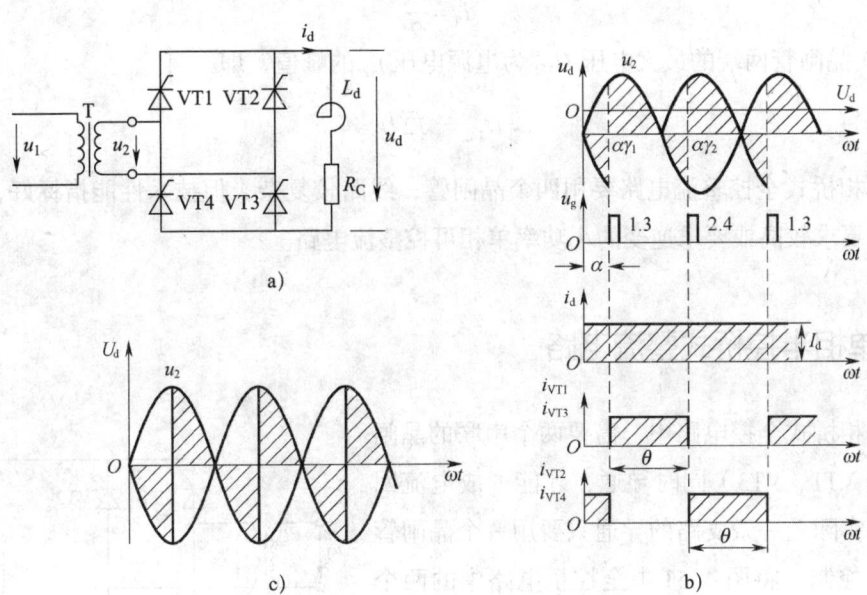

图 4-52　单相全控桥式整流电路带大电感负载
a）电路图　b）波形图　c）$\alpha=90°$ 时 u_d 的波形

2）晶闸管的导通角 θ 始终是 $180°$，与控制角 α 的大小无关。晶闸管电流的波形是半个周期导通，半个周期截止的矩形波，触发脉冲是 $180°$。

（2）输出直流电压平均值 U_d 的计算

单相全控桥式整流电路带大电感负载时，由于输出电压出现了负值，因此当控制角 α 相同时，电路的输出电压比带电阻性负载时要低，输出直流电压平均值 U_d 的计算公式为

$$U_d = 0.9U_2\cos\alpha$$

当 $\alpha=0°$，输出直流电压平均值 U_d 最大，为 $0.9U_2$；当 $\alpha=90°$ 时，输出电压 u_d 波形的正负面积正好抵消，输出直流电压平均值 U_d 为 0。故单相全控桥式整流电路带大电感负载时，移相范围为 $0°~90°$。

（3）晶闸管电流与电压的计算

1）负载直流电流的平均值为

$$I_d = \frac{U_d}{R_d}$$

2）晶闸管电流平均值 I_{dT} 和有效值 I_T 分别为

$$I_{dT} = \frac{I_d}{2}$$

$$I_T = \frac{I_d}{2}$$

3）晶闸管两端的最大电压 U_{TM} 为电源电压 u_2 的峰值，即

$$U_{TM} = \sqrt{2}\,U_2$$

单相桥式全控整流电路要用四个晶闸管，线路较复杂，但技术性能指标好，主要应用于要求较高或要求逆变的小功率单相可控整流电路。

三、单相半控桥式整流电路

单相桥式全控电路中，需要两个串联的晶闸管（如 VT1、VT3）同时导通，才能形成电流回路，而实际上一条支路的导通只要用一个晶闸管就可以控制。将图 4-51 中全控桥电路中的两个晶闸管 VT3 和 VT4 可改为二极管 VD1 和 VD2，如图 4-53 所示，电路也可以正常进行工作，这

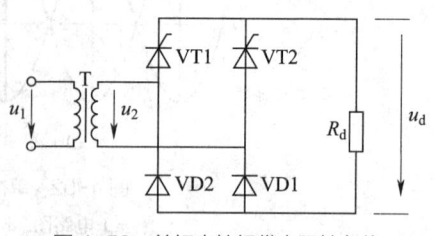

图 4-53 单相半控桥带电阻性负载

种电路就称为单相桥式半控整流电路,简称半控桥。由于半控桥电路比全控桥电路线路简单、费用低,因此在一般桥式可控整流电路中得到了较广泛的应用。

1. 电阻性负载

单相半控桥电路带电阻性负载时,其工作情况与单相全控桥电路完全相同。在电源电压 u_2 的正半周,当触发脉冲 u_{g1} 到来时,晶闸管 VT1 触发导通,电流经过 VT1、负载 R_d、VD1 流通,此时 VT2、VD2 均承受反向电压而截止;交流电压 u_2 过零时,晶闸管 VT1 截止。在电源电压 u_2 的负半周,当触发脉冲 u_{g2} 到来时,晶闸管 VT2 触发导通,电流经过 VT2、负载 R_d、VD2 流通,此时 VT1、VD1 均承受反向电压而截止;到交流电压 u_2 过零时,晶闸管 VT2 关断。电路的输出电压 u_d 的波形、晶闸管电流 i_{VT} 的波形也如图 4-51b 所示,因此电路计算与单相全控桥相同。

2. 电感性负载

(1) 工作原理和波形

单相半控桥带电感性负载的电路图和波形图如图 4-54 所示。

分析该电路工作原理时,应注意到二极管只要受正向阳极电压就可导通,而晶闸管不仅要受正向阳极电压,还要门极施加正向触发脉冲才能导通。电路的工作过程如下。

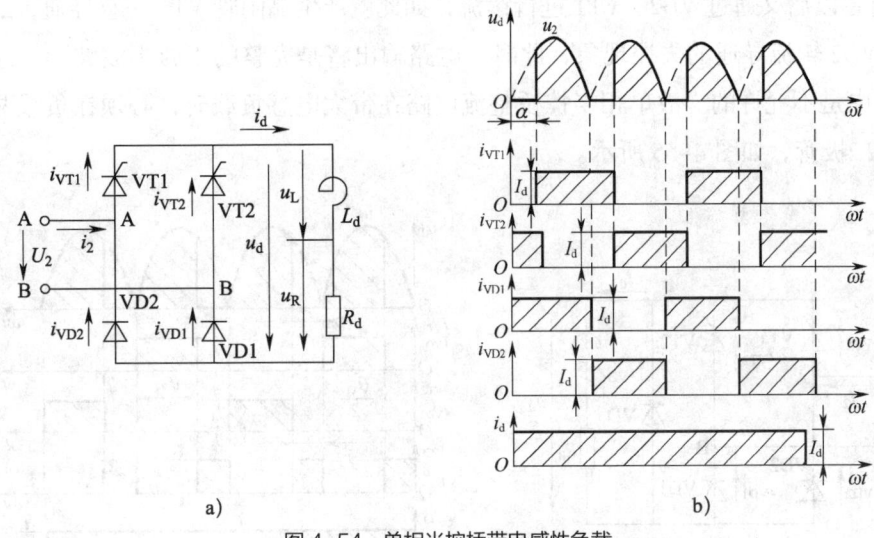

图 4-54 单相半控桥带电感性负载
a) 电路图　b) 波形图

当电感足够大时,负载电流 i_d 的波形是一根水平线,在交流电压 u_2 的正半周,当 $\omega t=\alpha$ 时,晶闸管 VT1 被触发导通,电流经 VT1、R_d、VD1 流通,电源电压 u_2 加到负载上。当电源电压 u_2 下降到零开始变负时,由于电感 L_d 作用,晶闸管 VT1 继续导通,但此时 A 点电位比 B 点电位低,因而二极管 VD2 导通,二极管 VD1 受反向电压而截止,负载电流 I_d 经 VD2、VT1 流通。这时二极管 VD2 和晶闸管 VT1 起到续流二极管作用,输出电压 $u_d=0$。

在交流电压 u_2 的负半周,晶闸管 VT2 受正向电压,当 $\omega t=\pi+\alpha$ 时,晶闸管 VT2 被触发导通,电流经 VT2、R_d、VD2 流通,而 VT1 受反向电压而截止。当电压 u_2 上升到零开始变正时,由于电感 L_d 作用,晶闸管 VT2 继续导通,但此时 B 点电位比 A 点电位低,因而 VD1 导通,VD2 受反向电压而截止,负载电流 I_d 经 VD1、VT2 流通。这时 VT2 和 VD1 起到续流二极管作用,输出电压 $u_d=0$。输出电压 u_d、负载电流 i_d 的波形如图 4-54b 所示。

虽然单相桥式半控电路带大电感负载时有自然续流作用,不接续流二极管也能工作,但在突然切断触发脉冲时,电路将可能发生正在导通的晶闸管一直导通而两个二极管轮流导通的失控现象。例如在 VT1 和 VD1 导通时,突然切断触发脉冲,当电压 u_2 过零变负时,由于电感 L_d 的作用,晶闸管 VT1 继续导通,而 VD1 和 VD2 自然续流,负载电流将通过 VD2、VT1 进行续流,只要电感足够大,这一续流过程完全可以延续到整个负半周;当 u_2 又进入正半周时,晶闸管 VT1 因为始终有电流,一直继续导通,而 VD1 和 VD2 换流,电路将由 VT1、VD1 导通输出完整的正弦正半周波形;电压 u_2 过零以后又通过 VD2、VT1 进行续流,如此就产生晶闸管 VT1 一直导通,二极管 VD1、VD2 轮流导通的失控现象,此时,电路输出将是完整的正弦半波波形,这在实际使用中是不允许的。故单相半控桥整流电路在带大电感负载时,必须在负载两端并联续流二极管,如图 4-55 所示。

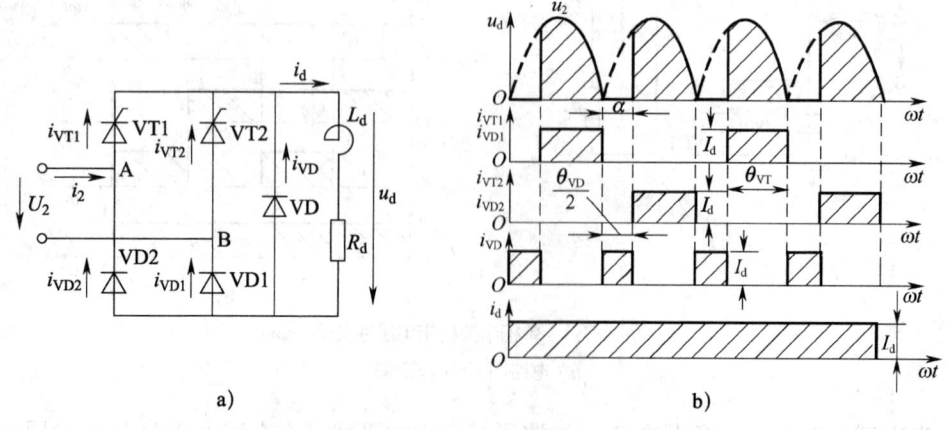

图 4-55 单相半控桥带大电感负载(接有续流二极管)
a)电路图 b)波形图

接上续流二极管后，当电源电压 u_2 过零时，负载电流经续流二极管 VD 续流，直流输出端只有 1 V 左右的压降，使晶闸管 VT1 的电流小于维持电流而截止，这样就不会出现上述失控现象。

（2）输出电压平均值 U_d 的计算

由以上分析可知，大电感负载带有续流二极管时，输出电压 u_d 的波形与带电阻性负载时的输出电压 u_d 波形完全相同，因此对于单相半控桥，无论连接哪种负载，输出电压平均值的计算公式均为

$$U_d = 0.9 U_2 \frac{1+\cos\alpha}{2}$$

单相半控桥的移相范围与负载性质无关，均为 0°~180°。

（3）晶闸管电流与电压的计算

负载平均电流为

$$I_d = \frac{U_d}{R_d} = 0.9 \frac{U_2}{R_d} \frac{1+\cos\alpha}{2}$$

由于晶闸管和整流二极管电流均为矩形波，若控制角为 α，则晶闸管和整流二极管导通角均为 $\theta = 180°-\alpha$，因此晶闸管电流平均值 I_{dT} 和有效值 I_T 分别为

$$I_{dT} = \frac{\theta}{360°} I_d = \frac{180°-\alpha}{360°} I_d$$

$$I_T = \sqrt{\frac{180°-\alpha}{360°}} I_d$$

整流二极管电流平均值和有效值与晶闸管相同。

续流二极管电流每 180° 导通一次，当导通角为 α 时，续流二极管电流平均值 I_{dD} 和有效值 I_D 分别为

$$I_{dD} = \frac{\alpha}{180°} I_d$$

$$I_D = \sqrt{\frac{\alpha}{180°}} I_d$$

晶闸管和整流二极管上的最大电压 U_{TM} 为电源电压的峰值，即 $U_{TM} = \sqrt{2} U_2$。

3. 单相半控桥的其他接法

单相半控桥还有如图 4-56 所示的接法。

此接法的优点是两个串联的二极管除整流作用外，还可以起到续流二极管的作用，

从而省去了一个续流二极管；缺点是两个晶闸管这样连接没有了公共阴极，两个晶闸管的触发脉冲必须彼此隔离。如图 4-56b 所示，晶闸管的导通角与以前一样为 $180°-\alpha$，但二极管的导通角扩大为 $180°+\alpha$。

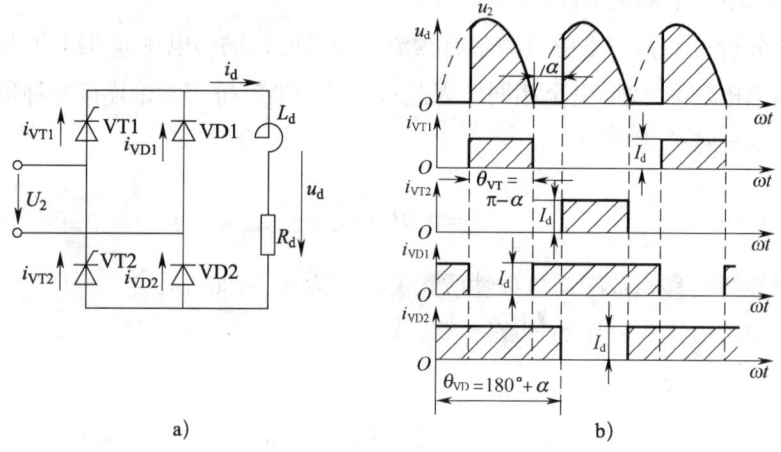

图 4-56　单相半控桥的其他接法
a）电路图　b）波形图

单相桥式半控整流电路线路较简单，技术性能指标较好，应用较广泛，但不能应用于逆变工作状态。

常用单相可控整流电路的主要参数见表 4-12。

表 4-12　常用单相可控整流电路的主要参数

参数名称		单相半波可控整流电路	单相桥式半控整流电路	单相桥式全控整流电路
$\alpha=0°$ 时，空载直流输出电压 U_{d0}		$0.45U_2$	$0.9U_2$	$0.9U_2$
$\alpha \neq 0°$ 时，空载直流输出电压 U_d	电阻性负载或带续流二极管的电感负载	$0.45U_2$ $(1+\cos\alpha)/2$	$0.9U_2$ $(1+\cos\alpha)/2$	$0.9U_2$ $(1+\cos\alpha)/2$
	大电感负载	—	U_{d0} $(1+\cos\alpha)/2$	$U_{d0}\cos\alpha$
移相范围	电阻性负载或带续流二极管的电感负载	$0°\sim180°$	$0°\sim180°$	$0°\sim180°$
	大电感负载	—	$0°\sim180°$	$0°\sim90°$
元件最大导通角		$180°$	$180°$	$180°$
晶闸管承受的最大正反向的电压		$\sqrt{2}U_2$	$\frac{\sqrt{2}}{2}U_2/\sqrt{2}U_2$	$\sqrt{2}U_2$

四、单结晶体管触发电路

1. 单结晶体管弛张振荡电路

利用单结晶体管的负阻特性和 RC 电路的充放电特性，可组成单结晶体管弛张振荡电路，产生频率可变的脉冲。此电路也被称为自激振荡电路，其电路图和波形图如图 4-57 所示。

当加上直流电压 U 后，一路经 R_2、R_1 在单结晶体管两个基极之间按分压比 η 分压；另一路通过 R_e 对电容 C 充电，发射极电压 u_e 为电容器两端电压 u_C，按指数曲线上升，如图 4-57b 所示。当 $u_e<U_p$ 时，单结晶体管 e、b1 之间处于截止状态，随着 u_C（u_e）值增大，在刚开始大于 U_p 的瞬间，单结晶体管 e、b1 间的电阻突然变小（降为 20 Ω 左右）而开始导通，电容器上的电荷通过 e、b1 迅速向电阻 R_1 放电，由于放电回路电阻很小，放电时间很短，所以在 R_1 上得到很窄的尖脉冲。当 u_C（u_e）小于谷点电压 U_V 时，单结晶体管从导通又转为截止，电容器 C 又开始充电，电路不断振荡，在电容器上形成锯齿波电压，在电阻 R_1 上输出前沿很陡的尖脉冲。振荡频率为 $f=\dfrac{1}{R_e C \ln\left(\dfrac{1}{1-\eta}\right)}$，改变 R_e 即可改变振荡频率。

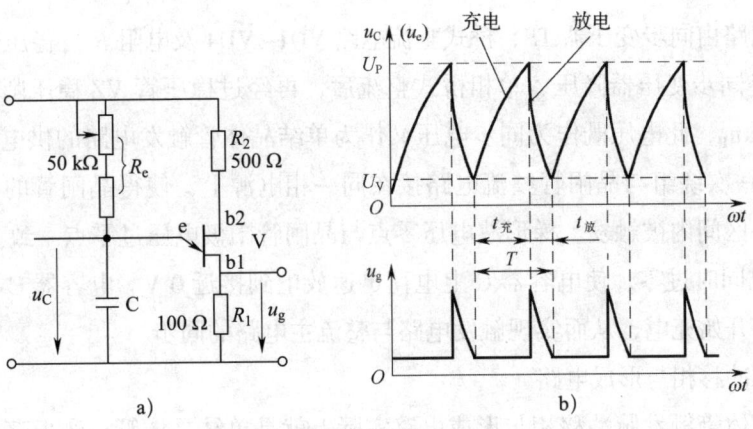

图 4-57 单结晶体管弛张振荡电路
a）电路图 b）波形图

2. 单结晶体管触发电路

单结晶体管弛张振荡电路输出的尖脉冲可以用来触发晶闸管，但不能直接用作触发电路，还必须解决触发脉冲与主电路同步的问题。单结晶管触发电路实际上由同步电路和单结晶体管弛张振荡电路两部分组成，典型的单结晶体管触发电路如图 4-58 所示。

单结晶体管触发电路由同步电路和脉冲移相与形成电路两大部分组成。

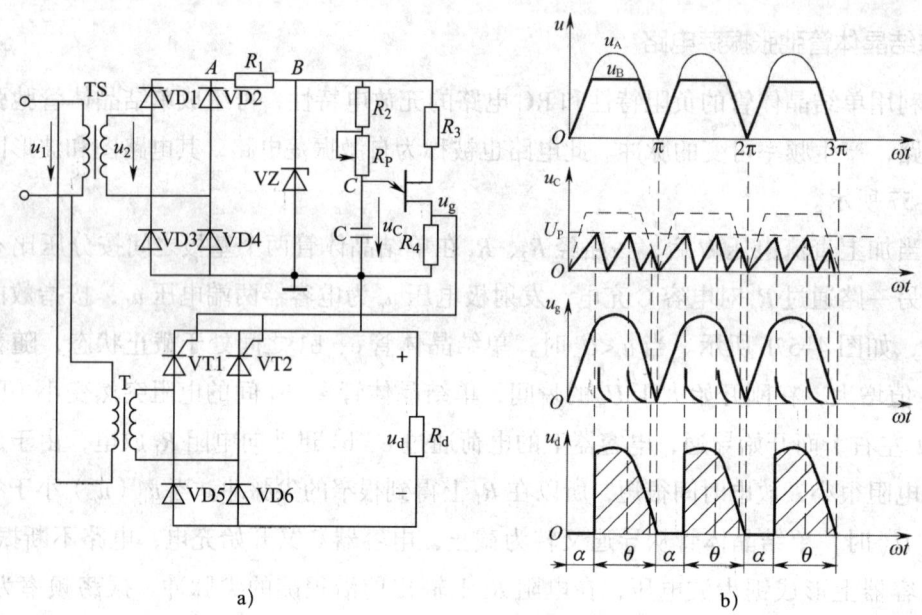

图 4-58　单结晶体管触发电路
a）电路图　b）波形图

（1）同步电路

同步电路由同步变压器 TS、桥式整流电路 VD1~VD4 及电阻 R_1、稳压管 VZ 组成。交流电压经同步变压器降压、单相桥式整流后，再经过稳压管 VZ 稳压削波，形成一梯形波电压 u_B，此电压既作为同步电压又作为单结晶体管触发电路的供电电压。同步变压器 TS 一次绕组与晶闸管整流电路接在同一相电源上，使得晶闸管的阳极电压为正时，某一区间内被触发。梯形波电压零点与晶闸管阳极电压过零点一致。每当 u_2 过零时，u_B 也同时过零，使电容器 C 上电荷迅速放电到接近 0 V。电容器 C 在每半周之初都能从零开始充电，从而实现触发电路与整流主电路的同步。

（2）脉冲移相与形成电路

单结晶体管触发脉冲移相与形成电路实际上就是单结晶体管自激振荡电路。改变自激振荡电路中电容器 C 的充电电阻的阻值，就可以改变充电的时间常数。如图 4-59 所示，用电位器 R_P 来实现这一变化，增大 R_P 的阻值，电容器 C 的充电时间常数增加，使电容电压 u_C 到达单结晶体管峰值电压 U_P 的时间增加，即每半周出现第一个脉冲的时间后移，从而使晶闸管控制角 α 增大，主电路输出的直流电压就会下降；反之，减

小电位器 R_P 的阻值，控制角 α 就减小，主电路输出的直流电压就增大，如图 4-59 所示。触发晶闸管的脉冲是脉冲系列中的第一个脉冲，其余的脉冲是不起作用的。

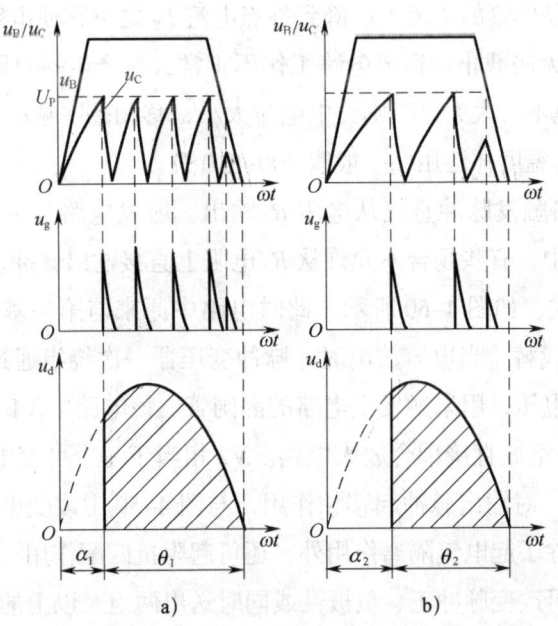

图 4-59 改变 R_P 的阻值时控制角 α 及输出直流电压的波形
a）减小电位器 R_P 的阻值 b）增大电位器 R_P 的阻值

触发电路输出的尖脉冲 u_g 用于触发单相桥式半控整流电路中的晶闸管 VT1 和 VT2。尖脉冲 u_g 同时加到了两个晶闸管上，但是其中只有一个受到正向电压的晶闸管才能导通，另一个晶闸管因为受到反向电压，即使有触发脉冲，也不会导通。此电路可以正常工作，即每半个周期触发一次，使晶闸管换相。

单结晶体管触发电路线路简单，但只能产生窄脉冲，输出功率小，移相范围也较小，常用于 50 A 以下单相可控整流电路。

（3）单结晶体管触发电路主要元件选择与调试中应注意的问题

1）单结晶体管选择。不同单结晶体管的同步电路电压和单结晶体管分压比 η 和谷点电压 U_V、谷点电流 I_V 都不相同，在单结晶体管触发电路中应选用 η 大些，U_V 低些和 I_V 大些的单结晶体管。

2）同步变压器二次侧电压和稳压管 VZ 的选择。单结晶体管触发电路的触发脉冲幅度主要取决于 η，稳压管 VZ 一般为 18~24 V。为了提高触发电路移相范围，要求同步梯形波电压 U_Z 的两腰边尽量接近垂直，因而在实际应用中尽可能提高同步变压器二次侧电压，一般选用 40~60 V。

3）触发脉冲宽度主要取决于电容器 C 的放电时间常数 R_4C，一般选用 C=0.1~

$1\ \mu F$，$R_4=50\sim100\ \Omega$。

4）R_2+R_p 的阻值不可太小，否则在单结晶体管导通后，电源经 R_2+R_p 后提供的电流较大，流过单结晶体管的电流不能降到谷点电流 I_V 之下，使电容电压始终大于谷点电位，单结晶体管无法截止，造成电路工作不正常，只产生一只脉冲甚至无法产生脉冲。R_2+R_p 的阻值也不可太大，否则充电电流太小，移相范围减小。

5）R_2 电阻是作温度补偿用，一般取 $300\sim510\ \Omega$。

6）本触发电路触发脉冲直接从电阻 R_4 输出，触发电路和主电路没有电气隔离，不安全。实际应用中，有些场合不允许从 R_4 电阻上直接输出脉冲，因此经常采用脉冲变压器 TP 输出方式，如图 4-60 所示。此时电路中原来与第一基极 b1 相连的电阻可以用脉冲变压器来代替，当电容放电时，脉冲变压器一次绕组通过脉冲电流，二次绕组也会感应出脉冲电压，用来触发主电路的晶闸管。该电路中 V1 是 NPN 型管、V2 是 PNP 型管，V1、V2 组成直接耦合放大电路。V2 相当于一个可变电阻，随输入电压 U_i 的大小来改变阻值，对输出脉冲起移相作用，与图 4-59 中改变电位器 R_p 的阻值作用相同。脉冲变压器除了起电气隔离作用外，还可起阻抗匹配作用，降低脉冲电压幅值，增大输出电流，也可改变脉冲正、负极性或同时送出两组及以上的独立脉冲。

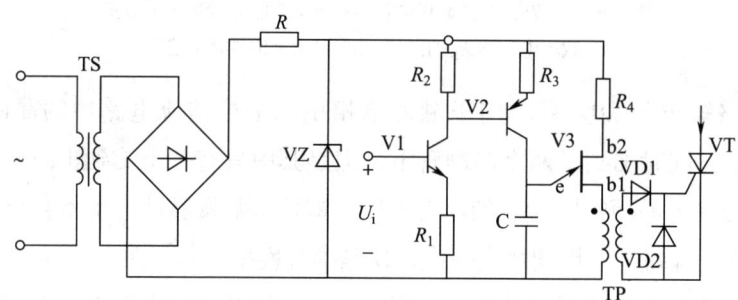

图 4-60　带有脉冲变压器的单结晶体管触发电路

技能要求

单相半控桥式整流电路装调

一、操作要求

1. 识别晶闸管、单结晶体管并检测其性能。

2. 单相半控桥式整流电路的安装。

3. 使用双踪示波器对单结晶体管触发电路进行调试。

4. 使用示波器测量单相半控桥式整流电路的主电路和触发电路的工作波形，进行绘制和分析。

二、操作准备

单相半控桥式整流电路装调所需设备和电器元件见表 4-13。

表 4-13　单相半控桥式整流电路装调所需设备和电器元件

序号	名称	规格型号	数量
1	单相半控桥式整流电路板		1 块
2	单结晶体管触发电路板		1 块
3	双踪示波器	YB43020D	1 台
4	单相变压器	220 V/50 V/24 V	1 台
5	万用表	指针式万用表或数字式万用表	1 台

三、操作步骤

单相半控桥式整流电路的实训线路为晶闸管调光电路，如图 4-61 所示。

1. 单相半控桥式整流电路的安装

步骤 1　画出元件布置图和布线图

根据如图 4-61 所示电路图，画出元件布置图和布线图。

步骤 2　电器元件选择与测量

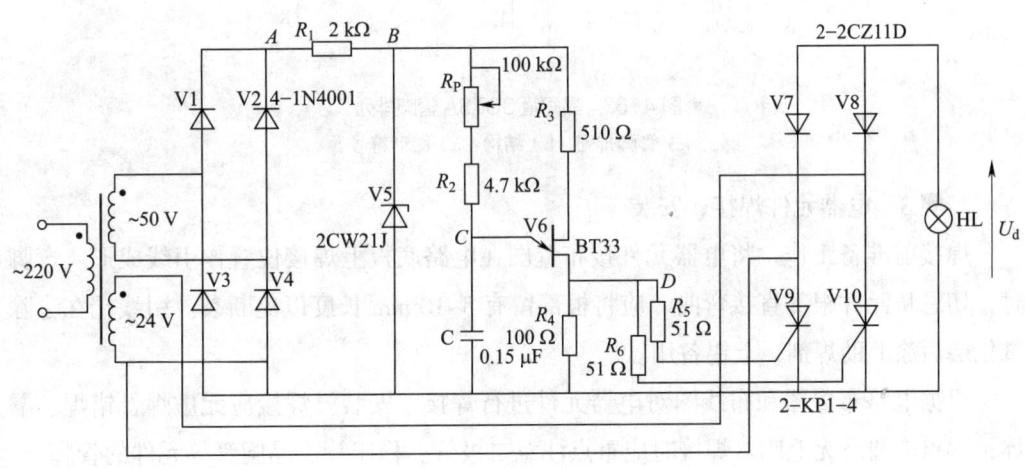

图 4-61　晶闸管调光电路

根据电路图，选择电器元件并进行测量，重点对二极管、稳压管、单结晶体管、晶闸管等电器元件的性能、极性、管脚等进行测量和区分。可采用万用表的电阻挡

（或用数字式万用表二极管挡）对单结晶体管和晶闸管进行简易测试。

（1）单结晶体管 BT33 的管脚排列及图形符号如图 4-62 所示。好的单结晶体管 PN 结正向电阻 R_{EB1}、R_{EB2} 均较小，且 R_{EB1} 稍大于 R_{EB2}，PN 结反向电阻 R_{B1E}、R_{B2E} 均很大，根据所测阻值，即可判断出各管脚及单结晶体管的质量优劣。

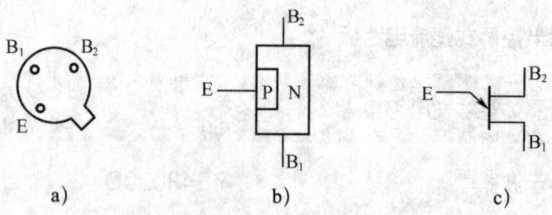

图 4-62　单结晶体管 BT33 管脚排列
a）管脚排列　b）结构　c）图形符号

（2）晶闸管 3CT3A 管脚排列如图 4-63 所示。晶闸管阳极 A 与阴极 K 及阳极 A 与门极 G 之间的正、反向电阻 R_{AK}、R_{KA}、R_{AG}、R_{GA} 均应很大；而 G 与 K 之间为一个 PN 结，PN 结正向电阻应较小，反向电阻应很大，根据所测阻值，即可判断出各管脚及晶闸管的质量优劣。

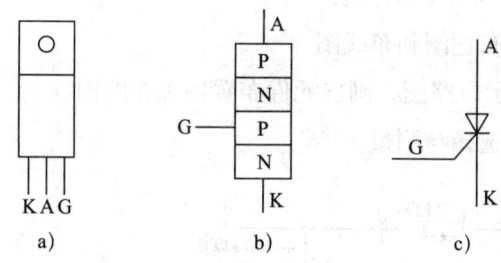

图 4-63　晶闸管 3CT3A 管脚排列
a）管脚排列　b）结构　c）图形符号

步骤 3　电器元件焊接、安装

焊接前准备工作，将电器元件按布置图在电路底板上焊接位置作引线成形。弯脚时，切忌从元件根部直接弯曲，应将根部留有 5~10 mm 长度以免断裂。引线端在去除氧化层后涂上助焊剂，上锡备用。

根据电路布置图和布线图对电器元件进行焊接、安装。焊接应无虚焊、错焊、漏焊，焊点应圆滑无毛刺。焊接时应重点注意二极管、稳压管、晶闸管等元件的管脚。

2. 接通电源前的检查

对已焊接安装完毕的电路板，根据如图 4-61 所示电路进行详细检查。重点检查二极管、稳压管、单结晶体管、晶闸管等管脚是否正确。单相桥式整流电路输入、输出端有无短路现象。给定电位器 R_P 调节在中间位置。

3. 单结晶体管触发电路的调试（用双踪示波器观察触发电路各主要点的波形）

单相桥式半控整流电路带电阻性负载（晶闸管调光电路）可分成主电路（单相桥式半控整流电路）和单结晶体管触发电路两大部分，因而通电调试也可分成两个步骤，首先调试单结晶体管触发电路，然后将主电路和单结晶体管触发电路连接，进行综合整体调试。

首先将主电路（单相桥式半控整流电路）的 24 V 交流输入电源接线断开，即主电路不送电，然后合上交流电源，接通触发电路，观察单结晶体管触发电路板有无异常现象，如有异常现象，立即断开交流电源，并进行检查。在单结晶体管触发电路板无异常现象情况下，可进行如下操作。

（1）用万用表测量变压器二次侧 50 V 电压和单相桥式半控整流电路直流输出电压和稳压管（V5）两端直流电压是否正常。

（2）用示波器逐一观察并记录单结晶体管触发电路中整流输出、梯形波、电容 C 两端锯齿波电压及输出脉冲波形，如图 4-58b 所示。

（3）改变给定电位器 R_P 上的输入给定电压，用示波器观察并记录电容 C 两端锯齿波电压及单结晶体管输出脉冲波形及其移相范围。

4. 单相半控桥式整流电路整体调试（用双踪示波器观察主电路在带电阻负载情况下，电路的输出电压和晶闸管两端的电压波形）

单结晶体管触发电路调试正常后，断开 220 V 交流电源，将主电路（单相桥式半控整流电路）的 24 V 交流电源连线接上，给定电位器 R_P 调至中间。合上交流电源，观察晶闸管调光电路板有无异常现象，如有异常现象，应立即断开交流电源并进行检查。在正常情况下，改变给定电位器 R_P，可使白炽灯从暗到亮进行调节，用示波器逐一观察并记录单结晶体管触发电路中整流输出、梯形波、电容器 C 两端锯齿波电压、单结晶体管输出脉冲 u_g 及白炽灯两端电压波形。晶闸管调光电路波形如图 4-61 所示。

四、常见故障的分析和排除

晶闸管调光电路在安装、调试及运行中，因电器元件及焊接等原因会产生故障，为此可根据故障现象，用万用表、示波器等仪表、仪器进行检查测量，并根据电路原理进行分析，找出故障原因并排除，现举例如下。

例如，当改变给定电位器 R_P 时，单结晶体管触发电路触发脉冲移相范围较小。此时用示波器测量、观察电容器 C 两端锯齿波电压如图 4-64 所示，说明电阻 R_4 阻值太大，使电容器 C 充电时间常数

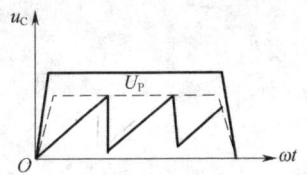

图 4-64 触发脉冲移相范围小的故障分析

太大（即充电电流太小），使触发脉冲不能前移。此时应减小电阻 R_4 的阻值，但电阻 R_4 阻值不可太小，否则可能使单结晶体管无法截止，造成触发电路工作不正常，只产生一只脉冲甚至无法产生脉冲。另外也可能由于电容器 C 充电时间常数太小，使产生的尖脉冲幅度较小，难以触发晶闸管导通。

当改变给定电位器 R_p 时，白炽灯亮度较暗且变化不大。用万用表测量单相桥式半控整流电路输出直流电压较小，且调节范围不大，此时用示波器测量、观察白炽灯两端电压 u_d 及电容器 C 两端锯齿波电压波形如图 4-65 所示，说明电阻 R_4 阻值太大，使电容器 C 充电时间常数太大（即充电电流太小），使触发脉冲不能前移，触发脉冲移相较小，从而使单相桥式半控整流电路输出直流电压较小且调节范围不大，此时应减小电阻 R_4 的阻值。

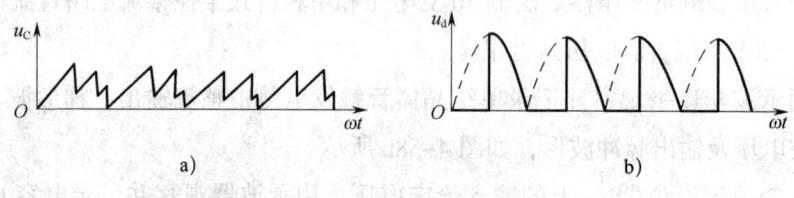

图 4-65 白炽灯亮度较暗且变化不大的故障分析
a）电容器 C 两端电压波形 b）白炽灯两端电压波形